Adobe Photoshop

电商网页广告设计实战从入门到精通

超值版

孟俊宏 袁玉萍 编著

人民邮电出版社

北京

图书在版编目（CIP）数据

Photoshop电商网页广告设计实战从入门到精通 ：超值版 / 孟俊宏，袁玉萍编著. -- 北京 ：人民邮电出版社，2016.7（2019.1重印）
ISBN 978-7-115-42552-2

Ⅰ. ①P… Ⅱ. ①孟… ②袁… Ⅲ. ①图象处理软件 Ⅳ. ①TP391.41

中国版本图书馆CIP数据核字(2016)第113047号

内 容 提 要

这是一本介绍网页广告设计与制作的图书，针对从事网页广告设计类人群，使读者快速而全面地掌握设计方法和制作流程。

本书根据各种网页广告的位置和内容，穿插了大量的实际商业案例，全面而深入地阐述了网页广告的分析过程、思路展示和最终方案的制作流程，并以方案淘汰的形式，将可行方案进行修改，最终制作出符合客户要求的广告页面。

全书共12章，通过客户提出广告要求、设计师头脑风暴、方案竞标和最终方案制作过程的写作方式真实地展示商业网页广告的设计与制作流程。

本书适合平面设计师、网页设计师和有一定 Photoshop 软件基础的设计爱好者阅读，也可作为院校和培训机构相关专业的教材。

◆ 编　　著　孟俊宏　袁玉萍
　责任编辑　张丹阳
　责任印制　陈　犇
◆ 人民邮电出版社出版发行　　北京市丰台区成寿寺路 11 号
　邮编　100164　　电子邮件　315@ptpress.com.cn
　网址　http://www.ptpress.com.cn
　固安县铭成印刷有限公司印刷
◆ 开本：787 × 1092　1/16
　印张：19.5　　彩插：6
　字数：670 千字　　2016 年 7 月第 1 版
　印数：4 101－4 800 册　　2019 年 1 月河北第 5 次印刷

定价：49.00 元（附光盘）

读者服务热线：(010)81055410　印装质量热线：(010)81055316
反盗版热线：(010)81055315
广告经营许可证：京东工商广登字 20170147 号

案例名称：女士皮包广告（Banner横幅广告）
所在页：078　　色彩搭配：

案例名称：冰川矿泉水广告（Banner横幅广告）
所在页：115　　色彩搭配：

案例名称：云南风情披肩广告（Banner横幅广告）　　所在页：093　　色彩搭配：

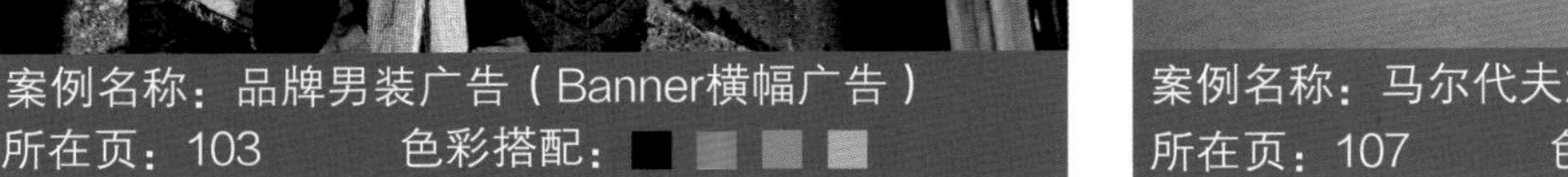

案例名称：品牌男装广告（Banner横幅广告）
所在页：103　　色彩搭配：

案例名称：马尔代夫旅游广告（Banner横幅广告）
所在页：107　　色彩搭配：

案例名称：韵味翡翠广告（Banner横幅广告）　所在页：111　　色彩搭配：

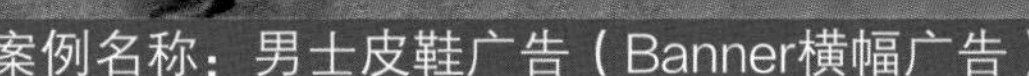

案例名称：男士皮鞋广告（Banner横幅广告）　所在页：082　　色彩搭配：

案例名称：港式茶点广告（按钮广告）
所在页：160　　色彩搭配：

案例名称：女性香水广告（按钮广告）
所在页：166　　色彩搭配：

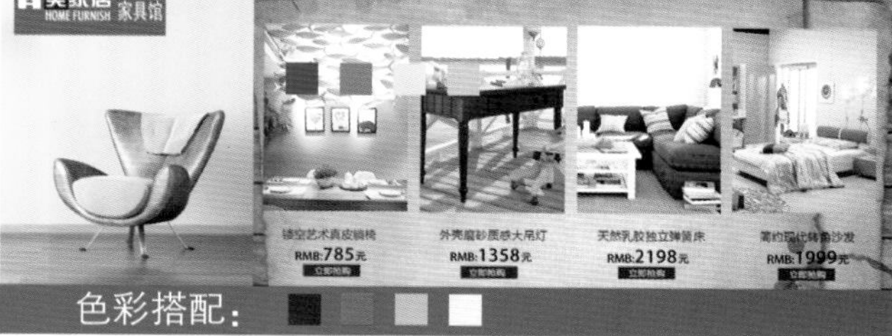

案例名称：家具广告（按钮广告） 所在页：174 色彩搭配：

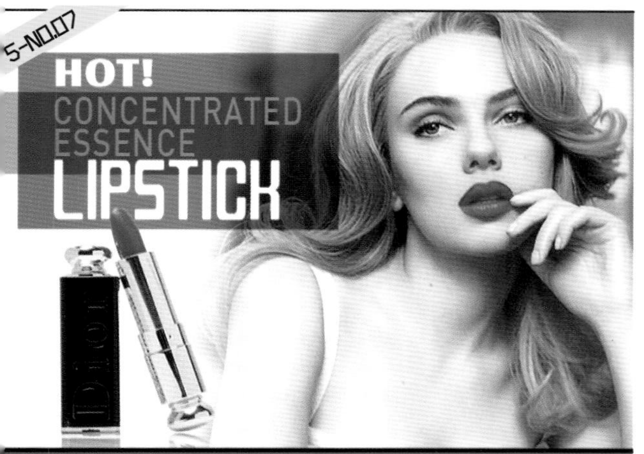

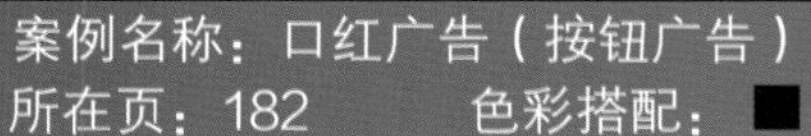

案例名称：口红广告（按钮广告）
所在页：182 色彩搭配：

案例名称：家政服务广告（按钮广告）
所在页：189 色彩搭配：

6-NO.02

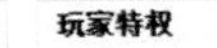

游戏头条

《洛神》第18次测试周五开启 三羊开泰闹新春
- 《天天酷跑》最佳抽人物时间和抽坐骑时间表
- 我不说你不懂《我叫MT2》值得培养的英雄
- YouXi.com"超级大玩家"盛典上线 全民票选启动
- 炉石VS龙腾 IGN公布年度最佳游戏名单
- 盘点魔兽玩家回归的六大理由
- HOT 最全盘点！15年不能错过的游戏大全

植物大战僵尸2
一款益智策略类塔防御战男女老少都喜欢玩的游戏

《天天酷跑》攻略专区
时尚Q版角色酷炫道具完美结合着行玩法让跑酷与众不同!

玩家特权 更多

《洛神》
岁末献礼礼包
领取

《龙破九天》
360导航礼包
领取

- 《敦煌》媒体礼包卡 领取
- 《大唐无双零》至尊新手礼包 领取
- 《武耀缘传奇HD》大头娃娃专属礼包
- 《狩猎幻想》终极封测激活码 领取
- 《封天》独家限量坐骑礼包 领取
- 《圣斗士星矢》感恩回馈新手礼包 领取
- 《魔侠传》超爽PK礼包 领取
- 《武神世界》专属特权大礼包 领取

案例名称：职业培训机构广告（对联广告） 所在页：225 色彩搭配：

6-NO.03

蛋蛋.com dandan

情人节礼物 全部分类 搜索

热搜 情人节盛会 有你真好 互联网 保温杯 情侣家居服 折耳兔 高级搜索

全部商品详细分类 新品闪购 尾品汇 图书 电子书 服装 运动户外 孕婴童 家居 当当优品 电器城 当当超市 区域卖场

图书/童书/电子书
服饰/内衣
鞋靴/箱包
运动户外
孕/婴/童
家居/家纺/汽车
家具/家装/建材
美妆/个人护理/成人
食品/茶酒/宠物
珠宝饰品/手表眼镜
手机/数码
电脑办公
家用电器
教育/卡券/旅行/充值

节前最后一波
年味美食
满199立减100元!
当当自营

自营惠人原汁机钜惠 全场低至4折
酒仙年货盛典 抢年货 2.1折起
凯迪克大奖精选童书 特别推荐
优品美妆春季保湿 面膜低至29.9元

新书速递
2月新品童书推荐
精彩抢鲜读

尾品汇 服务公告

话费 彩票 礼品卡
充值号码
¥100 售价¥98.45 - ¥99.6
立即充值

畅品今日闪购 厂商周
今年送礼大不同

案例名称：花店促销广告（对联广告） 所在页：230 色彩搭配：

6-NO.04

首页 动作 体育 益智 射击 搞笑 冒险 棋牌 策略 休闲 女生 装扮 儿童 过关 双人 漫画 动画片 手机游戏 网页游戏 | 游戏吧

手机 无限金币新手游 雪岭熊风手游 喜羊羊快跑手游 安卓手机游戏大全 苹果手机游戏大全 下载4399手机游戏盒

专辑	4399热门活动 2.6游戏精选 最新游戏 双人小游戏 儿歌 养成 无敌版 学习 迪士尼 朵拉 海绵宝宝 巧虎 超级玛丽 铠甲勇士 二战前线 3D游戏	更多>>
动作	格斗 闪客快打 狙击手 男生游戏精选 三国 拳皇 猫和老鼠 变形金刚 反恐精英 穿越火线 冒险岛 七龙珠 火柴人 奥特曼 僵尸 泡泡龙 三人	更多>>
益智	连连看 密室逃脱 拼图 迷宫 祖玛 大炮 宝贝 黑出没 消消看 麻将 塔防游戏 吃豆豆 大富翁 测试 找茬 斗地主 找东西 打工挣钱 对对碰	更多>>
运动	赛车 卡丁车 越野车 摩托 大鱼吃小鱼 自行车 汽车 停车 四驱车 台球 篮球 足球 射箭 过山车 小火车 跑酷 单人 农场 直升机 闯关	更多>>
女生	茶话会81期 公主 古代换装 做饭 阿Sue 化妆 美甲 婚纱 美发 餐厅 蛋糕 礼服 布置 小花仙 奥雅之光 皮卡堂 宠物 美容 芭比娃娃 明星	更多>>
合辑	三国快打 合金弹头 坦克 黄金矿工 战斗机 枪战 3D热舞touch 4399酷武侠 开心农场 摩尔庄园 战天	更多>>
网页游戏	4399弹弹堂3 太古遮天 生死狙击 独步天下 风色轨迹 4399创世兵魂 美食大战老鼠 三国名将 4399火线精英 枪金弹头 三国杀 3D坦克 七杀	更多>>

我玩过的 黑板上的游戏 二战前线2无敌版 4399枪魂 4399凯恩战记 清空

二战前线2无 密室逃脱 赛车 植物大战僵尸 熊出没 生死狙击 奥雅之光 西普大陆 4399奥拉星 4399奥比岛 神将世界 4399赛尔号

无敌版 女生游戏精选 4399小花仙 4399洛克王国 巧虎 卡布西游 龙斗士 热血精灵派 奥奇传说 魔王快打 约瑟传说 4399功夫派

最新好玩小游戏列表 NEW 今日已更新小游戏 80 款 | 最新推荐游戏 | 更多

今日推荐 手机游戏

案例名称：战地游戏广告（对联广告） 所在页：234 色彩搭配：

案例名称：女性购物广告（翻卷广告） 所在页：240 色彩搭配：

案例名称：滑雪比赛广告（翻卷广告） 所在页：246 色彩搭配：

案例名称：品牌彩妆广告（弹跳式广告） 所在页：254 色彩搭配：

B-NO.02

买1只5折、买6只1折，手慢就没了，速抢 意大利进口酒具秒杀专场

买6只1折封顶

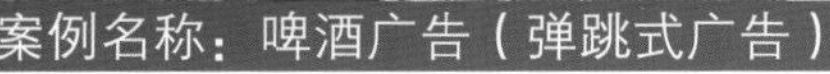

案例名称：啤酒广告（弹跳式广告） 所在页：258 色彩搭配：

B-NO.03

案例名称：高端墨镜广告（按钮广告）
所在页：262 色彩搭配：

B-NO.04

案例名称：玉器广告（按钮广告）
所在页：265 色彩搭配：

案例名称：天然蜂蜜广告（页面悬浮广告）　所在页：272　色彩搭配：

9-NO.02

HEY GIRL / 早春"新"喜登场

米喵购物
miomiaoo.com

搜索

所有商品分类　女装首页　新品　快时尚　设计师

大家都在穿

女士上装

女士裙装

裤装

特色服饰

我的时尚穿衣顾问

EnC　on&on　earth
PULL&BEAR　bread n butter　[eni:d]　千趣会 BELLE MAISON
asos　ASOBIO.　NICE CLAUP　OLD NAVY

3折 sale

NEW
SPOT SALE 完美身材
时尚牛仔大作战
——这个冬天，就要你有型——

案例名称：女士牛仔裤广告（页面悬浮广告）　所在页：276　色彩搭配：

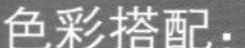

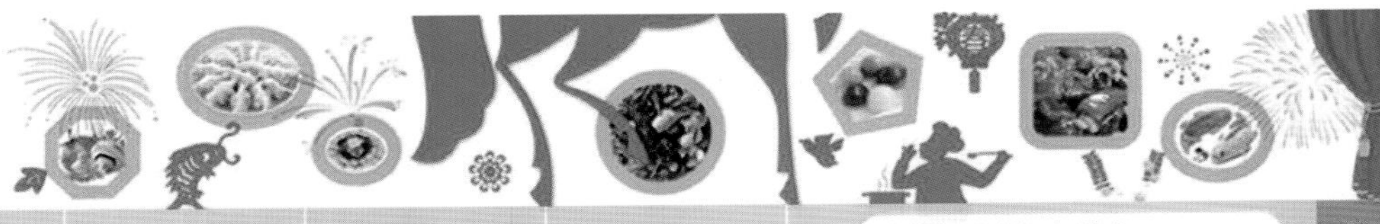

首页 美味搜 下厨房 吃健康 热榜 小笼包 汉堡包 白斩鸡

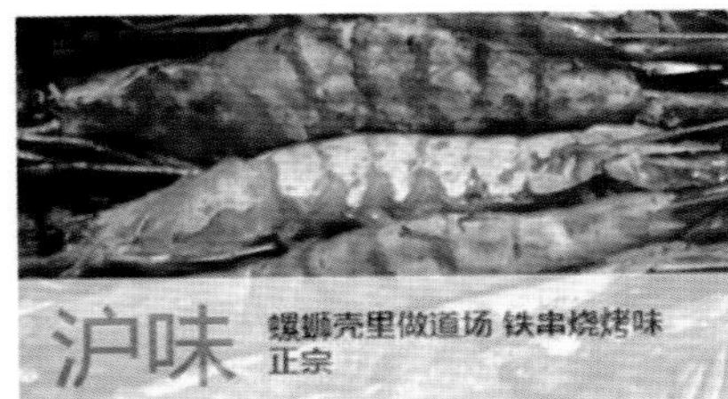

案例名称：汉堡公益广告（赞助式广告）　所在页：284　色彩搭配：

案例名称：美发产品广告（赞助式广告）　所在页：288　色彩搭配：

1-NO.01

案例名称：游泳比赛宣传广告（竞赛促销广告） 所在页：294 色彩搭配：

1-NO.02

案例名称：犬舍促销宣传广告（竞赛促销广告） 所在页：298 色彩搭配：

1-NO.03

案例名称：山地直降赛宣传广告（竞赛促销广告） 所在页：303 色彩搭配：

1-NO.04

案例名称：创意比赛宣传广告（竞赛促销广告） 所在页：307 色彩搭配：

案例名称：红酒宣传直邮广告（直邮广告）　所在页：314　色彩搭配：

案例名称：果蔬园宣传直邮广告（直邮广告）　所在页：318　色彩搭配：

随手打开一个网站，眼花缭乱的网页广告便会立即浮现在眼前。网站要靠广告来创收，这是一个很现实的需求，有需求便有市场，便有网页广告设计师。基于此，我们编写了本书。

这不是一本纯制作的书

本书共12章。第1章~第3章以解析为主，介绍了网页设计的相关知识、广告与网页的亲密性，以及如何来做好一个网页广告；第4章~第12章安排了49个商业案例，全面解析了Banner广告、按钮广告、对联广告、翻卷广告、弹跳式广告、页面悬浮广告、赞助式广告、竞赛促销广告和直邮广告的设计思路与制作流程。

全书按照“客户要求—头脑风暴—方案展示—客户选择—制作过程”的流程进行编写。力求通过客户要求，让读者了解实际工作中客户的真实想法；力求通过头脑风暴，让读者发散设计思维；力求通过方案展示，让读者在实际工作中做设计时能理性评定设计的优劣；力求通过客户选择，让读者了解什么样的网页广告才能吸引观众的眼球；力求通过完整的制作过程，让读者全面掌握网页广告的设计思路与方法。

从本书中能学到什么

- 网页广告中的设计常识和注意事项。
- 以客户实际需求作为出发点，结合头脑风暴法，全面展示网页广告设计流程，最终达到客户要求，做出符合市场需求的案例。
- 以实际商业项目作为案例，符合当前市场需求，可以直接用于商业设计。

光盘内容

本书附带一张教学光盘，内容包含本书所有实例的源文件、素材文件和多媒体视频教学。另外，为了满足初学者的学习需求，我们在光盘中附赠了一套“中文版Photoshop CS6专家讲堂”和4本学习手册，分别是《中文版Photoshop C6技巧即问即答手册》《中文版Photoshop C6常用外挂滤镜手册》《中文版Photoshop C6数码照片常见问题处理手册》和《Photoshop商业平面设计实战技法》。

售后服务

衷心感谢所有读者（或用户）对本书的支持，如果您在学习（或使用）过程中遇到任何问题，请及时与我们联系，我们将竭诚为您服务。最后，祝您在学习的道路上百尺竿头，更上一层楼!

请通过以下方式与我们联系。

客服QQ 群：178176482

电子邮件：press@iread 360.com（将您的问题以邮件形式发给我们）。

Yunnan
amorous
feelings of the shawl
风情披肩
The shawl of national wind, atmospheric, regular, not the shadow of posturing. Decorative pattern is a bit in the Sanskrit legends, and maintain a consistent pattern on the whole, although slightly change, but the uniformity is very strong
HOT!
CONCENTRATED
ESSENCE
LIPSTICK
4980

目 录
CONTENTS

清爽盛夏
炎炎夏日，尽享清凉
水果、冰淇淋、混合饮料自由DIY
沙漠之旅
TRAVEL
体验完美的沙漠之旅
DESERT
HOME
Lovely
Series
[趣味感UP]
69.00
欧风魅力传承奢华经典
EUROPE TYPE
STYLE
285RMB
年终狂欢·第二波
Exclusive lover
2.14专属情人温情购
RMB 75.00
天生优雅派
RMB 89.00
二月新品·第2波

04 Banner设计.............075

05 按钮广告设计............153

HARVEY
THE
INTERNATIONAL
FAMOUS
BRAND
哈维时尚
引领国际　时尚女装
冰雪世界
超越自我　挑战极限
活　动　须　知
本次活动邀请滑雪爱好者参与
只要你会滑雪，只要你想挑战
自我，我们诚挚欢迎您的到来。
立即挑战
哇！坚果
野生红榛子
榛子本身富含油脂（大多为不饱和脂肪酸）
其含量达到60.5%，使所含的脂溶性维生素
更易为人体所吸收，对体弱、病后虚羸、易
饥饿的人都有很好的补养作用。
即将涨价
哇！坚果
野生红榛子
榛子本身富含油脂（大多为不饱和脂肪酸）
其含量达到60.5%，使所含的脂溶性维生素
更易为人体所吸收，对体弱、病后虚羸、易
饥饿的人都有很好的补养作用。
即将涨价

520
爱她就给她最好的
2000万现金
马上抢
立即抢购
让利千万　决战520/全天二十四小时开放购买
Travel
every day
都是好心情
包邮
Travel
every day
都是好心情
包邮
BREDR
LIGHT
NATURAL
FRAGRANCE
BREDA/塞芬　仅￥99
天然香味 蜜桃/薰衣草味
PHOTOGRAPHY
4980
赠送
写真一本
索菲的诱惑

剖析网页设计

通过本章的学习，我们将初步了解网页的基础设计原则、架构和网页设计布局，并且建立正确的网页设计思路，为后面的网页广告学习打下基础。

1.1 客户需要我们提供什么

一个成功抓住用户“眼球”并且能够带来经济效益的网站，必须以优秀的设计理念为前提，然后辅之优秀的制作来完成。好的设计是网站的核心和灵魂，是经过感性思考与理性分析相结合的产物，设计任务决定设计方向，设计的实现依赖于网页的制作。

网页设计中最重要的部分，并非体现在软件的应用上，而是通过对网页设计的理解提取出精华的部分，再运用丰富的技术体现出来，最终达到客户需求的效果。见图1-1和图1-2。

图1-1

图1-2

网页设计原则是设计师设计网站时必须遵循的，它可以保证网站设计的合理化、人性化、统一性和心灵共鸣，从而达到市场的需求。网页设计原则包括“设计任务”“思路实现”“色彩运用”“灵活布局”“造型组合”“设计原则”和“网页优化”7大类，符合这7种原则的网站才是好的网站。见图1-3。

图1-3

1.1.1 不同网页用不同设计

设计是一种美的升级与提炼，成功的设计作品一般都极具艺术感，但艺术感并不符合普通大众的视觉审美感受，属于一种看不懂或不易理解的范畴，所以艺术感仅是设计体现的手段，并不符合大部分设计任务的需求。设计的任务是要实现设计师的意图，达到设计师的最终目的，而并非仅仅是创造美，见图1-4。

网页设计的任务是设计师根据客户要求表现出网页的主题和实现网页的功能。根据站点的性质和用户群体的差异，设计的任务也不同，网站总体类别包括“资讯类网站”“资讯和形象相结合的网站”和“形象类网站”。

图1-4

资讯类网站

资讯类网站为访问群体提供大量的信息，而且访问量较大，如搜狐、新浪、网易等网站。这类网站需要注意页面的分区和结构的合理性，要快速有效地引导访问者进行浏览，同时注意页面的优化与界面的亲和等问题，为访问者提供人性化的舒适浏览感受。

举一反三

因为资讯类网站的特点就是内容繁杂，因此为了节省版面以及整理分区，我们可以使用“国字型”网页布局，以规整和扎实为主，靠内容吸引访问者，这类网站美观度通常很低。因此一些设计感很强的布局并不适合资讯类网站，设计者不要一味追求创意和美观而忽视资讯类网站的特点，否则会导致用户浏览混乱。

形象类网站

形象类网站一般较小，保持在几页的信息量，需要实现的功能也比较简单，例如一些中小型的公司或单位，网页的设计任务主要是突出企业形象。这类网站总体上对设计者的设计水平要求较高，需要根据不同的公司或企业的具体情况进行具体分析，最重要的一点就是客户需求的实现，它也属于设计的任务。

资讯和形象相结合的网站

资讯和形象相结合的网站对于设计方面要求较高，既要保证网站资讯的传达要求，同时又要突出企业或公司的形象，例如一些较大的公司网站和国内的高校网站等。

1.1.2 拓展设计思路

明确了设计的任务之后，接下来要做的就是完成这个任务。

设计的实现可以分为两部分，第1部分是需要为网站做前期的规划及效果草图的绘制，这部分可以在纸上完成，将设计者的想法以最快捷的方式呈现出来，为后期的制作提供参考；第2部分是利用相关软件进行网页的制作，这一过程是在计算机上完成的，将设计的蓝图变为现实，最终的集成一般是在Dreamweaver里完成。经过设计的作品一定要有创意，这是最基本的要求，没有创意的设计是失败的。

1.1.3 色彩的吸引力

漂亮丰富的色彩能唤起人们的心灵感知，不同的颜色搭配会产生不同的视觉感受，所引起的心灵共鸣也是不同的，例如，红色是火的颜色，充满热情与奔放，同时也是血的颜色，可以象征生命与暴力，见图1-5~图1-7。

图1-5

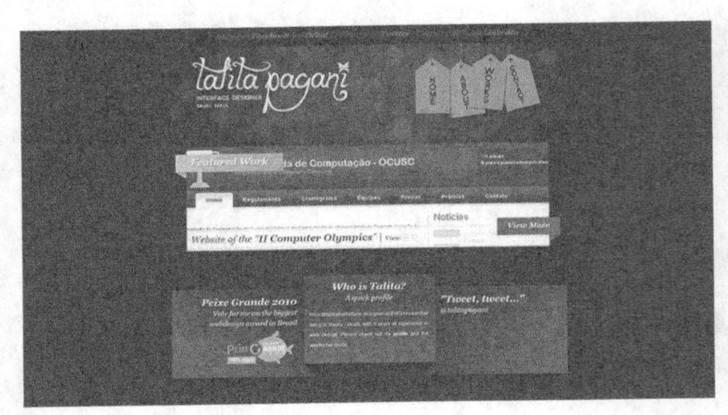

图1-6

图1-7

不同色彩代表了不同的情感和不同的象征含义，这些象征含义是人们思想交流中相当复杂的部分，它因人的年龄、地域、时代、民族、阶层、经济地区、工作能力、教育水平、风俗习惯、生活环境和性别差异而有所不同。单纯的颜色并没有实际的意义，但是和不同的颜色搭配后，它所表现出来的效果就会不同。如绿色和金黄色或与淡白色搭配，可以产生优雅、舒适的气氛；蓝色和白色混合，能体现柔顺、淡雅、浪漫的气氛。设计的任务不同，配色方案也随之不同，如图1-8~图1-13所示。考虑到网页的适应性，应尽量使用网页安全色。

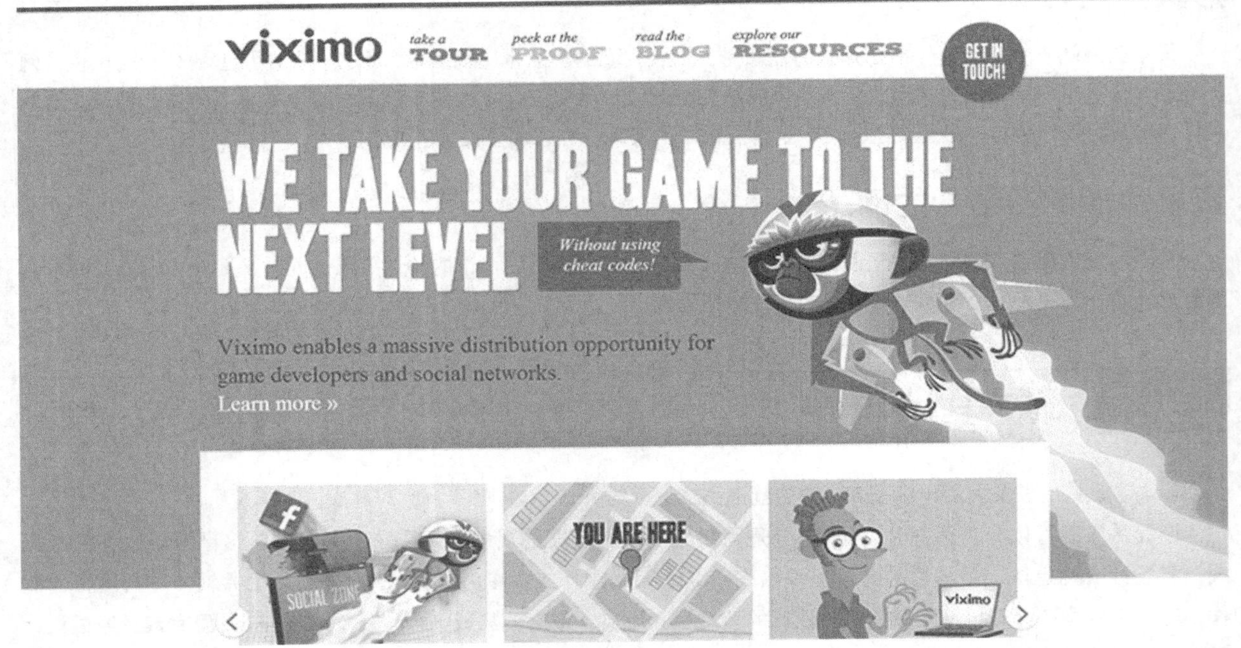

图1-8

图1-9

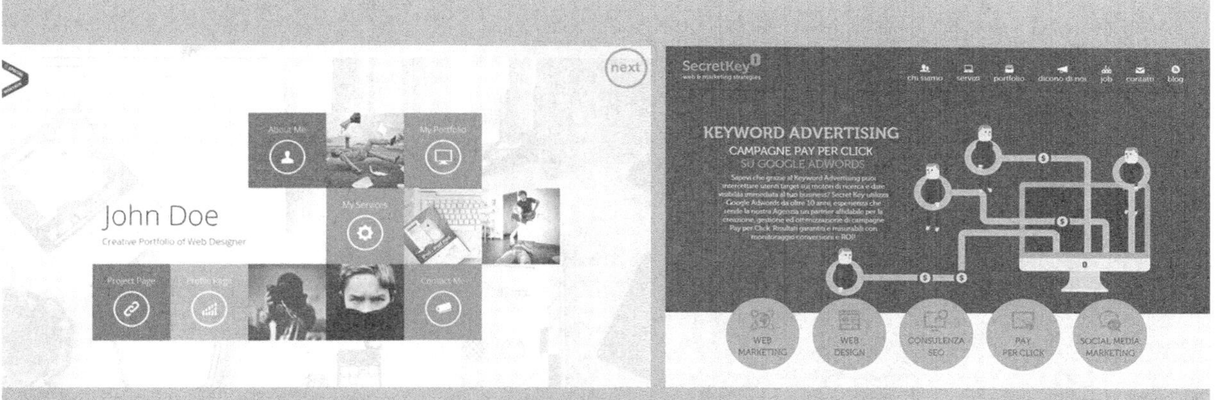

图1-10

图1-11

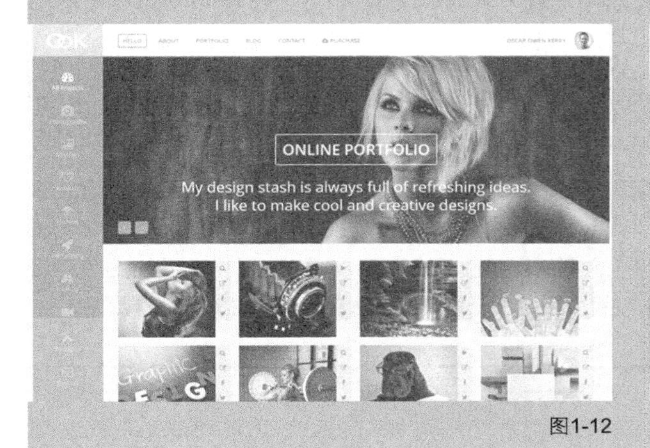

图1-12

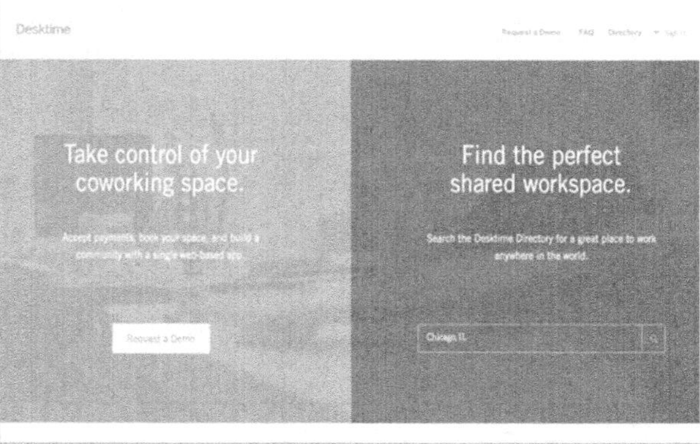

图1-13

举一反三

所谓网页安全色是指无论在任何浏览器或计算机上都可以无损无偏差地输出色彩，我们大部分计算机可以支持256色（8位）的颜色输出，但是仅有216种颜色在网页上可以无偏差显示，因此为了保证制作效果与呈现效果统一，我们应该使用网页安全色，如图1-14所示。

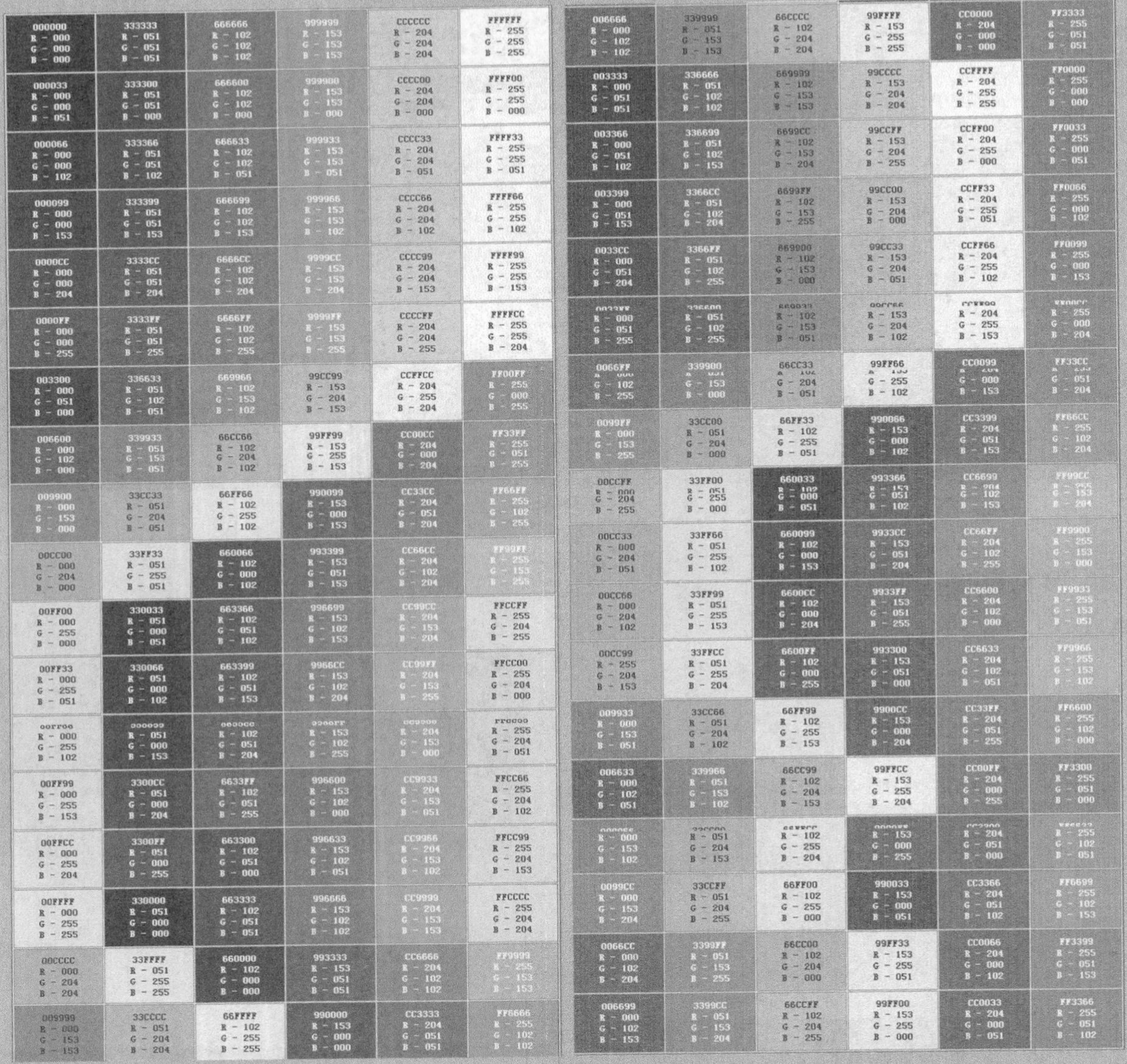

000000 R - 000 G - 000 B - 000	333333 R - 051 G - 051 B - 051	666666 R - 102 G - 102 B - 102	999999 R - 153 G - 153 B - 153	CCCCCC R - 204 G - 204 B - 204	FFFFFF R - 255 G - 255 B - 255
000033 R - 000 G - 000 B - 051	333300 R - 051 G - 051 B - 000	666600 R - 102 G - 102 B - 000	999900 R - 153 G - 153 B - 000	CCCC00 R - 204 G - 204 B - 000	FFFF00 R - 255 G - 255 B - 000
000066 R - 000 G - 000 B - 102	333366 R - 051 G - 051 B - 102	666633 R - 102 G - 102 B - 051	999933 R - 153 G - 153 B - 051	CCCC33 R - 204 G - 204 B - 051	FFFF33 R - 255 G - 255 B - 051
000099 R - 000 G - 000 B - 153	333399 R - 051 G - 051 B - 153	666699 R - 102 G - 102 B - 153	999966 R - 153 G - 153 B - 102	CCCC66 R - 204 G - 204 B - 102	FFFF66 R - 255 G - 255 B - 102
0000CC R - 000 G - 000 B - 204	3333CC R - 051 G - 051 B - 204	6666CC R - 102 G - 102 B - 204	9999CC R - 153 G - 153 B - 204	CCCC99 R - 204 G - 204 B - 153	FFFF99 R - 255 G - 255 B - 153
0000FF R - 000 G - 000 B - 255	3333FF R - 051 G - 051 B - 255	6666FF R - 102 G - 102 B - 255	9999FF R - 153 G - 153 B - 255	CCCCFF R - 204 G - 204 B - 255	FFFFCC R - 255 G - 255 B - 204
003300 R - 000 G - 051 B - 000	336633 R - 051 G - 102 B - 051	669966 R - 102 G - 153 B - 102	99CC99 R - 153 G - 204 B - 153	CCFFCC R - 204 G - 255 B - 204	FF00FF R - 255 G - 000 B - 255
006600 R - 000 G - 102 B - 000	339933 R - 051 G - 153 B - 051	66CC66 R - 102 G - 204 B - 102	99FF99 R - 153 G - 255 B - 153	CC00CC R - 204 G - 000 B - 204	FF33FF R - 255 G - 051 B - 255
009900 R - 000 G - 153 B - 000	33CC33 R - 051 G - 204 B - 051	66FF66 R - 102 G - 255 B - 102	990099 R - 153 G - 000 B - 153	CC33CC R - 204 G - 051 B - 204	FF66FF R - 255 G - 102 B - 255
00CC00 R - 000 G - 204 B - 000	33FF33 R - 051 G - 255 B - 051	660066 R - 102 G - 000 B - 102	993399 R - 153 G - 051 B - 153	CC66CC R - 204 G - 102 B - 204	FF99FF R - 255 G - 153 B - 255
00FF00 R - 000 G - 255 B - 000	330033 R - 051 G - 000 B - 051	663366 R - 102 G - 051 B - 102	996699 R - 153 G - 102 B - 153	CC99CC R - 204 G - 153 B - 204	FFCCFF R - 255 G - 204 B - 255
00FF33 R - 000 G - 255 B - 051	330066 R - 051 G - 000 B - 102	663399 R - 102 G - 051 B - 153	9966CC R - 153 G - 102 B - 204	CC99FF R - 204 G - 153 B - 255	FFCC00 R - 255 G - 204 B - 000
00FF66 R - 000 G - 255 B - 102	330099 R - 051 G - 000 B - 153	6633CC R - 102 G - 051 B - 204	9966FF R - 153 G - 102 B - 255	CC9900 R - 204 G - 153 B - 000	FFCC33 R - 255 G - 204 B - 051
00FF99 R - 000 G - 255 B - 153	3300CC R - 051 G - 000 B - 204	6633FF R - 102 G - 051 B - 255	996600 R - 153 G - 102 B - 000	CC9933 R - 204 G - 153 B - 051	FFCC66 R - 255 G - 204 B - 102
00FFCC R - 000 G - 255 B - 204	3300FF R - 051 G - 000 B - 255	663300 R - 102 G - 051 B - 000	996633 R - 153 G - 102 B - 051	CC9966 R - 204 G - 153 B - 102	FFCC99 R - 255 G - 204 B - 153
00FFFF R - 000 G - 255 B - 255	330000 R - 051 G - 000 B - 000	663333 R - 102 G - 051 B - 051	996666 R - 153 G - 102 B - 102	CC9999 R - 204 G - 153 B - 153	FFCCCC R - 255 G - 204 B - 204
00CCCC R - 000 G - 204 B - 204	33FFFF R - 051 G - 255 B - 255	660000 R - 102 G - 000 B - 000	993333 R - 153 G - 051 B - 051	CC6666 R - 204 G - 102 B - 102	FF9999 R - 255 G - 153 B - 153
009999 R - 000 G - 153 B - 153	33CCCC R - 051 G - 204 B - 204	66FFFF R - 102 G - 255 B - 255	990000 R - 153 G - 000 B - 000	CC3333 R - 204 G - 051 B - 051	FF6666 R - 255 G - 102 B - 102

006666 R - 000 G - 102 B - 102	339999 R - 051 G - 153 B - 153	66CCCC R - 102 G - 204 B - 204	99FFFF R - 153 G - 255 B - 255	CC0000 R - 204 G - 000 B - 000	FF3333 R - 255 G - 051 B - 051
003333 R - 000 G - 051 B - 051	336666 R - 051 G - 102 B - 102	669999 R - 102 G - 153 B - 153	99CCCC R - 153 G - 204 B - 204	CCFFFF R - 204 G - 255 B - 255	FF0000 R - 255 G - 000 B - 000
003366 R - 000 G - 051 B - 102	336699 R - 051 G - 102 B - 153	6699CC R - 102 G - 153 B - 204	99CCFF R - 153 G - 204 B - 255	CCFF00 R - 204 G - 255 B - 000	FF0033 R - 255 G - 000 B - 051
003399 R - 000 G - 051 B - 153	3366CC R - 051 G - 102 B - 204	6699FF R - 102 G - 153 B - 255	99CC00 R - 153 G - 204 B - 000	CCFF33 R - 204 G - 255 B - 051	FF0066 R - 255 G - 000 B - 102
0033CC R - 000 G - 051 B - 204	3366FF R - 051 G - 102 B - 255	669900 R - 102 G - 153 B - 000	99CC33 R - 153 G - 204 B - 051	CCFF66 R - 204 G - 255 B - 102	FF0099 R - 255 G - 000 B - 153
0033FF R - 000 G - 051 B - 255	336600 R - 051 G - 102 B - 255	669933 R - 102 G - 153 B - 051	99CC66 R - 153 G - 204 B - 102	CCFF99 R - 204 G - 255 B - 153	FF00CC R - 255 G - 000 B - 204
0066FF R - [illegible] G - 102 B - 255	339900 R - [illegible] G - 153 B - 000	66CC33 R - [illegible] G - 204 B - 051	99FF66 R - [illegible] G - 255 B - 102	CC0099 R - [illegible] G - 000 B - 153	FF33CC R - [illegible] G - 051 B - 204
0099FF R - 000 G - 153 B - 255	33CC00 R - 051 G - 204 B - 000	66FF33 R - 102 G - 255 B - 051	990066 R - 153 G - 000 B - 102	CC3399 R - 204 G - 051 B - 153	FF66CC R - 255 G - 102 B - 204
00CCFF R - 000 G - 204 B - 255	33FF00 R - 051 G - 255 B - 000	660033 R - 102 G - 000 B - 051	993366 R - 153 G - 051 B - 102	CC6699 R - 204 G - 102 B - 153	FF99CC R - 255 G - 153 B - 204
00CC33 R - 000 G - 204 B - 051	33FF66 R - 051 G - 255 B - 102	660099 R - 102 G - 000 B - 153	9933CC R - 153 G - 051 B - 204	CC66FF R - 204 G - 102 B - 255	FF9900 R - 255 G - 153 B - 000
00CC66 R - 000 G - 204 B - 102	33FF99 R - 051 G - 255 B - 153	6600CC R - 102 G - 000 B - 204	9933FF R - 153 G - 051 B - 255	CC6600 R - 204 G - 102 B - 000	FF9933 R - 255 G - 153 B - 051
00CC99 R - 255 G - 204 B - 153	33FFCC R - 051 G - 255 B - 204	6600FF R - 102 G - 000 B - 255	993300 R - 153 G - 051 B - 000	CC6633 R - 204 G - 102 B - 051	FF9966 R - 255 G - 153 B - 102
009933 R - 000 G - 153 B - 051	33CC66 R - 051 G - 204 B - 102	66FF99 R - 102 G - 255 B - 153	9900CC R - 153 G - 000 B - 204	CC33FF R - 204 G - 051 B - 255	FF6600 R - 255 G - 102 B - 000
006633 R - 000 G - 102 B - 051	339966 R - 051 G - 153 B - 102	66CC99 R - 102 G - 204 B - 153	99FFCC R - 153 G - 255 B - 204	CC00FF R - 204 G - 000 B - 255	FF3300 R - 255 G - 051 B - 000
009966 R - 000 G - 153 B - 102	33CC99 R - 051 G - 204 B - 153	66FFCC R - 102 G - 255 B - 204	9900FF R - 153 G - 000 B - 255	CC3300 R - 204 G - 051 B - 000	FF6633 R - 255 G - 102 B - 051
0099CC R - 000 G - 153 B - 204	33CCFF R - 051 G - 204 B - 255	66FF00 R - 102 G - 255 B - 000	990033 R - 153 G - 000 B - 051	CC3366 R - 204 G - 051 B - 102	FF6699 R - 255 G - 102 B - 153
0066CC R - 000 G - 102 B - 204	3399FF R - 051 G - 153 B - 255	66CC00 R - 102 G - 204 B - 000	99FF33 R - 153 G - 255 B - 051	CC0066 R - 204 G - 000 B - 102	FF3399 R - 255 G - 051 B - 153
006699 R - 000 G - 102 B - 153	3399CC R - 051 G - 153 B - 204	66CCFF R - 102 G - 204 B - 255	99FF00 R - 153 G - 255 B - 000	CC0033 R - 204 G - 000 B - 051	FF3366 R - 255 G - 051 B - 102

图1-14

众所周知，颜色是光的折射产生的，红、黄、蓝是调和其他色彩的三原色，换一种思路，我们可以用颜色的变化来表现光影效果，这无疑将使我们的作品更贴近现实。颜色的使用并没有一定的法则，如果一定要用某个法则去套，那么效果只会适得其反。首先我们可先确定一种能表现主题的主体色，然后根据具体的需要，应用当前色的近似色和对比色来完成整个页面的配色方案，这样整个页面在视觉上是一个整体，以达到和谐、悦目的视觉效果。

1.1.4 灵活的布局

符合访问者浏览顺序和视觉顺序的合理布局会为网站加分，人性化的布局首先需要一个舒适的页面尺寸，清晰明确的区域划分，然后统一页面风格，舒适清晰地文本阅读模式，最后将设计感与布局完美地结合，如图1-15~图1-18所示。

图1-15

图1-16

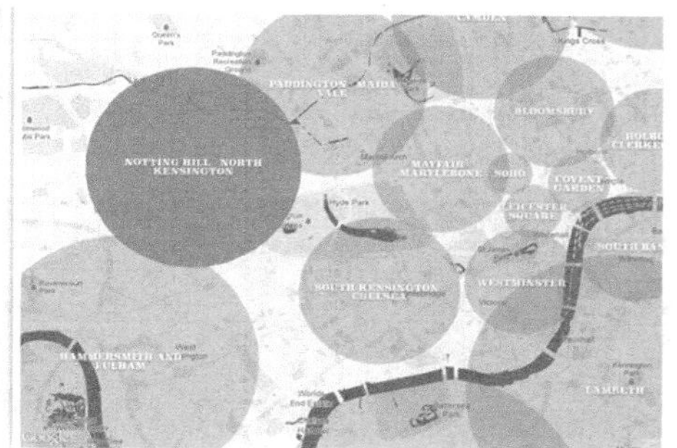

图1-17

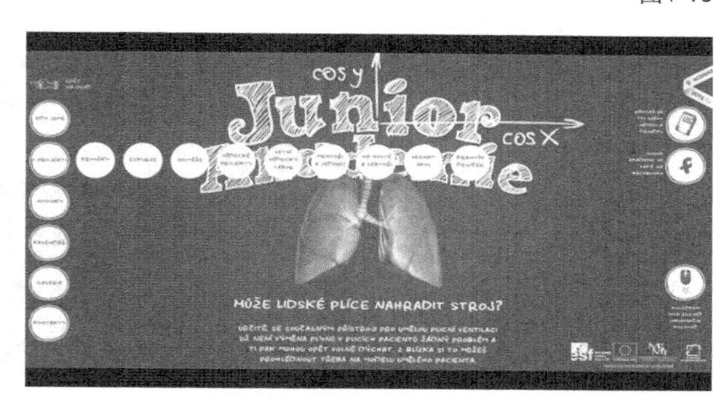

图1-18

1.1.5 造型的组合

设计者主要通过视觉传达来表现主题，在视觉传达中，造型是很重要的一个元素，画面上的所有元素都可以统一作为画面的基本构成点、线、面来进行处理，在一幅成功的作品里，需要点、线、面的共同组合与搭配来构造整个页面。常用的组合手法包括秩序、比例、均衡、对称、连续、间隔、重叠、反复、交叉、节奏、韵律、归纳、变异、特写、反射等，它们都有各自的特点，设计者在设计中应根据具体情况，选择最适合表现主题的手法，提升网站的美感，同时将网页上的各种元素有机地组织起来，较好地突出企业形象，从而引导访问者的视线，如图1-19~图1-21所示。

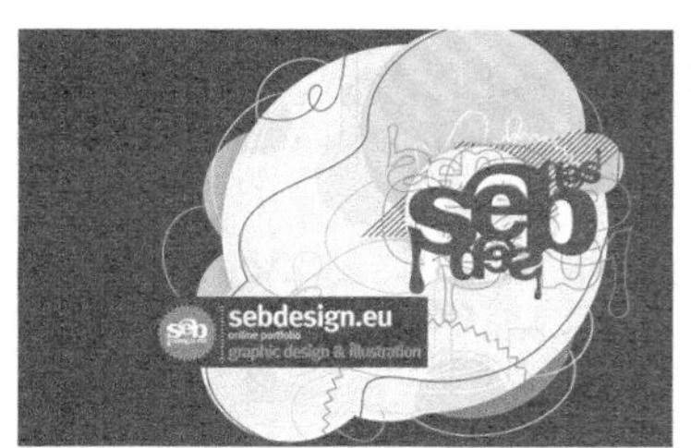

图1-19

图1-20

图1-21

1.1.6 灵活组合网页元素

设计不是随意胡乱的创作，而是要遵循一定原则的，无论使用何种手法对画面中的元素进行组合，都一定要遵循5个大的原则，即“统一”“连贯”“分割”“对比”及“和谐”。

统一

统一是指设计作品的整体性和一致性，如图1-22所示。在网站设计中整体效果是至关重要的，切勿将各个组成部分孤立分散，那样会使画面呈现出一种枝蔓纷杂的凌乱效果。

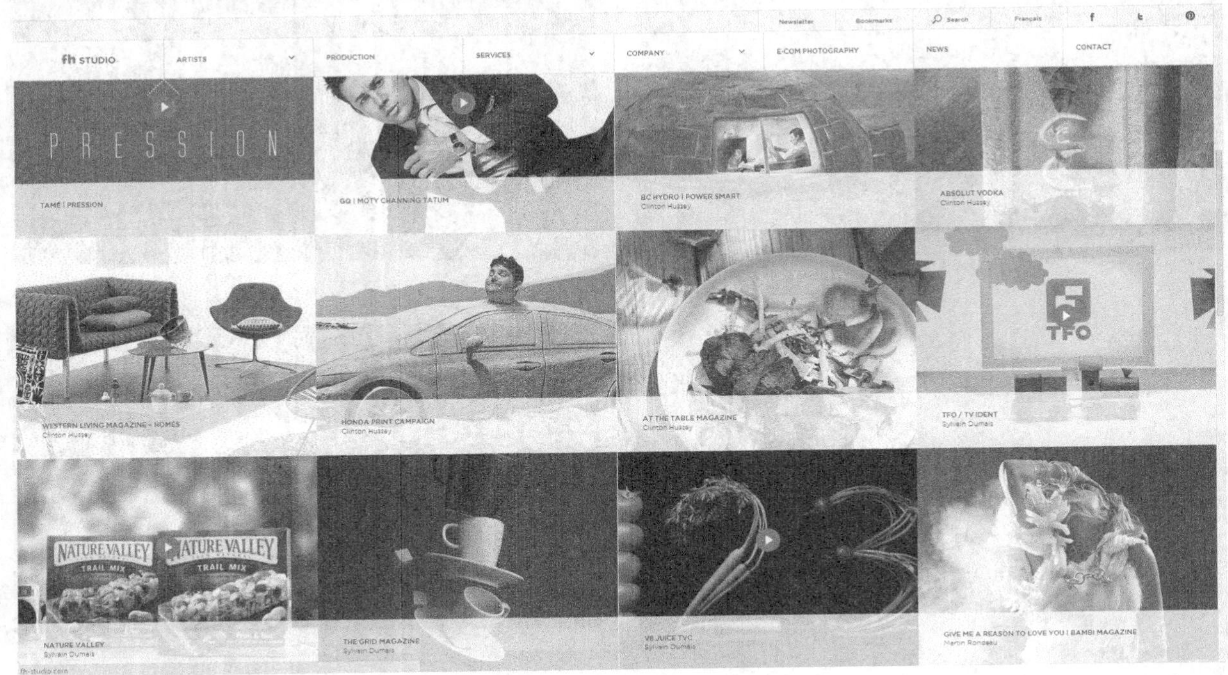

图1-22

连贯

连贯是指页面之间的相互联系。在网站设计中可以利用每个组成区域在内容上的联系，也可以在各部分表现形式上的相互呼应来建立连贯性，在制作过程中注意整个页面设计风格的一致性，实现视觉和心理上的连贯，使整个页面设计的各个部分融洽。

分割

分割是指将页面区分为多个小块，小块之间具备视觉上的不同，使访问者对内容一目了然。在信息量过多时合理有效地分割能为访问者整理信息，如图1-23所示。因此分割不仅是表现形式的需要，换个角度来讲，分割也可以被视为对页面内容的一种分类和归纳。

图1-23

对比

对比是指通过视觉矛盾和冲突，使设计更加富有生气，如图1-24所示。对比手法有很多，例如，多与少、曲与直、强与弱、长与短、粗与细、疏与密、虚与实、主与次、黑与白、动与静、美与丑、聚与散等。在使用对比的时候应慎重，对比过强容易破坏美感，影响统一。

图1-24

和谐

和谐是指整个页面符合美的法则，浑然一体，如图1-25所示。设计者如果仅是将色彩、形状、线条等元素随意组合，那么作品就没有“生命感”，与访问者达不成审美共鸣。注重作品所形成的视觉效果能否与人的视觉感受形成一种沟通，产生心灵的共鸣，这是设计成功的关键。

图1-25

1.1.7 优化网页

在网页设计中，网页的优化是很重要的一个环节，它的成功与否会影响页面的浏览速度和页面的适应性，影响访问者对网站的印象。优化项目包括“文字”“图片”“DIV与表格”和“网页的适应性”。

文字

文字是页面中最大的构成元素，因此字体的视觉优化显得尤为重要。通常设计者使用CSS样式表指定文字的样式为宋体，大小指定为12px，颜色要视背景色而定，这样访问者能够看清并且与整个页面搭配和谐。在白色的背景上，我们一般使用黑色的文字，这样不易产生视觉疲劳，能保证访问者较长时间地浏览网页，如图1-26和图1-27所示。

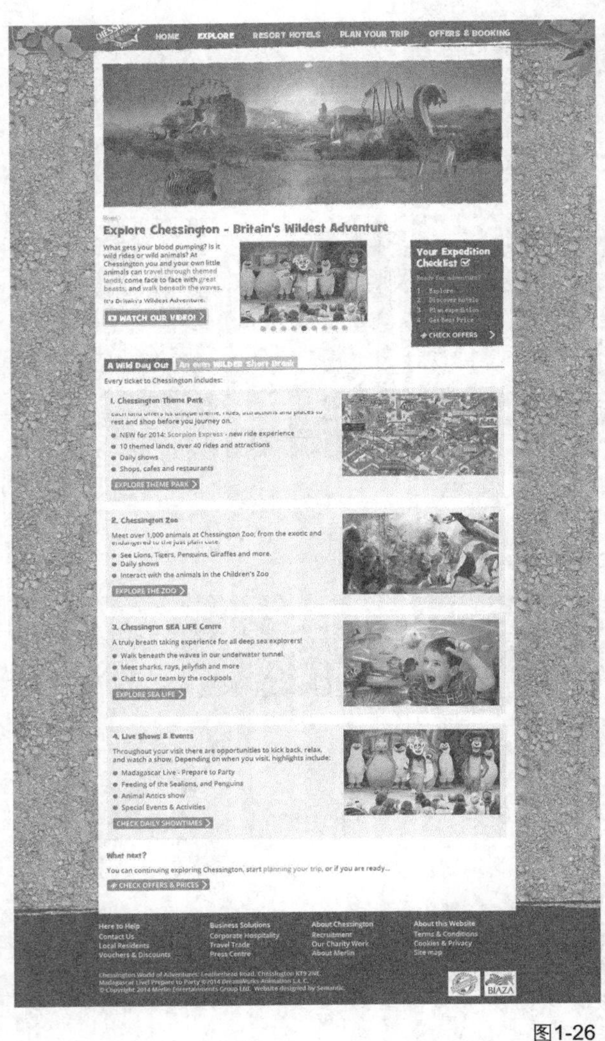

图1-26

图1-27

图片

图片是网页中的重要元素，也是呈现美感的媒介。图片的优化可以在保证浏览质量的前提下将其尺寸大小降至最低，以便提高网页的速度。设计者可以利用Photoshop或Fireworks将图片切成小块，再分别进行优化。输出的格式可以为GIF或JPEG，要视具体情况而定。

一般我们将颜色变化较为复杂的小块优化为JPEG，而把那种只有单纯色块的卡通画式的小块优化为GIF，这是由这两种格式的特点决定的，如图1-28和图1-29所示。

图1-28

图1-29

DIV与表格

DIV与表格(table)是页面中的重要元素，是页面排版的主要手段。我们可以设定DIV与表格的宽度、高度、边框、背景色和对齐方式等参数。通常我们将表格的边框设为0，以此来定位页面中的元素，或者借此确定页面中各元素的相对位置。

设计者在设计页面表格时，应该尽量避免将所有元素嵌套在一个表格里，而且表格嵌套层次尽量要少。因此可以采用DIV套表格的方式来减少嵌套，提高网页的速度。

网页的适应性

网页的适应性是很重要的，在不同的系统、分辨率、浏览器上，我们将会看到不同的结果，因此设计时要统筹考虑。一般情况下，用户在800×600规格下制作网页，最佳浏览效果也是在800×600分辨率下，在其他情况下只要保证基本一致，不出现较大问题即可。

1.2 搭建网页的12块砖

网页作为一个媒体交流平台，需要考虑到访问者的阅读心理和阅读习惯，因此，在进行网页页面搭建过程中应合理分配划分区域，使各区域既规整又协调，最终达到一种整体的视觉呈现。

网页组成部分包括“文字基石”“抢眼标题”“Tab标签”“导航指引”“丰富菜单”“延展表单”“面子Logo”、Icon、“跳转轮播”“广告图”“图片列表”和“弹出层”，每一部分都是网页设计中不可或缺的部分。

1.2.1 文字基石

网页中的文字信息是最基础的交互元素，早期用户依靠阅读和写字符与计算机交互，这就需要用户记忆大量的字符，而图形界面增加了直观的图形交互，降低了文字记忆的难度，但文字本身的传递意义最为准确，复杂的信息还是以文字描述为主，所以文字在界面设计中依旧重要。易于理解的文本可以提高用户的操作效率，如图1-30所示。

好的网页文本需要注意5项原则，包括“简洁”“一致性”“标点符号”“语气”和“引导用户”。

图1-30

简洁

简洁就是使用最少的文字传达最准确的信息，不重复、不啰嗦，让用户在最短的时间内获取信息。在一般正文当中注意文本内容需简洁易懂，尽可能地将表达的含义明确叙述；在弹出对话框或选项中，如果不适用标题可以尽量使用简短完整的陈诉，还要避免过长的正文，尽量控制在两行以内，如图1-31所示。

图1-31

一致性

相似的操作或相近的意思使用同样的词汇表述，例如，“返回”“返回上一级”和“后退”，如果系统或者其他应用程序都使用“返回”二字，应该遵循用户使用习惯，降低学习成本。

标点符号

标点也是语句中不可缺少的部分，使用标点符号时需要注意准确性，在简短的陈述句中不使用句号。任务完成和需要吸引用户注意时使用感叹号（例如，恭喜您，注册成功！）。表示需要或者隐藏额外信息使用省略号、文本被截断或者任务正在进行（例如，下载中……）。引号可以避免文本被混淆（例如，网址“www.ptpress.com.cn”删除成功）。

语气

访客阅读网页文本相当于与程序进行沟通，因此，网页文本应该保持礼貌的语气不要过于正式，确保清晰、自然和间接的传达信息。

设计文本时可以设想自己正在与用户面对面地沟通，例如，“此文件受到保护，未经特别许可不能删除”比“无法删除新建文本文档，访问被拒绝”要好，传达操作无法执行的原因，同时不会让用户感到被责备；文本可以稍微口语化，如“按照步骤注册”比“遵循以下步骤注册”更好；使用鼓励式的语气，表达程序可以让用户做什么，而不是允许用户做什么，如使用“您可以删除文件”而不是“程序允许您删除该文件”。

引导用户

使用访客可以理解的字词，给访客的操作提供有效的建议，告诉访客“下一步”该如何做，减少访客的思考时间。

1.2.2 抢眼标题

网页标题是指显示在窗口最左上角位置，对本网页主要内容高度概括的描述性文字。每一个网页都应该有一个能准确描述该网页内容的独立标题，就像每一个网页都应该有一个唯一的URL一样，它是区别于其他网页的基本属性之一。抢眼的标题可以第一时间抓住访客的眼球，并且方便访客记忆，可以直接提高网页的浏览率。

设计者在设计文本的时候，需要体现用户的需求，能够吸引用户的注意力，并且注意标题的可读性和概况性，做到换位思考才能做出抢眼的标题，如图1-32和图1-33所示。

图1-32

图1-33

1.2.3 Tab标签

Tab标签是网页中不可或缺的部分，在静态页面设计中，尽量避免使用多排水平标签的布局，可以使用垂直标签代替；如果标签之间存在结构，可以将标签分组，分组可以以下拉菜单或颜色分组等多种方式进行；如果标签重要性或相关性存在区别，可以显示最重要的标签，然后加入“更多”（全部）按钮；如果标签之间都是相互平等的，可以考虑对标签栏进行操作，如加入左右移动的按钮，允许用户拖动/滑动等，如图1-34~图1-36所示。

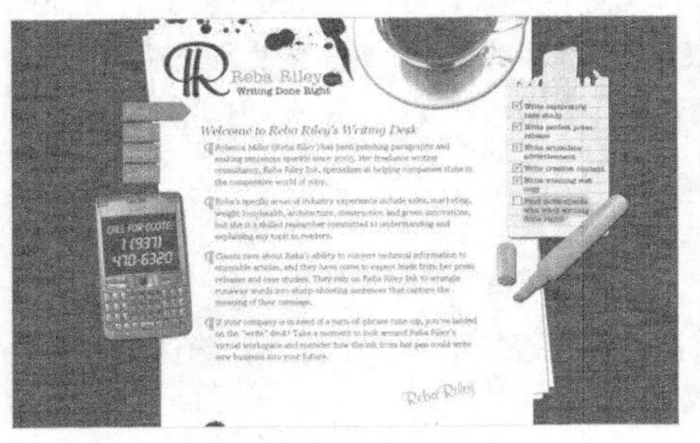

图1-34

图1-35

图1-36

1.2.4 导航指引

网页导航是指通过一定的技术手段，为网页的访问者提供一定的途径，使其可以方便地访问到所需的内容。

网页导航表现为网页的栏目菜单设置、辅助菜单、其他在线帮助等形式。网页导航设置是在网页栏目结构的基础上，进一步为用户浏览网页提供的提示系统。由于各个网页设计并没有统一的标准，不仅菜单设置各不相同，打开网页的方式也有区别，有些是在同一窗口打开新网页，有些是新打开一个浏览器窗口。因此仅有网页栏目菜单有时会让用户在浏览网页过程中迷失方向，如无法回到首页或者上一级页面等，还需要辅助性的导航来帮助用户方便地浏览网页信息，如图1-37~图1-39所示。

网页导航分为“主导航”“次导航”和“面包屑导航”。

图1-37

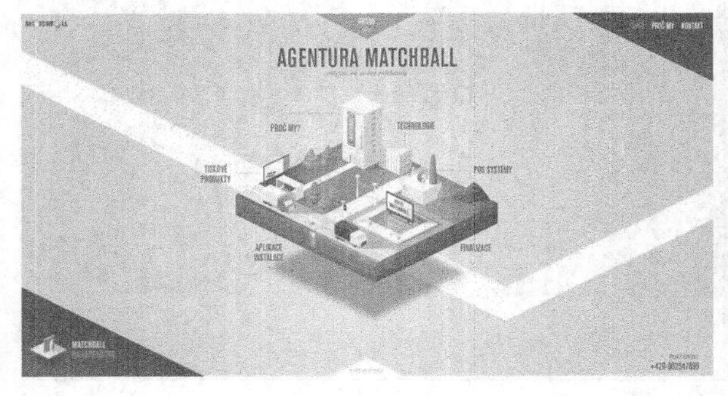

图1-38

图1-39

主导航

主导航一般位于网页页眉顶部或者banner下部，可以第一时间引导访问者进入需要的信息栏目。

次导航

次导航一般位于网站的两侧。当访问者需要切换到别的栏目时，可以通过次导航进入其他栏目。

面包屑导航

面包屑导航是一个位置导航，可以清楚地让访问者知道自己所在的网站位置。面包屑导航（或称为面包屑路径）是一种显示访问者在网站或网络应用中的位置一层层指引的导航。

1.2.5 丰富菜单

早期的菜单基本采取的都是横向顶端栏显示，而侧边栏菜单将会是今年的一个新趋势。菜单已经有相当长的历史，最开始它只被用在计算机应用程序上，后来逐渐流行到社交媒体网站，现在很多单页设计的网站菜单都非常精美而且便利，如图1-40和图1-41所示。

图1-40

图1-41

1.2.6 延展表单

每当页面中出现需要填写的表单时，用户就会开始感到头疼，有些用户就会直接选择放弃，而设计者需要考虑到的是：如何让用户在面对表单时直接注意他们需要填写的必填项，减少不需要的信息干扰，如图1-42所示。

图1-42

1.2.7 面子Logo

Logo在传播中起到识别和推广公司或网站的作用，好的Logo可以让消费者记住公司主体和相关网页，网络中的Logo徽标主要是各个网站用来与其他网站链接的图形标志，代表一个网站或网站的一个板块，如图1-43和图1-44所示。

图1-43

图1-44

1.2.8 Icon

网页上的Icon可以理解为是交流网络、交流栏目和说明的链接，网页图标可以表现出几个不同的功能。如网络中的公司资料页面/账户的链接，你可以在它们的周围看到“跟随我们……”或“加入我们……”这样的字样。这些图标通常会被放在网页的顶部或底部，也可以放置在侧边栏，如图1-45和图1-46所示。从经验上来说，它们在整个网站中都是可见的。

图1-45

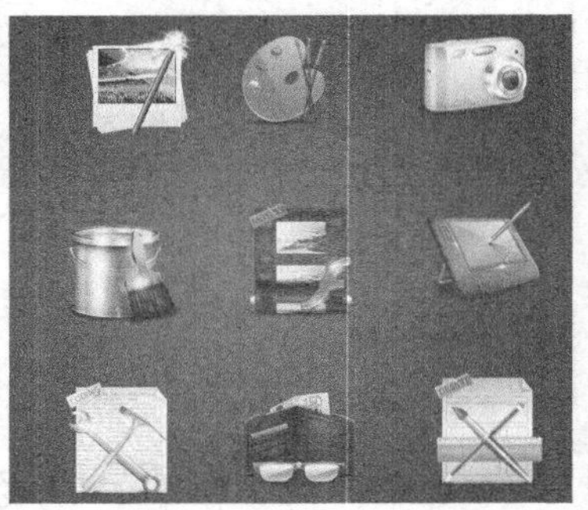
图1-46

1.2.9 跳转轮播

网络推广的方法很多，但是有一个原则不能忘记，那就是做好细节。轮播图就是一个网店细节推广的体现，如何做好轮播图为网页增彩呢？需要设计者在制作轮播图时注意图片的选择、信息的提炼和合理的跳转动作，这样才能做出吸引人眼球的满意效果，如图1-47所示。

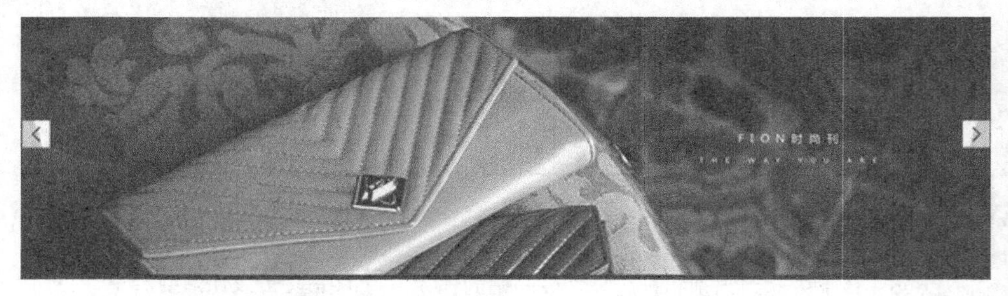
图1-47

1.2.10 广告图

根据广告的类型和表现形式的不同，设计者可以搭配不同风格的广告图，为访问者呈现更为直观的视觉效果。根据网页布局灵活的制定广告图尺寸，再搭配漂亮的颜色，具有设计感的文本板式，成为网页视觉呈现中不可缺少的点睛之笔，如图1-48~图1-51所示。

图1-48

图1-49

图1-50

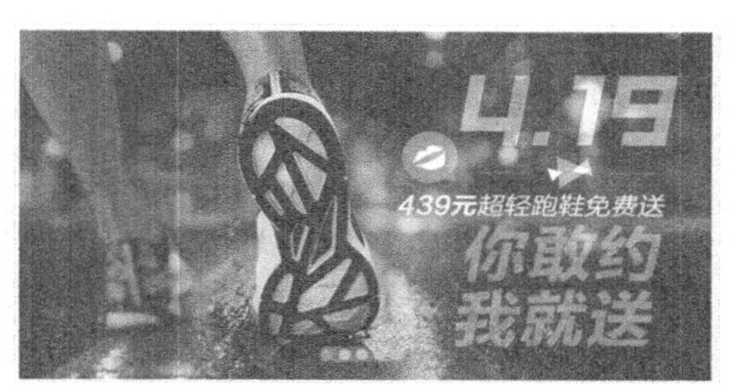

图1-51

1.2.11 图片列表

在网页中，如果图片信息相对较多的时候，设计者可以根据网页风格添加图片列表，网页图片列表是访问者与详细资料栏的连接方式，可以有效节省当前网页的数据容量提高浏览速度，同时也为访问者提供详细的图片列举说明。

1.2.12 弹出层

访问者在进行网页浏览互动的时候，网页中会弹出一些单独窗口显示的信息，方便在操作的时候对用户进行提示或指引，弹出层是网站构成中不可缺少的部分，方便引导访问者正确操作，如图1-52和图1-53所示。

图1-52

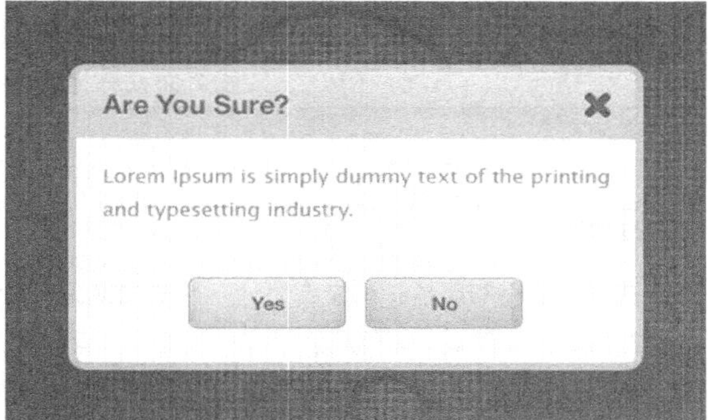

图1-53

1.3 常见网页布局

网页布局是关乎整体视觉效果的设计手段，设计者通过对网页的分析，为网页提供合适的布局结构，方便进行分区和归纳，同样根据不同的布局体现网页独特的视觉冲击力。

设计师在推敲网页布局时，可以将网页看作传统的报刊杂志来编辑，充分地考虑到包括文本、图像乃至动画等元素的位置与联系，最终以最合适的方式将图片和文字排放在页面的不同位置。

1.3.1 精细设计布局

网页布局大致可分为“国字型”“拐角型”“标题正文型”“左右框架型”“上下框架型”“综合框架型”“封面型”“Flash型”和“变化型”。

国字型

国字型布局也称之为“同”字型布局，一般常用于大型网站，结构为最上面是网站的标题以及横幅广告条，接下来就是网站的主要内容，左右分列一些小条内容，中间是主要部分，与左右一起罗列到底，最下面是网站的一些基本信息、联系方式和版权声明等，如图1-54所示。国字型也是最为常见的一种结构类型。

图1-54

拐角型

拐角型布局与国字型布局很相近，仅在形式上有所区别，结构为最上面是标题及广告横幅，接下来的左侧是窄列链接等，右列是很宽的正文，下面也是一些网站的辅助信息。在这种类型中，最典型的特征是最上面是标题及广告，左侧是导航链接。

标题正文型

标题正文型布局最上面是标题或其他类似的一些东西，下面是正文的布局，如一些文章页面或注册页面等就是这种布局。

左右框架型

左右框架型布局是一种左右为分别两页的框架结构，一般左面是导航链接，有时最上面会有一个小的标题或标志，右面是正文。这类布局常用于很多大型论坛或一些企业网站，这种布局类型的特点就是结构清晰，一目了然。

上下框架型

上下框架型布局与左右框架型布局相似，区别仅在于它是一种上下分为两页的框架，上下框架型布局为单页面显示，如图1-55所示。

综合框架型

综合框架型是前面两种布局的结合，是相对复杂的一种框架结构，较为常见的是类似于“拐角型”结构的布局，只是采用了框架结构，如图1-56所示。

图1-55

图1-56

封面型

封面型布局大部分是出现在一些网站的首页，很多封面型布局会使用一些精美的平面设计结合一些小的动画，再放上几个简单的链接或者仅是一个“进入”的链接，甚至直接在首页的图片上做链接而没有任何提示。这种类型大部分出现在企业网站和个人主页，如果处理得当，会给人带来赏心悦目的感觉，如图1-57~图1-59所示。

图1-57

图1-58

图1-59

Flash型

Flash型布局与封面型结构类似，只是这种类型的布局采用的是目前非常流行的Flash小动画进行展示，与封面型不同的是，由于Flash强大的功能，页面所表达的信息更丰富，其视觉效果及听觉效果如果处理得当，绝不差于传统的多媒体，如图1-60和图1-61所示。

图1-60

图1-61

变化型

变化型布局综合上面几种类型的结合与变化，如本站在视觉上是很接近拐角型布局的，但所实现的功能实质是那种上、左、右结构的综合框架型，如图1-62和图1-63所示。

图1-62

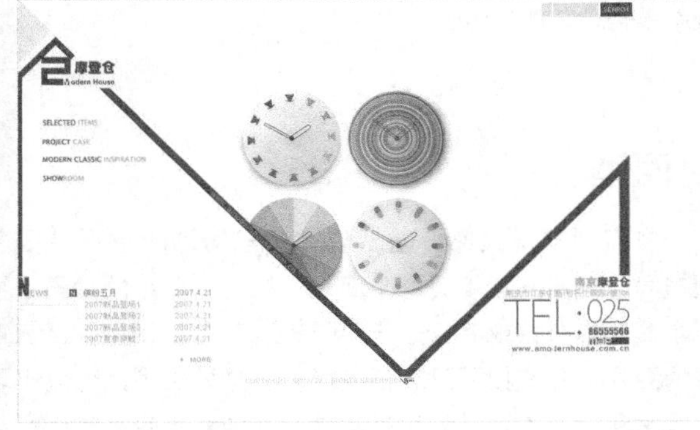

图1-63

1.3.2 赋予导航栏意义

导航栏可以引导访问者在浏览时便捷地切换不同的页面，是网页元素非常重要的部分之一，所以导航栏一定要清晰、醒目。通常导航栏需简要地在“第一屏”显示出来，才能做到第一时间服务于访问者。

一般情况下横向放置的导航栏要优于纵向的导航栏，原因很简单，如果访问者的第一屏很矮，横向的仍能全部看到，而纵向的就很难说了，因为窗口的宽度一般是不会受浏览器设置影响的，而纵向的则不确定性要大得多。但是在近期网页设计潮流中越来越偏向于纵向和随意排放的导航栏，这种方式有利于网页视觉上的创新和设计美感，也是新兴网页设计的发展趋势。

1.3.3 寻找合适的布局

很多初学者都会有这样的苦恼“怎样布局才是最合适最好的？”其实这要具体情况具体分析的，如果内容非常多，就要考虑用“国字型”或“拐角型”；如果内容不算太多而一些说明性的东西比较多，则可以考虑“标题正文型”，框架结构的一个共同特点就是浏览方便，速度快，但结构变化不灵活；如果企业网站想展示一下企业形象或个人主页想展示个人风采，那么“封面性”才是首选，相比较下“Flash型”更灵活一些，好的Flash丰富了网页，但是它不能表达过多的文字信息，“变化型”需要看设计者的思路进行灵活编辑，只有不断地变化才会有创新，才能不断丰富我们的网页。

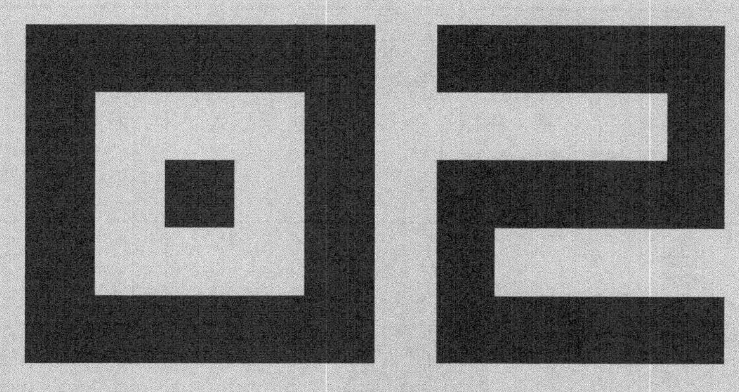

广告与网页的亲密性

通过本章的学习，我们将了解媒体广告的类别，并掌握网页设计的相关知识，明确网页广告的分类。

媒体广告

简单地说，媒体广告就是在相关传播媒介上做的广告，其中，网页广告是媒体广告中的主力军。网页广告利用网站上的横幅广告、文本链接和多媒体等方法，在互联网刊登或发布广告，通过网络传递到互联网用户的一种高科技广告运作方式。

网络营销的市场正在以惊人的速度增长，网络广告的作用也显得越来越重要，广告界甚至认为网络将超越原有的媒介，成为继传统四大媒体（电视、广播、报纸、杂志）之后的第五大媒体，因而众多广告公司都相继成立了专门的“网络媒体分部”来开拓网络广告的巨大市场。

2.1.1 报刊广告

报刊广告以文字和图画为主要视觉刺激，不像其他广告媒介，如电视广告等受到时间的限制。而且报纸可以反复阅读，便于保存。鉴于报纸纸质及印制工艺上的限制，报纸广告中的商品外观形象和款式、色彩不能理想地反映出来，杂志也是一种印刷媒介，它是定期或不定期成册连续出版的印刷品，如图2-1和图2-2所示。

图2-1

图2-2

优点概括

报纸的版面大篇幅广，可供广告主充分地进行选择和利用，如图2-3所示。由于报纸独特的新闻性，能够增加刊登广告的可信度。形式上图文并茂，能够生动直观地描述信息，确保内容准确易懂，根据报刊的特点，报刊广告的传播迅速快、范围广、时效性强，使信息传递准确而及时，同时印刷报纸的成本也相对较低。

图2-3

受众群体

根据网上公布的一份调查报告指出，以报纸为例，文化程度在小学及以下的受访者中有56.6%从不接触，初中者比重为29.8%，高中者比重为6.9%，大专及以上者从不接触报纸的比重为1.4%。结论表明接触报刊媒介的大多数为文化素质相对较高的人群。

2.1.2 广播媒介

广告媒介利用声音符号，用有声语言为主要传播手段，向受众传达信息，这是广播最根本的特点。

特点综合

广播的信息传播迅速，时效性比较强，而且广播不受时间和空间的限制，随时随地利用收音机进行收听。广播广告从写稿到播出也同样制作简易，而且花费较少，在各种广告媒介中，广播广告是收费最低、最为经济的广告传播方式。

受众群体

因广播媒介的特点是以聆听为主，所以相对受众极为广泛，即能听懂广播内容的人群均可作为受众群体。

2.1.3 电视媒体

电视媒体是以电视为宣传载体，进行信息传播的媒介或是平台，如图2-4所示。电视是综合传播文字、声音、图像和色彩的视听兼备媒介，既具备报纸和杂志的视觉效果，又具备广播的听觉功能，还具有报纸、杂志和广播所不曾具备的直观形象性和动态感，是目前传播广告中最为主要的媒介。

图2-4

特点综合

电视广告由于视听形象丰富，传真度高，而且颜色鲜艳，所以能给消费者留下深刻的印象。不同电视频道或同一电视频道不同时段的注意率存在差异，广告商在具体选择频道与时段时还应该结合企业产品的特点和消费对象的关注频率进行具体分析和判断。

>>>感染力

从现代广告信息的传播影响力来分析，广告信息借助于电视媒体，通过各种艺术技巧和形式的装饰，使广告具有鲜明的美感，使消费者在美的享受中接受广告信息，因此电视对于消费者的影响高于其他媒体，对受众群体的感染力最强。

>>>时效性

电视和广播是最适合做时效性强的广告的媒体，电视由于设备等因素制约，时效性不如广播。

>>>持久性

从某种意义上讲，传统媒体的持久性都不强，电视和广播媒体有易逝性的特点，广告信息转瞬即逝，不易保存。因而广告需要重复播出，资金投入巨大。

受众群体

电视作为现代信息社会中最具影响力的媒体，在传达公共政策、引导社会舆论和影响消费者决策等方面起着举足轻重的作用。网络调查报告显示，75%的人每天看电视时间是在一小时以上。所以电视媒介较其他几大广告媒介的受众群体比例相对较大。

但随着卫星转播，有线电视的发展及电视频道的增多，同时Internet作为网络媒体的发展及网络数字电视广播的发展，使更多的人离开电视屏幕而走向计算机屏幕，这在一定程度上减少了电视观众。

2.1.4 网络媒体

网络广告无论是在国外还是国内，都是一个蓬勃发展的产业，以网络为依托的网络广告蓬勃发展是挡不住的潮流，如图2-5~图2-7所示。互联网这个被喻为继几大传统媒体之后的新兴媒体，以其快速和高效的优势将信息传递带到了一个全新的境界。同时也为企业创造出前所未有的商机。广告在构筑品牌的知名度和影响消费者购买决定的过程中，起到更加重要的作用。互联网的成熟与发展，为广告提供了一个强有力并且影响遍及全球的载体。它超越地域和时空的限制，使商品的品牌传播全球化。

图2-5

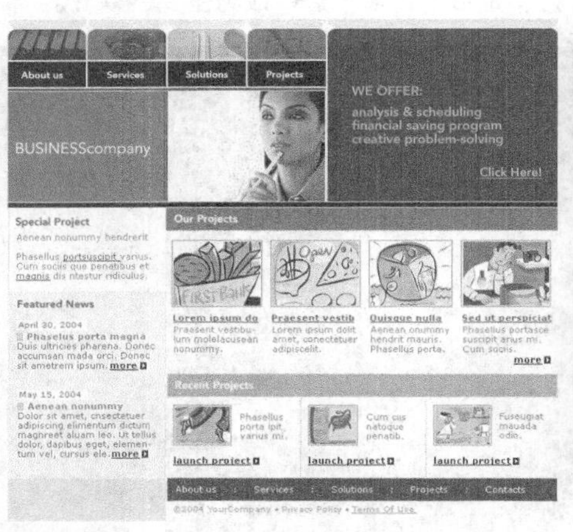

图2-6

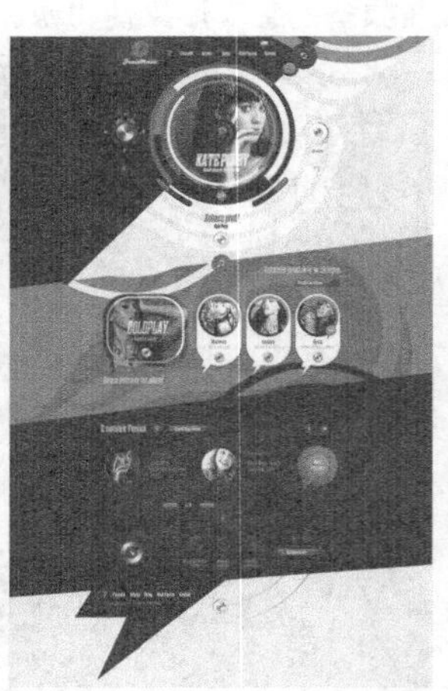

图2-7

特点综合

>>>传播范围最广

无论是电视、广播还是灯箱海报，都不能跨越地区，只能对某一特定地区产生影响。但任何信息一旦进入Internet，分布在近200个国家的近2亿Internet用户都可以在他们的计算机上看到，从这个意义上讲Internet是最具有全球影响的高科技媒体。

>>>保留时间长

报纸广告只能保留一天，电台和电视台广告甚至只保留几十秒或几秒，而Internet上发布的商业信息时效是以月或年为单位。一旦信息进入Internet，这些信息就可以一天24小时，一年365天不间断地展现在网络上，以供人们随时随地查询。

>>>信息数据庞大

网页媒体的内容有影像、动画、声音和文字，而其中的内容涉及政府、企业和教育等各行各业。

>>>操作方便简单

仅需鼠标单击操作，浏览、搜索、查询、记录、下单、购物、聊天、谈判、交易和娱乐等都能轻松实现，跟发传真和打电话一样简单，如图2-8所示是一个网上购物的界面。

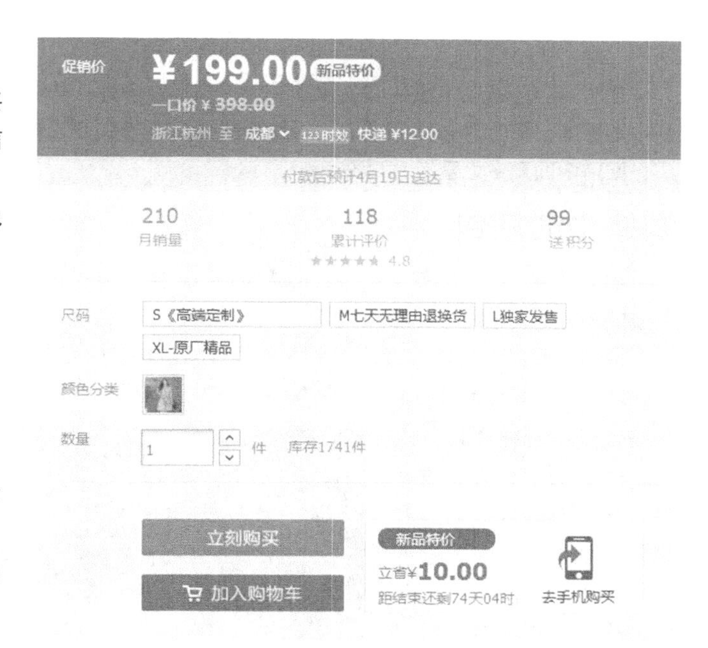

图2-8

>>>交互性沟通性强

交互性是网络媒体的最大优势，它不同于电视和电台信息的单向传播，而采取信息的互动传播方式，用户可以获取他们认为有用的信息，厂商也可以随时得到宝贵的用户反馈信息。以往用户对于传统媒体的广告，大多是被动接受，不易产生效果，但在Internet上，大多数来访问网上站点的人都是怀有兴趣和目的来查询的，成交的可能性极高。

>>>成本低效率高

电台、电视台的广告虽然以秒计算，但费用也动辄成千上万，报刊广告也价值不菲，超出多数单位个人的承受力。Internet的出现节省了报刊印刷和电台、电视台昂贵的制作费用，成本大大降低，使大多数单位和个人都可以承受。

>>>强烈的感官性

通过文字、图片、声音、动画和多媒体手段使消费者能亲身体验产品、服务与品牌，如图2-9所示。以图、文、声、像的形式，传送大量感官信息给访问者，让顾客如身临其境般感受商品或服务，并能在网上预订、交易与结算，最大比增强网络广告的实效。

图2-9

受众群体

网络的接触者广泛，在不需要花很多钱的前提下，谁都喜欢多看一些东西，因此，好的网页传播面非常广泛，一个好的网页通常每天都有几万、甚至几十万人次光顾，其影响也就可想而知了。

作为一个正蓬勃发展的交流互动平台，越来越多的人从网络上获取了第一手资讯和情报，来把握这个瞬息万变的市场命脉。作为广告推广来说，开辟新的推广市场和形成广告本身的创新同样重要。所以网络媒介已经逐步成为广告推广中的重中之重。

网络中的广告

如果理解了“网络就是传媒”，就很容易理解作为互联网功能之一的网页实质上就是出版物，它具有印刷出版物所应具有的几乎所有功能。

最初的网络广告其实就是网页本身。当越来越多的商业网站出现后，怎么让消费者知道自己的网站就成了一个问题，网络媒体需要依靠宣传来赢利，广告主需要一种可以吸引访问者到自己网站上来的方法。而常用的网络广告形式就是横幅广告，它和传统的印刷广告有点类似，但是有限的空间限制了横幅广告的表现，它的点击率不断下降，目前平均的横幅广告点击率已经下降。面对这种情况，网络广告界发展出了多种更能吸引访问者的网络广告形式，如对联广告、按钮广告和翻卷广告等，如图2-10和图2-11所示。

图2-10

图2-11

剖析成功网页

通常我们根据企业希望向访问者传递的信息（包括产品、服务、理念和文化）进行网站功能策划，然后进行页面设计的美化制作。每一家企业都有自己的特色，每一个团队或个人都会有自己的强项，这些都是网页内容的表现点。

企业网站就是企业的网上形象，在百花齐放的网站群，企业门户网站可凭借自身的制作效果成为一道独特的风景线。网页的整体风格不仅是考虑某个设计项目，而是要与各个设计项目配合应用，遥相呼应，才能达到完美的网站设计风格，这对于提升企业的互联网品牌形象至关重要。

2.2.1 成功网页的原因

在许多情况下，设计网页广告时最好能获得专业人员的帮助，能够不同程度的增加购物者对网页的满意度，并影响他们阅读广告的兴趣。

成功网页的原因

页面的载入速度影响着访问者的阅读力，所以尽量控制页面的内容，网页中的图片和表格也应该简单明了，并且和标准显示器相匹配。

网页中的文字应该简明扼要，鼓动性的页面标题能够有效引导访问者阅读。在注册时询问的信息越少越好，其中表述准确而有意义的链接必不可少。购物页面必须清楚地列出购买条款，包括净化信息和退货条款等，购买完成后需要有确认页面。

制作理念

网页的制作，应注意充分发挥计算机显示技术中色彩、动画和声音等视觉优势。在网页制作理念上要特别注意把握4个要点。

>>>定位准确

广告是企业展示自我形象，实现营销销售策略的一个重要手段。统观全球知名大公司的站点，极少在技术和产品这个层面单独做文章。

>>>结构合理

网页广告的结构是广告主题具体化的体现，其合理性尤为重要。一个优秀的广告结构设计，既要引领主题、步步深化，又要前后呼应、体现出合理的链接和交互，如图2-12所示，简单明了的体现广告主题。

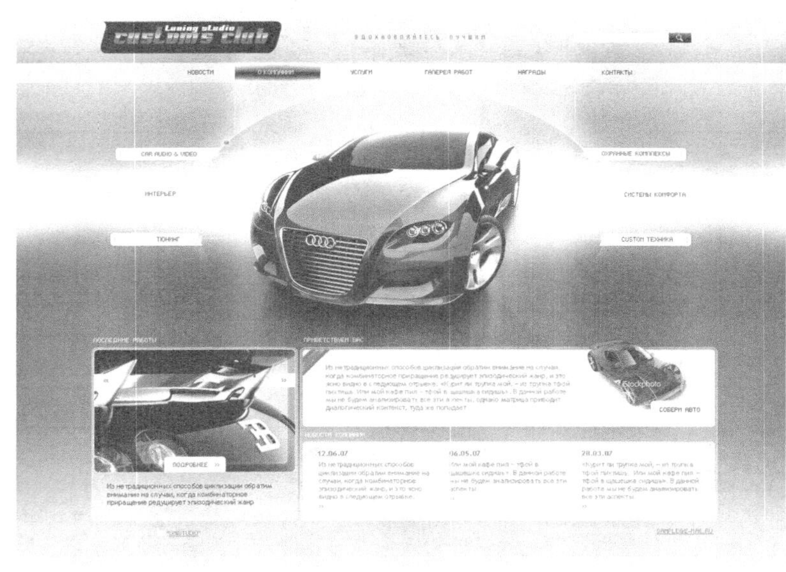

图2-12

>>>画面生动

在立意与整体结构设想确定后，就是制作细节问题了。细节制作上的总体原则是画面醒目，有强烈的视觉冲动力，文字能够“一语中的”，同时选择具有象征意义的图片，突出视觉效果，将人们的视线吸引到广告上，如图2-13所示。

>>>内容新鲜

广告的图像内容长久不变，用户的点击率自然会大幅度下降，为了使访问网页的用户感觉到广告的新鲜度，需要定期更新广告内容，一般以两周更新一次为佳，但经常更新网站内容必须要求企业具备相当的实力才行。

图2-13

此外，网页广告的制作还要兼顾网络的传输速率，例如，在我国，目前存在用户采用电话拨号上网、宽带接入上网等方式，其速度、带宽都受不同程度的限制，因而控制广告的大小必须兼顾不同的网速。

举一反三

在网页设计中灵活运用对比与调和、对称与平衡、节奏与韵律和留白等手段，通过空间、文字、图形之间的相互关系建立整体的均衡状态，产生和谐的美感，如图 2-14 所示。或者采用夸张的手法来表现内容往往会达到更好的效果。点、线、面作为视觉语言中的基本元素，巧妙地互相穿插、互相衬托、互相补充构成最佳的页面效果，充分表达完美的设计意境。

图2-14

2.2.2 网页设计的要点

网站架构是指对网站的设计和规划，涉及技术、美学和功能标准，网页内容和画面都必须符合广告主本身和访问者的实际需求，实现两者的统一。

确定整体风格

首先，将你的标志尽可能地放在每个页面上最突出的位置，其次要突出你的标准色彩，并将其他的色彩进行统一，如图2-15所示。最后总结一句能反映本站精髓的宣传标语。

相同类型的图像采用相同效果，如标题字都采用阴影效果，那么在网站中出现的所有标题字的阴影效果设置应该是完全一致的，这样才能使整个画面统一。

SERVICES
Your Great Services
LAB IDEAS
GREEN THERAPY
SUPPORT TEAM

图2-15

色彩的搭配

色彩的象征意义是具有世界性的，不同的民族所产生的差异不大，如图2-16所示。画面中采用一种色彩，先选定主色调为红色系，具有强烈的感染力，它是火的颜色、血的颜色，具有明亮、健康、热烈、温暖和欢乐的色彩感受，然后通过调整透明度或者饱和度，将色彩进行变淡或加深的处理，产生新的与红色近似的色彩，使网页看起来色彩统一，富有层次感。

下面介绍3种色彩搭配的方法。

第1种：用一种主体色彩进行设计。这种方法是以一种选定色彩为主要色调，然后调整透明度或者饱和度来区分色块，这样的页面看起来色彩统一，富有层次感，效果如图2-17所示。

图2-16

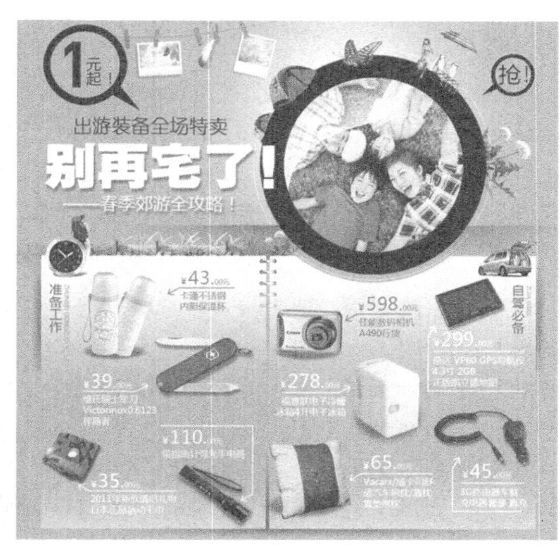

图2-17

第2种：用两种色彩进行设计。首先选定一种色彩，然后选择它的对比色进行搭配，如图2-18所示。画面中使用蓝色和黄色来进行对比，增强画面的视觉张力。

第3种：用一个色系进行设计。简单地说就是用相同感觉的色彩，色彩的饱和度通常偏低能传递出轻快的感觉，例如，淡蓝、淡黄、淡绿，或者土黄、土灰、土蓝，如图2-19所示。

在网页配色中，还要切记以下两点误区。

第1点：不要将所有颜色都用到，尽量控制在3~5种色彩以内。

第2点：背景和前文的对比尽量要大(绝对不要用花纹繁复的图案作背景)，以便突出主要文字内容。

如果访问者看不懂或很难看懂你的网站，那么，他如何了解你的企业信息和服务项目呢？使用一些醒目的标题或文字来突出你的产品与服务，否则即使你拥有最棒的产品，如果访问者从你的网站上看不清楚你在介绍什么或不清楚如何受益的话，他们是不会喜欢你的网站的，这对于网页设计而言是失败的。

图2-18

图2-19

排版

版面设计大致分为3栏，以Banner为主，宽幅的Banner占据版面的1/3，每个板块都区分出不同的内容，让人一目了然，画面清爽，富有美感，如图2-20所示。

而针对首页，保持以下几个原则：吸引眼球，让人立刻知道你是做什么的网站；超级导航，让用户能够迅速找到自己需要的信息，导航一定要做好；精华内容，适当把最吸引用户的精华内容展现出来，方便用户进行搜索，另外，还要注意主次关系，注意文本内容的间距问题。

个性化的网页排版方式会产生不一样的效果，使画面感觉更加新颖，能够给访问者焕然一新的视觉效果，如图2-21所示。

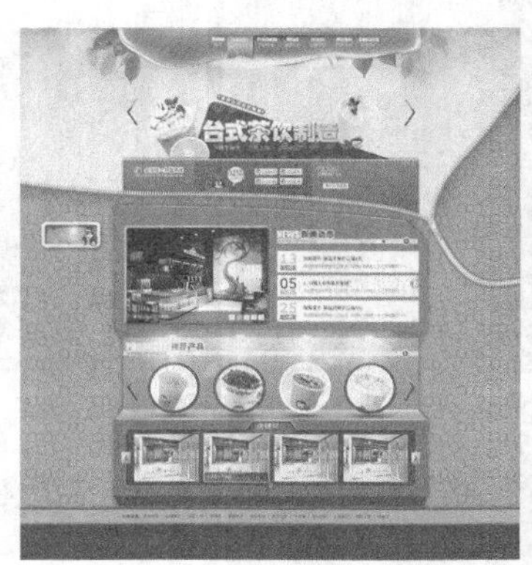

图2-20

图2-21

特效

网页中的特效运用适当，会给网页带来画龙点睛的效果。

2.3 不同类型的网页广告

最初的网络广告就是网页本身。随着时代的发展，上网俨然成了很多人的家常便饭，在浏览网页时我们会看见各种各样的页面广告，当许多商业网站出现后，广告就成了广告主的赢利方法。

一个设计美观的广告能带来很多的广告收入，一个劣质的广告不仅无人点击，更让网站的访客对网站产生厌恶感。所以在网页设计的过程中一定要充分考虑网络广告的放置方式，下面我们介绍10种不同类型的网页广告。

2.3.1 最强效果广告

横幅广告，一个表现企业广告内容的图片，放置在网页页面的上部，是互联网广告中最基本的广告形式，一般是使用GIF格式的图像文件，可以使用静态图形，也可用SWF动画图像。除普通GIF格式外，新兴的Rich Media Banner（丰富媒体Banner）能赋予横幅更强的表现力和交互内容，但一般需要用户使用的浏览器插件支持（Plug-in）。Banner一般翻译为网幅广告、旗帜广告和横幅广告等。

尺寸

横幅广告的常用尺寸有1024像素×500像素、990像素×198像素、950像素×400像素或460像素×321像素等，这些尺寸常在淘宝、京东等店铺中使用，它的尺寸在一定范围内可以灵活变化。如图2-22~图2-24所示是3种不同尺寸的横幅广告，从表现形式上，横幅广告可以分成3种类型，静态横幅、动画横幅和互动式横幅。

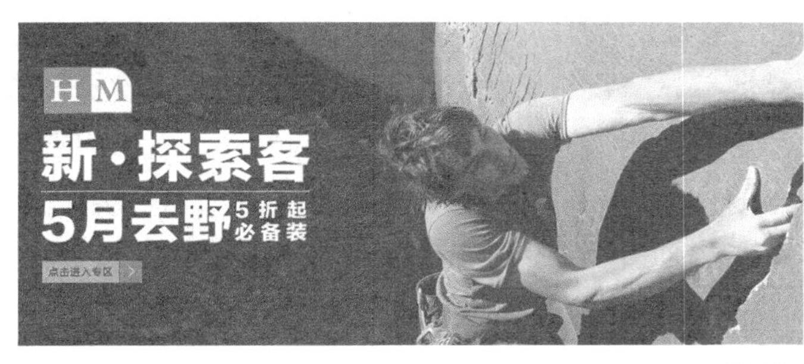

图2-22

图2-23

图2-24

这里以淘宝商城为例，横幅广告是引导买家购物的重要参考方式，以下是几种常见的横幅广告，采取图文并茂的设计方式，产品图片加上强有力的文字构成一幅具有强烈说明意味的广告图片，如图2-25和图2-26所示。

图2-25

图2-26

如图2-27所示，下面的设计比较简单，选择和产品相似色调的背景，然后将产品进行放大，加入一点发光特效，再配上简短的说明文字，虽然简单，但是却不显得空旷，而且获得了较好的视觉效果。

图2-27

特点

横幅广告特别需要“抓人”，广告在页面中所占的比例有限，一定要设计得醒目、吸引人，如图2-28所示。

图2-28

横幅广告希望“被点击”，这是网络广告与传统广告最根本的区别，它不仅单方面传递信息，还需要激起网友的“点击”行动，我为什么要“点击”你的广告？要抓住整个市场营销战略中最符合网友心理的地方做文章，要给网友一个充足的理由。

投放

利用横幅广告交换广告信息达到横幅广告之间的共享，让其他网站显示一家公司的广告，而这些公司的网站同时也会显示其他公司的广告。企业在目标群体会访问的网站上付费投放横幅广告，这种方式比较费时费力，并且刊登横幅广告需要广告主与刊登广告的网站之间进行良好的沟通。

2.3.2 小面积广告

按钮广告是从Banner演变过来的一种广告形式，也称豆腐块广告，通常广告主用其来宣传其特定产品或品牌商标等特定标志。

简介

按钮广告是一种与标题广告类似，面积比较小的广告，而且根据不同的大小与版面位置可以选择不同的表达方式，如图2-29和图2-30所示。

图2-29

图2-30

按钮广告能提供简单明确的资讯，而且在面积大小与版面位置的安排上都富有弹性，可以放在相关产品内容的旁边进行展示。一般这类广告不是互动的，当你“点击”这些广告时就会被带到另外一个页面。

尺寸

传统的按钮广告是一种用小面积来展示广告的形式，这种广告形式被开发出来主要有两个原因，一方面是可以通过减小面积来降低购买成本，让小预算的广告主能够有能力进行购买；另一方面是能更好地利用网页中比较小面积的零散空白位。常见的按钮式广告有125像素×125像素、120像素×90像素和120像素×60像素等几种尺寸，它的尺寸可以根据网页的布局来灵活调动，如图2-31所示就是120像素×60像素的按钮广告。在进行广告区域购买的时候，广告主可以购买连续位置的几个按钮式广告组成双按钮广告和三按钮广告等，来加强宣传效果。演变过来的豆腐块广告尺寸也具备多样性，尺寸可以根据具体情况而定。

图2-31

2.3.3 竖式广告

对联广告是指在网站页面左右两侧位置进行展示的竖式广告。

简介

对联广告是一种比较新颖的网络广告形式。以GIF和JPG等格式建立图像文件，放置在页面两侧，一般尺寸为100像素×300像素。对联广告的特色是广告页面充分伸展，同时不干涉使用者浏览，显示时随页面浏览而跟随移动，提供可关闭标志。图2-32所示是两侧内容不相同的对联广告；图2-33所示是两侧内容相同的对联广告。

对联广告为各行各业推销产品和服务，传播企业文化和经营理念，树立企业形象。

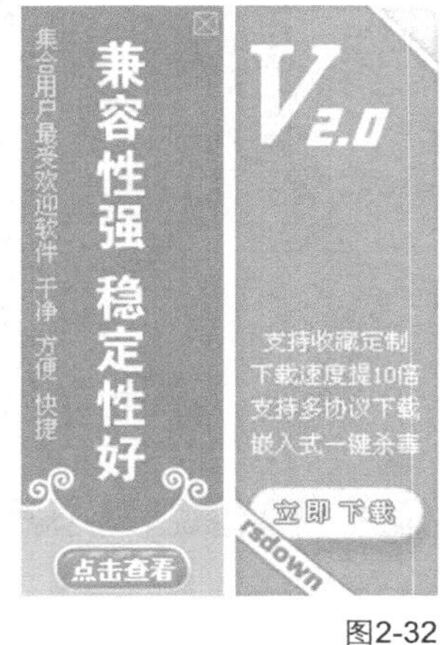

图2-32

图2-33

特点

易于记诵。对联广告是一种对称形式，从它传达的物质载体来看，对称主要表现在语言文字的一一对应上，显示出成双成对、有响有应、音韵和谐、节奏鲜明、朗朗上口、易于记诵的特征。对联广告能给人以整齐、精练、悦耳悦目的审美感受，从而使消费者在这种愉悦的状态中关注并记熟其广告内容。

富于意境美。意境作为我国独有的一个古老而又常新的名词，是指主观之意与客观之情的融合。广告意境是指广告作品中由一种半透明性结构组织而成，既有明确的产品信息，又蕴含着不尽之意的审美境界，让消费者产生无限美的遐思。

注重情感投入。如一副著名的中药房对联“但愿世间人常寿，不惜架上药生尘”，表现了药房主人的博爱情怀，对人世间医者的美好祝愿，增进了人们的好感与信任，无疑会带来很好的商业效应。又如一副邮政局的对联“鸿雁迎春传喜讯，报章飞雪播文明”，不仅介绍了服务的行业特征，也把企业对社会的关爱之情融入其中，体现了企业的情感投放。

2.3.4 翻卷广告

翻卷广告的投放位置是网页页面的右上角，不随屏滚动，翻卷角上有明确的“关闭”字样，可以让用户单击后将广告卷回，或者翻卷后自动播放几秒后卷回，一般尺寸为350像素×250像素。该类广告能够迅速吸引浏览者的目光，并且给浏览者留下深刻的印象。

2.3.5 弹跳式广告

这是网页中很常见的一种广告形式，通过代码实现在用户打开网页的时候以弹出的形式呈现在正在浏览的页面前，具有很强的广告效应和影响客户浏览的特点。

这类的广告类似电视广告，在自己喜欢的网站或栏目被打开之前插入一个新窗口显示广告内容，或者在页面过渡时插入几秒广告，可以全屏显示，如图2-34所示。弹出窗口广告有各种尺寸，有全屏的也有小窗口的，尺寸有425像素×320像素和470像素×350像素等，可根据商家具体要求而定，从静态到动态的都有。浏览者可以通过关闭窗口不看广告，但是它们的出现没有任何征兆，而且肯定会被浏览者看到，如图2-35所示。

图2-34

图2-35

2.3.6 悬浮广告

悬浮广告在页面左右两侧随滚动条而上下活动，或在页面自由移动。

三种形式

页面悬浮广告的形式可分为3种，即悬浮侧栏、悬浮按钮和悬浮视窗。悬浮侧栏的一般尺寸为120像素×270像素，悬浮按钮的一般尺寸为100像素×100像素，悬浮视窗的一般尺寸为300像素×250像素或250像素×250像素，具体尺寸可根据实际情况而定。

>>>悬浮侧栏

悬浮侧栏可以在页面两侧同时展示，或仅在左侧、仅在右侧进行展示。通常情况下，左右两侧的推广物料和内容是不同的，如图2-36所示是一款网购页面中自定义尺寸的悬浮侧栏广告，关闭一侧的侧栏不影响另一侧侧栏的展示。

图2-36

>>>悬浮按钮

悬浮按钮可以在页面两侧同时展示，或仅在左侧、仅在右侧进行展示。在两侧同时展现的时候，通常情况下，左右两侧的推广物料和内容是不同的，关闭一侧的侧栏不影响另一侧侧栏的展示。

>>>悬浮视窗

悬浮视窗只能在窗口右下角进行展示，如图2-37和图2-38所示。

图2-37

图2-38

优越性

页面悬浮广告的优越性分为以下5点。

第1点：覆盖面广，观众数目庞大，有最广泛的传播范围。

第2点：不受时间限制，广告效果持久。

第3点：方式灵活，互动性强。

第4点：可以分类检索，广告针对性强。

第5点：制作简捷，广告费用低。

2.3.7 赞助广告

赞助式广告（Sponsorships）是网络广告形式的一种。又包括内容赞助、节目赞助和节日赞助。广告主可对自己感兴趣的网站内容或节目进行赞助，具体尺寸根据页面进行调节，如图2-39所示是某公司为化妆品公司赞助的页面广告。

图2-39

优势

赞助式广告一般放置时间较长且无需和其他广告轮流播放，所以有利于扩大页面知名度。广告主若有明确的品牌宣传目标，赞助式广告将是一种低廉而颇有成效的选择。

形式

赞助式广告的形式多种多样，在传统的网络广告之外，给予广告主更多的选择。另外，节目赞助是指网站在特别节目所推出的网站推广活动，如TCL赞助的搜狐世界杯频道网站。

赞助式广告确切地说是一种广告投放传播的方式，而不仅是一种网络广告的形式。它可能是通栏广告或弹跳式广告等形式中的一种，也可能是包含很多广告形式的打包计划，甚至可能是以冠名等方式出现的一种广告形式，所以尺寸也是各种各样，需根据具体情况而定。

举一反三

这种广告以网页内容的形式出现，所以它们的点击率往往会比普通的广告高。然而，广告主在做这种广告的时候需要非常小心，因为如果让浏览者产生上当受骗的感觉，就会对品牌造成负面的影响。与内容结合形式的广告最引人争议之处在于商业利益与媒体内容混淆不清。广告主可能为了广告的诉求而提供偏颇的信息，受众通常也难以分辨其中的真假，这对网络媒体的资讯内容也可能造成冲突。

2.3.8 竞赛和促销广告

广告主可以与网站一起合办网上竞赛或网上促销推广活动，甚至为了提高网民参与的兴趣，还可以用Interactive Games(互动式游戏广告)的方式进行。例如，在某一页面上游戏活动的开始、中间或结束时，广告都可随之出现，也可以根据广告主的产品要求为之制作一个专门表现其产品的互动游戏广告，因此尺寸也是多种多样的，如图2-40和图2-41所示就是网页中的促销广告。

图2-40

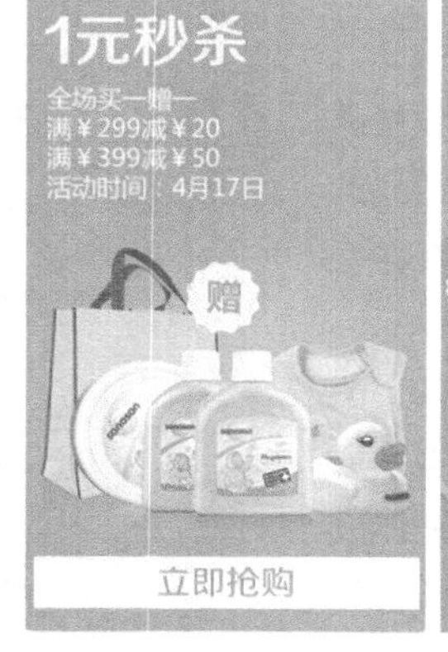

图2-41

2.3.9 直邮广告

直邮广告是利用网站电子刊物服务中的电子邮件列表，将广告加在读者所订阅的刊物中，然后发放给相应的邮箱所属人。根据网站性质的不同，可分为综合服务（搜索引擎）网站上的广告、商业网站上的广告、专业信息服务站点上的广告和特殊服务站点上（如免费电子邮件服务的网站）的广告等。

电子邮件广告具有针对性强（除非你肆意滥发）和费用低廉的特点，且广告内容不受限制。特别是针对性强的特点，它可以针对具体某一个人发送特定的广告，是其他网上广告方式难以做到的，宽带一般为620像素或者650像素，高度不限，如图2-42所示，是某俱乐部向会员发送的信息。

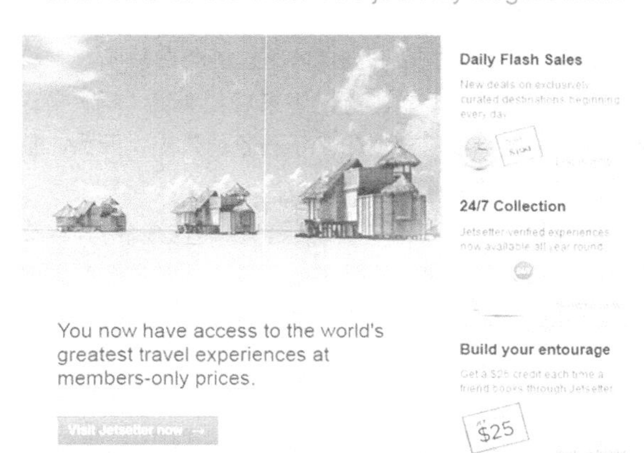

图2-42

电子邮件广告采用文本格式或html格式。通常采用的是文本格式，就是把一段广告性的文字放置在新闻邮件或经许可的E-mail中间，也可以设置一个URL，链接到广告主公司主页或提供产品、服务的特定页面。html

格式的电子邮件广告可以插入图片，与网页上的网幅广告没有什么区别，但是因为许多电子邮件的系统是不兼容的，所以html格式的电子邮件广告并不是每个人都能完整地看到的，因此把邮件广告做得越简单越好，文本格式的电子邮件广告兼容性最好。

如图2-43所示，画面很简单，字体很原始，甚至连特效都没做。如果作为一个封面图片，让设计师设计一下，肯定没有哪位设计师会只敲几个字，简单排一下就搞定的。

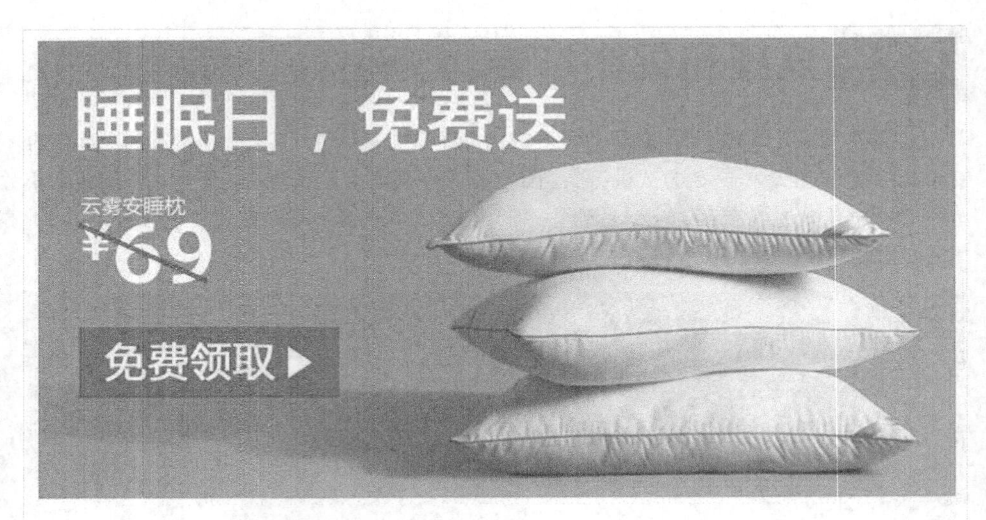

图2-43

但是，你真的没有发现其中的秘密吗？

你是否会很想去单击红色方框里的免费领取？

是的，你从邮箱单击标题进来后，看到“睡眠日，免费送”，你内心的想法一定是，让我快点进去我要领取。这样的广告虽然简单却能带来不一般的效应，因为人们浏览邮件时通常是快速地浏览，太繁琐的文字会引起视觉疲劳，所以尽量越简单越好。

在提到电子邮件广告的时候，人们往往容易联想到垃圾邮件。垃圾邮件就是相同的信息，在互联网中被复制了无数遍，并且一直试图强加给那些不乐意接受它们的人群。大部分垃圾邮件是商业广告，关乎一些可疑的产品、“迅速发财”诀窍或非合法性质的服务。发送垃圾邮件会引起收件者的不满，是一种极其危险的市场策略。

怎样做好网页广告

通过本章的学习，我们将掌握网页广告设计的相关知识，学会为网页广告选取合适的图片，进行合理的构图与配色，并运用设计理念设计出具有独特风格的网页广告。

选取有表现力的图片

广告创意是一种能充分发挥作者想象力和激发灵感的工作，并不是单纯的制作，一个好的广告创意不仅能够带来商业上的价值，更能给予人们艺术上的享受。在网页中，受众的多样性与层次性的差距很大，所以更需要优秀灵动的创意来表达广告含义。

无论是什么形式传播的广告，其创意和策略都要搞清楚几个最基本的问题，比如本次广告希望达到什么样的目的和效果、目标对象是哪些人、他们的人文特征及心理特征是什么，以及广告要表现什么样的格调等。

图片的选取很大程度上决定了整个广告画面的格调，在这里我们介绍两种图片选取的方法。

3.1.1 使用简单的照片

在制作广告的过程中，可能会遇到一些空间较狭窄的广告区域，并涉及客户特殊要求的案例，那么，可以采用一张画面简洁又能准确传达客户要求的照片进行直接展示，不使用画面复杂含义混乱的图片，如图3-1所示，根本不知道其表达含义。

广告画面一般采用的都是图片加上文字的排版方式，而网页上一个标准的小广告尺寸是120像素×90像素，分辨率为72dpi。空间确实很小，如何在狭窄的空间内准确地传递出所要表达的信息，如图3-1所示，难道你想让整个城市都塞进这个小空间里？那只会让这些建筑物变成一个个斑点。当我们面对这些小广告的版面时，并不应该只是将整张图片简单缩小，因为空间已经很小，分辨率又很低，而且一般的网页上总是充斥着很多混乱的信息，将图片只是简单地缩小，那些细微的东西完全不会引起人们的注意。所以广告画面尽量简单、醒目、简短，我们并不需要使用整张城市的照片，相反，运用这个城市的一些象征符号来传达这种信息，效果会更好。例如，自由女神像和帝国大厦，当然，你还可以选择其他标志性的东西。

我们需要寻找一张具有象征意义的照片，构图要简单，颜色要醒目，角度要明显，对比要强烈，如图3-2所示，用简洁的画面准确地传递信息。

图3-1

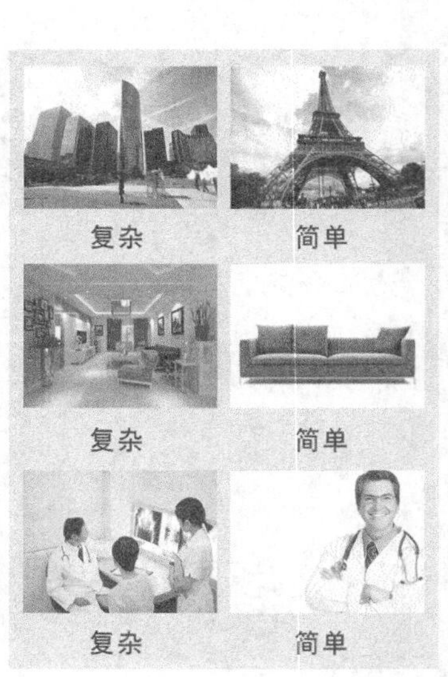

图3-2

3.1.2 剪切也是一种设计工具

在绘制广告的过程中对图片进行适当的剪切，可以控制图片传达出的不同效果。剪切过程虽然简单，但在剪切时却要考虑很多细节。

选择一张漂亮的原始图片，如图3-3所示。然后进行适当的处理，可以让它传达不同的信息。如图3-4所示，将画面中的一部分进行裁切，使得整张图片变得更加有冲击力，同时还给文字留出了空间，最终画面如图3-5所示。

图3-3

图3-4

图3-5

除此之外，还有很多种剪切方式，中心构图使整张图片显得稳定，人物的目光直接面对着你，透露着一种优雅迷人的气息，如图3-6所示。而偏离中心的构图能够打破空间的平衡，传达出一种略为紧张的气氛，如图3-7所示。呈角度的构图也是一种非常好的表现方式，能使图片中人物的眼神变得更加煽情，使读者更加容易注意到她，如图3-8所示。

图3-6

图3-7

图3-8

3.1.3 网页图片切片

当网页中放入一张较大的图片时，网页的速度会比较慢，为了加快网页的速度，可以把大图片分割成若干个小图片，然后将这些小图片重新组合在一起，这就需要运用到Photoshop的切片工具，如图3-9所示。

利用Photoshop的切片工具可以轻松对图像进行切片，切片后将图片存储为Web和设备所用格式，如图3-10所示。保存后文件所在的地方有个名为image的文件夹，里面包含了所有输出为图像的切片。需要注意的是，CMYK模式的图片在网页上是看不到的，必须是在RGB模式下。

图3-9

图3-10

抢眼球的构图

构图需遵循主体突出和视觉平衡两个原则，首先主体突出才有传播力，才能直观地表达广告语的主题；其次视觉平衡才能符合人们的视觉习惯，看起来舒服，符合常人的视觉体验。

标志的大小不需要在视觉上过于突出，但是必须保证不要破坏清晰度。主体图片的比例大约为整体画面的1/3，在这种完全商业化的营销广告中，信息在视觉表现上有时候甚至会超过主题图片的视觉比重，所以广告文案在商业营销广告中的构图比例要大一些，约为整体画面的1/3~1/2，如图3-11和图3-12所示。

图3-11

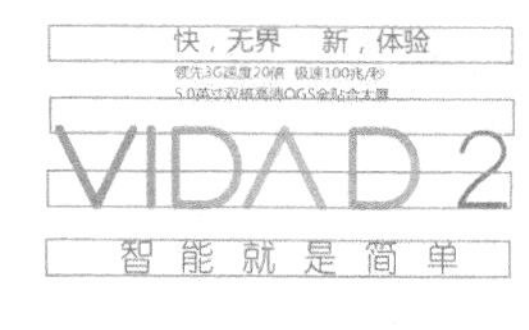

图3-12

3.2.1 比例关系

主体图片的比例一般约占整个Banner的1/3，边距约为15px，以图片为主体的构图，文字信息约占画面的1/5~1/2，不超过1/2。Logo的视觉效果不需要过于突出，能清晰识别即可，主题文字需要突出，同时需要分清楚最重点的文字，并适当做区别，介绍性文字做淡化处理，但是必须能够清楚地阅读，如图3-13所示。

在确定好文字与图片位置关系时，还需要考虑文字的层次关系，每一个广告都会有主题文字，不能让所有文字都保持一致的效果。文字的层次关系明确，用户才能更容易看到吸引眼球的文字，也就是我们需要宣传的主题，如图3-14所示。

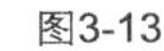

图3-13

图3-14

3.2.2 位置关系

主体图片与文案形成左右的位置关系，这种布局符合用户的浏览习惯，是一种最常见的布局方式，适合广告中主体图片色彩较醒目的产品。图片自然地吸引用户的眼光，然后视线逐步移动到文字上。

左右关系

根据主图的摆放方式，可以选择文字在左图片在右的布局方式，如图3-15所示的广告，产品图是一个正方形的形状，占据画面一半的位置，而右边的空间就可以用来摆放文字。

我们将元素反过来摆放，同样是左右排版，最后可能会形成如图3-16所示的效果。这样的构图就显得非常不美观也不合理，因为这样文字区域显得特别小气而且压抑，而图片右边又形成一大块的空隙，画面被分割成多个不合理的区域。所以，这样的画面不适合文字左图片右的排版方式。

图3-15

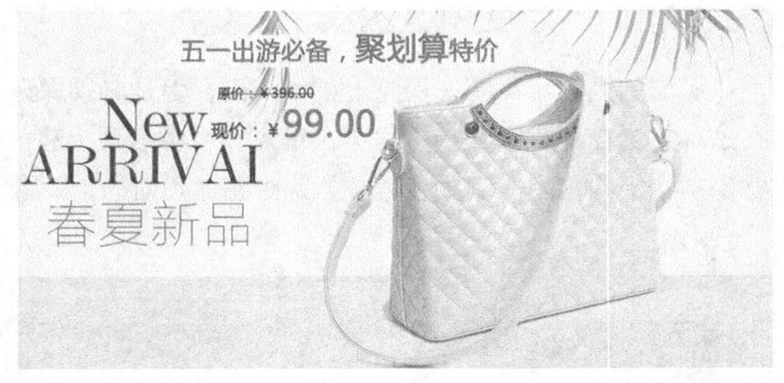

图3-16

上下关系

当主图占画面宽的大部分时，我们一般采用上下关系的布局方式，如图3-17所示。汽车图片让画面已经没有了左右的空间，所以可以把文字放在左上方。

图3-17

相反，同样的产品，如果角度不一样，在画面中并没有占大部分的宽度，还是可以选择上下布局的。这个时候如果还是上下布局，我们看看会是什么效果，如图3-18所示，是不是觉得画面特别空呢，这样的画面显得极不协调，缺乏美感。重新根据图片的大小进行左右布局，如图3-19所示，此时，画面没有挤压和紧迫感，同时突出了说明文字。

图3-18

图3-19

自由形式布局

自由形式布局比较难把握，因为这是一种打破了常规的布局，但在设计中又有必须遵循的章法。虽然有的画面中元素的摆放看起来显得很随意，但是实际上遵循了视觉平衡、易读和不凌乱的原则。文字主次关系明显，文字区域与图片区域可以形成平衡关系，如图3-20所示。

图3-20

如果没有任何章法，将元素随意地东倒西歪，会让读者无法阅读，造成严重的阅读障碍，这样是不可取的。如图3-21所示，画面元素的摆放没有什么问题，但是主题文字与画面的主色调太过相似，没有突出重点，缺乏说明意味，造成读者的视觉混乱。

图3-21

合理协调配色

广告画面是倾向于冷色调或暖色调、明朗鲜艳或素雅质朴，这些不同的色彩倾向会给人留下不同的印象，即广告中色彩所产生的效果。广告色彩的效果取决于广告主题的需要，以及消费者对色彩的喜好，并以此为依据来决定色彩的选择与搭配。

颜色是种看起来相当简单，却非常难处理好的元素。而且，由于它是设计中极度视觉化和焦点化的部分，当它没处理好时会立即引起人的注意。如果你的设计中重要的部分给人感觉不好，或者没有很好地表现公司的服务或品牌，那么也会让访问的用户失去兴趣，正因为如此，在选择配色方案时，你需要非常清楚颜色在你的设计中会产生什么样的影响。

3.3.1 有效的管理配色

在制作一个广告时，我们首先要选择一个适当的配色方案，需要全局考虑，什么样的配色方案适合你的品牌、公司或者行业，如图3-22所示，不同的色彩会产生不同的视觉感受。

广告色彩的整体效果

广告中不同的色彩能传递出不同的视觉感受，如药品广告的色彩大都是白色、蓝色和绿色等冷色，这是根据人们心理特点决定的。这样的色彩效果能给人一种安全、宁静和可靠的印象，使广告宣传的药品易于被人们接受，如图3-23所示，如果不考虑广告内容与消费者对色彩的心理反应，凭主观想象使用色彩，其结果必定适得其反。

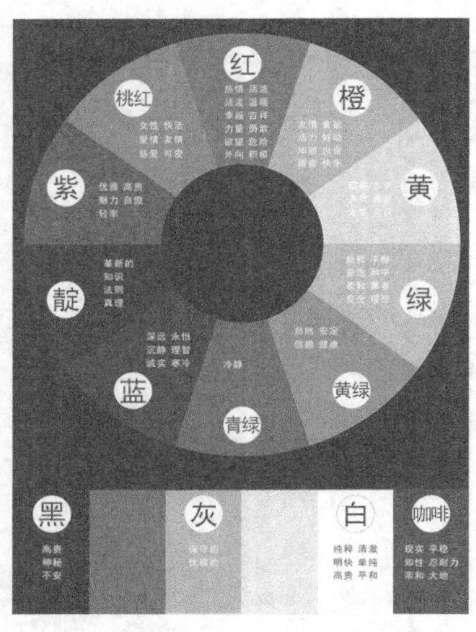

图3-22

图3-23

不同产品不同色调

广告的色调一般是由多个色彩组成。获得统一整体的色彩效果，需要根据广告主题和视觉传达要求，选择一种处于支配地位的色彩作为主色，并以此构成画面的整体色彩倾向。其他色彩围绕主色变化，形成以主色为代表的统一色彩风格。

>>>食品类商品

食品类商品常使用比较鲜明和丰富的色调，如图3-24所示，红色、黄色和橙色可以强调食品的美味与营养，绿色强调蔬菜和水果等产品的新鲜度，蓝色和白色强调食品的卫生或说明是冷冻食品，而沉着和朴素的色调则说明酒类和谷类等产品的历史悠久。

图3-24

>>>药品类商品

药品类广告常用单纯的同色系颜色。冷灰色适用于消炎的药品；而红色则适用于退热和镇痛类药品，达到警示的效果；暖色用于滋补、保健和营养类药品，如图3-25所示就是保健类药品的广告。而大面积的黑色则表示有害健康的产品。

图3-25

>>>化妆品类商品

化妆品类广告常用柔和与略粉的中性色彩，如图3-26所示。画面中具有各种色彩倾向的红色、黄色和绿色等，能表现出女性高贵和温柔的性格特点。而男性化妆品则大多用黑色或其他纯色体现男性的庄重与大方。

图3-26

>>>五金机械类商品

五金机械类广告常用黑色或单纯的蓝色和黄色等色彩来表现五金和机械产品的坚实、精密或耐用的特点。如图3-27所示，运用黑色作为底色，加入较亮的黄色，形成强烈的视觉冲击力，同时体现产品的严谨性。

图3-27

>>>儿童用品

儿童用品类广告常用鲜艳的纯色和冷暖对比强烈的各种色彩来表现儿童天真、活泼的心理和爱好，如图3-28所示。

图3-28

举一反三

很多时候我们不知道该用多少种颜色，有时候，这个问题真的只是个人喜好问题。在一些情况下，你可以用颜色在网页的不同区域中制造差异化。你可能会将4~5种不同颜色加入到配色方案中，使网页每部分协调。尽管最终选择权在你，但建议在主要配色方案中使用至少2~3种颜色，这其中不包含文字或背景的明暗中性色。因为比起用单色配上渐变和阴影，使用2~3种颜色的配色方案，能够让你在各个区域内创造更丰富的对比。

3.3.2 色调传递感情

你是否观察过一张照片，并被它的色彩深深吸引，其实可以将这些色彩转换成可用的配色方案，并为你所用。从照片中提取一套非常棒的配色方案，只需要充足的耐心然后稍加调整，进行细致的微调颜色，就能调出完美的色调。

红色系

红色象征着热情、活泼、热闹、革命、温暖和幸福，由于红色容易引起注意，所以在各种媒体中也被广泛地应用，具有较佳的视觉效果；同时，红色也多用于传达有活力、积极、热诚、温暖和前进等涵义的企业形象与精神。另外，红色也作为警告、危险、禁止和防火等标识用色。

借助像朱红色这种令人熟知的色彩，在融入同色系中偏深的颜色进行对比时，略微在画面中加入光感，可以呈现出大气与端庄的视觉感受，如图3-29所示。而亮丽的红色则能体现出活力的状态，使画面具有动感，如图3-30所示。

图3-29

R:52 G:25 B:26　R:216 G:1 B:36　R:247 G:172 B:12　R:255 G:255 B:255

图3-30

橙色系

橙色是欢快活泼的光辉色彩，是暖色系中最温暖的颜色，它使人联想到金色的秋天和丰硕的果实，是一种富足、快乐而幸福的颜色，如图3-31所示。橙色稍稍混入黑色或白色，则会变成一种稳重、含蓄又明快的颜色。

黄色系

黄色同样能给人带来温暖和轻快的感觉。用来表现光明、希望、轻快和注意等信息，如图3-32所示，运用黄色系带动读者愉悦的心情。

图3-31

School Store
= Street food
+ LOVE
Together topokki (4 kinds of tastes)
When we are together, we are always together topokki.
R:254 G:245 B:90
R:255 G:44 B:1
R:246 G:237 B:228

图3-32

绿色系

绿色象征着新鲜、平静、安逸、和平、青春、安全和理想。在自然界中，植物大多呈绿色，人们称绿色为生命之色。在商业设计中，绿色能传达出清爽、理想、希望和生长的意象，符合服务业和卫生保健业的诉求。例如，在现代工业中为了避免操作时眼睛疲劳，许多工作的机械也是采用绿色，医疗机构等场所，也常常采用绿色作为公共空间的主体色彩。

绿色调的画面中呈现出一种宁静和清新的气息，如图3-33所示，似乎感觉到大自然的纯净气息扑面而来，同时加入红色的点缀元素，不仅让视觉焕然一新，而且没有打破整体画面的宁静感。而图3-34所示中加入了较亮的绿色进行点缀，画面中体现出另类的初夏青春气息。

图3-33

图3-34

蓝色系

蓝色象征着深远、永恒、沉静、理智、诚实和寒冷。由于蓝色具有沉稳的特性，同时具有理智和准确的意象，现代人常常把它联想为高科技的色彩，因此蓝色就成为了现代科学的象征色。它给人以冷静、沉思、智慧和征服自然的力量。在电子和科技等方面的产品或企业形象中使用频率较高，如计算机、手机、影印机和摄影器材等，如图3-35所示。

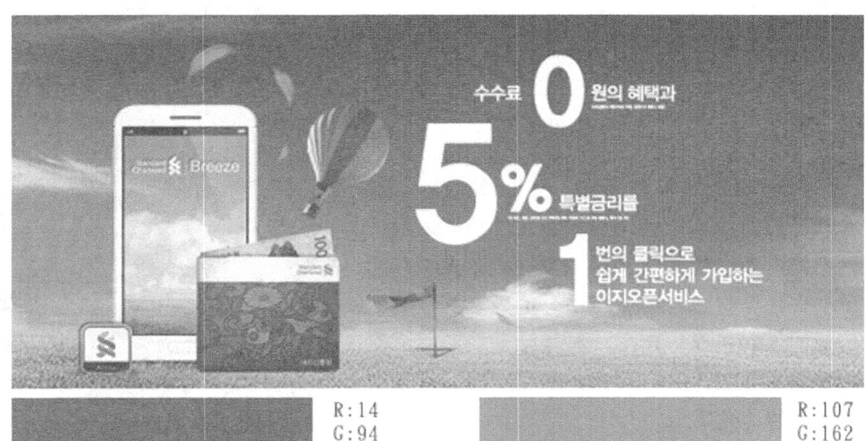

图3-35

蓝色与黄色的搭配同样能够产生强烈的视觉冲击力，如图3-36和图3-37所示，画面中都使用了对比色，同样含有活力和行动的意义，能够传递出一种愉悦、运动和积极向上的情感。运用对比比较明显的颜色时，在明暗度方面一定要类似，这点很重要，因为色彩太鲜明，会制造出不必要的紧张感。

图3-36

图3-37

紫色系

紫色象征着高贵、爱情、优越、幽雅、流动和忧郁。在可见光谱中，紫色光波最短。高纯度的紫色，使人联想到天空中的霞光、原野上的鲜花、情人的眼睛，因而常用来象征男女间的爱情。如果紫色运用不当，便会产生低级的感觉。低纯度的紫色使人产生伤痛和疾病的联想，容易造成心理上的忧郁、痛苦和不安。

任何色彩搭配淡紫色，最能诠释怀旧思古之情。仿佛回到维多利亚时代，如梦似幻的时刻，优美的诗歌和浪漫的乐章。

如果紫色调的画面本身偏暗，不妨融入一些稍亮的咖啡色，效果将会好很多，如图3-38所示。暗紫色尽管无声无息，但与其他色彩相配后，仍可见其清新出众，往日如歌，犹在耳际。而红紫色是表达活力的色彩。它是“动感”的最佳代言人，红紫色搭配它的补色黄绿色，更能表达精力充沛的气息，如图3-39所示。

图3-38

图3-39

白色系

白色表示纯粹与洁白，象征着纯洁、朴素和高雅。画面主色调为白色，同时融入了中性色调，整个画面显得轻快明亮，如图3-40所示。白色与黑色一样，与所有的色彩构成明快的对比调和关系，产生一种简洁明确和朴素有力的效果，给人一种重量感和稳定感，有很好的视觉传达效果。

图3-40

粉色系

粉红代表浪漫，粉红色是把数量不一的白色加在红色里面，构成一种明亮的粉红色。像红色一样，粉红色会引起人的兴趣与快感，但是比较柔和宁静。

如果画面中使用了粉红色和浅蓝色，会让人产生柔和和青春的感觉，如图3-41所示。当画面中使用了偏粉的绿色和蓝色的，将饱和度进行适当地降低，不但没有影响画面的整体清新感，而且显得清爽不油腻，如图3-42所示。

图3-41

图3-42

举一反三

画面中使用的颜色对比相差较大时，会产生更加强烈的视觉效果，如图3-43所示，画面中使用了红绿对比色，但是由于色彩饱和度的提高使得画面呈现的视觉感受也不一样，给人一种时尚出彩的感觉。而图3-44所示的画面中通过另类色调的渐变制造出梦幻的感觉，同时添加了一种性感和神秘感，使画面给人另类的视觉感受。

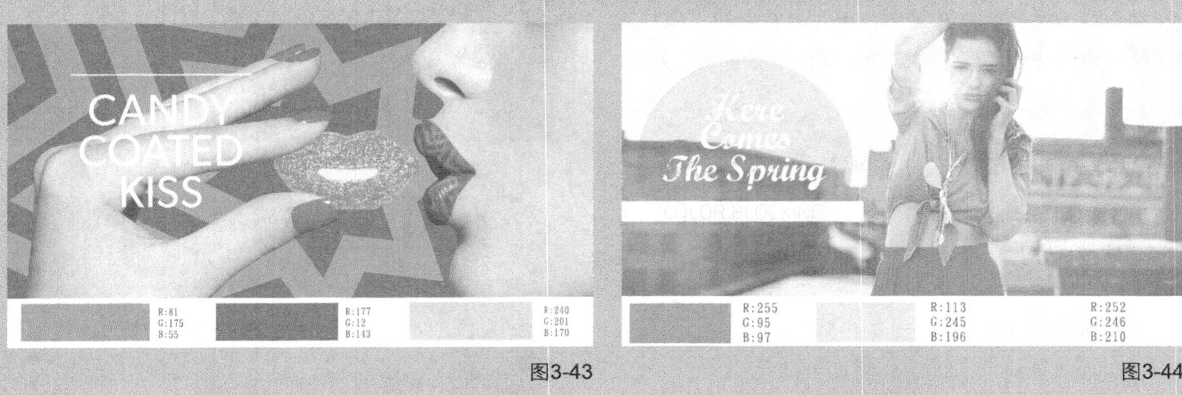

图3-43

图3-44

广告画面中既然有产品主题形象的主体色，那么就必须要有衬托主体色的背景色。主体与背景所形成的关系是平面广告设计中主要的对比关系。为了突出主体，广告画面背景色通常比较统一，多用柔和、相近的色彩或中间色突出主体色，也可用统一的暗色调突出较明亮的主体色，背景色纯度的高低，视主体色明度而定。一般情况下，主体色彩都比背景色彩更为强烈、明亮和鲜艳，这样既能突出主体形象，又能拉开主体与背景的色彩距离，产生醒目的视觉效果。因此，我们在处理主体与背景色彩关系时，一定要考虑两者之间的适度对比，以达到主题形象突出的目的。

人性化的设计理念

在现代平面设计中，体现人性化的设计理念已经不仅是符合人们的视觉审美，而是对信息有效传播和完善人们心理需求的根本途径。容易引起人们的注意与兴趣，并且它极强的艺术性和表现力更容易与人产生情感共鸣。人性化设计就是这样让情感从无到有，从粗到精，不断满足人们深层次的精神文化需求。

在浏览广告画面时，每5个人当中有1个人只会看到图片和标志，没有注意到标题。所以标题与图片必须互相配合，相辅相成，组合在一起的标题与图片必须使消费者看出所要卖的产品是什么。

3.4.1 设计理念很重要

人性化设计是指在设计过程中，根据人的行为习惯、人体的生理结构、人的心理情况和人的思维方式等，围绕人的情感和心理从审美的角度对受众进行合理的引导，使设计的中心始终围绕实际需求而展开，建立一个客观而符合审美心理的视觉桥梁，了解人的行为心理和视觉感受等方面的特点，从而得到人性化的、舒适的并且关爱性的设计作品。

主题明确

广告要突出产品主题，让用户一眼就能识别广告的含义，减少过多的干扰元素，如图3-45所示。切忌画面被切割得太细碎，内容繁多，没有浏览重心。很多广告主往往会认为传达的信息越多，用户越有兴趣，但其实并不然，因为什么都想说的广告，反而什么都说不好。

图3-45

重点文字突出

用突出的文字将广告主题直观地表达出来。广告的主题是打折还是新品上市？如果我们最大的卖点就是“新品”，那么毫无疑问，“新品”的字样一定要大，要醒目，其余的则需要相对弱化，如图3-46所示。

图3-46

用最短的时间激起点击欲望

用户浏览网页的集中注意力时间一般也就几秒，所以不需要太多的效果，需在第一时间进行产品的展示，命中主题，并配以鼓动人心的措辞口号引导用户，如图3-47所示。

图3-47

色彩不要过于醒目

有些广告主要求使用比较夸张的色彩来吸引访问者眼球，希望由此提升广告的关注度。实际上，“亮”色虽然能吸引眼球，但往往会让访问者产生刺眼、不友好甚至反感的情绪。所以，过度耀眼的色彩是不可取的，如图3-48所示。

图3-48

产品数量不宜过多

很多广告主总是想展示更多产品，少则4~5个，多则8~10个，结果使整个Banner变成产品的堆砌，如图3-49所示。Banner的显示尺寸非常有限，摆放太多产品，导致页面堆得太满，没有亮点，反而容易被淹没，视觉效果也就大打折扣。所以，产品图片不是越多越好，易于识别是关键，如图3-50所示。

图3-49

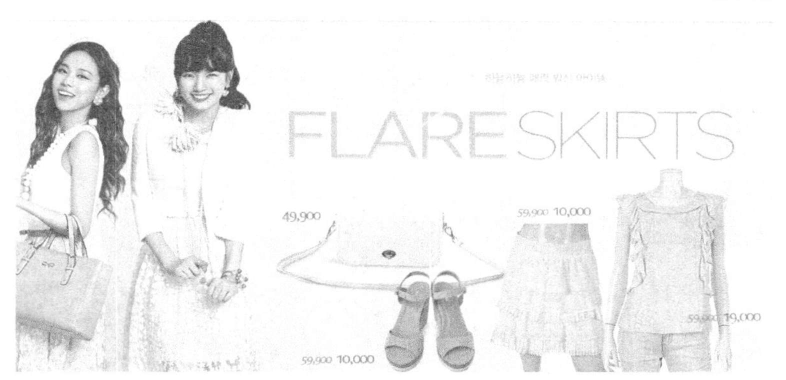

图3-50

符合阅读习惯

阅读视线要符合用户从左到右、从上到下的浏览习惯，如图3-51所示。如果画面的文本太过混乱且阅读的方向不一致，则会使整个画面的阅读力降低，体现不出所要表达的东西，如图3-52所示。但有的广告为了体现其独特性，故意将文字进行倾斜，这不是随意的倾斜，而是将文字进行相同角度的倾斜，以达到统一的视觉效果，这样的方式也是可取的，如图3-53所示。

记录生活 记录精彩 家园日志 我的个性生活

记录生活 记录精彩 家园日志 我的个性生活

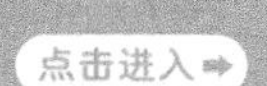

图3-51

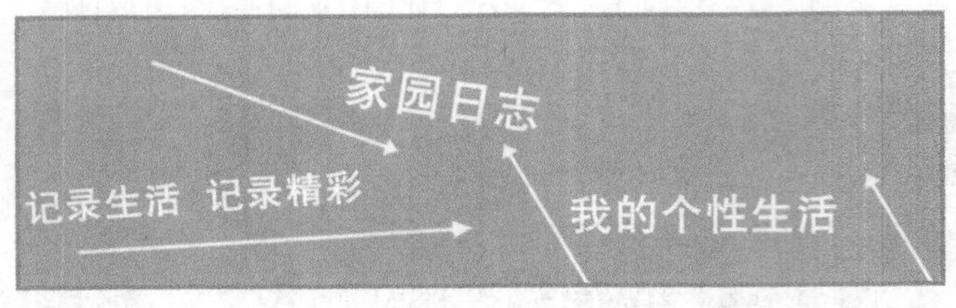

图3-52

图3-53

留空

广告画面中需要留空，留空可以使图形和文字有呼吸的空间，让用户看上去感觉协调舒适，如图3-54所示。

图3-54

很多人总认为信息多就好，觉得所有信息都很重要，都要突出，结果适得其反。如果广告上满是吸引点，那么用户会看得眼花缭乱，反而什么也注意不到，所以在画面有限的空间内做好各种信息的平衡和协调非常重要。

3.4.2 不同风格的展示

一个网站具有其他网站所没有的风格，那么就会让阅读者多停留些时刻，细细品味该站的内容，同样，网页中的广告也是如此，不同的广告画面会给阅读者不同的视觉感受，好的广告甚至会使人产生鼓舞和向上的情绪。下面我们对一些广告画面进行讲解。

如果广告的画面以纯色为背景，那么主体物最好是与之相反的色调，才能更好地突出主体物，如图3-55和图3-56所示。

图3-55

图3-56

在我们制作广告时，有时候摒弃传统的方式，往往能收获意外的效果，例如，以产品的实际运用或者特征作为画面的主要表现点，直击产品的特性，如图3-57和图3-58所示。

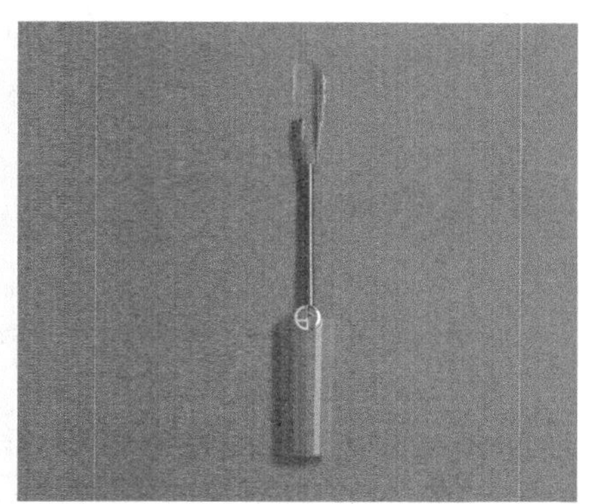

图3-57

图3-58

在制作关于美食类的广告时，可以选择产品美食图片，然后再选择相关的个性化元素进行搭配，如图3-59所示，使用了一张产品图片，然后配上卡通人的喷水效果，以此体现产品的新鲜，画面显得十分清爽而且极具创意。同样可以与其他相关元素相结合，体现趣味性，如图3-60所示。

图3-59

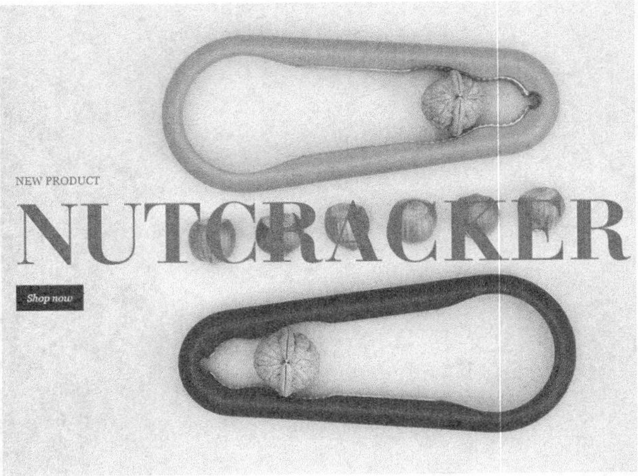

图3-60

下面同样是美食网页广告，画面非常简单，产品加上说明文字，而与众不同的是整个画面的色调，画面中都有一个较亮的颜色作为主色，使整个画面显得清新脱俗，独具一格，如图3-61和图3-62所示。

图3-61

图3-62

通过以上关于网站广告设计的技巧阐述，我们总结出在设计网页广告时需要注意的以下4个重点。

第1点：突出产品及其特征，采用有吸引力的宣传用语，适当弱化公司名称和标识。

第2点：图片并非越多越好，突出重点是关键，必要的产品说明不能少。

第3点：合理安排画面内容，做到主次对比鲜明。

第4点：颜色不宜过度夸张，努力营造愉悦、舒服的视觉感受。

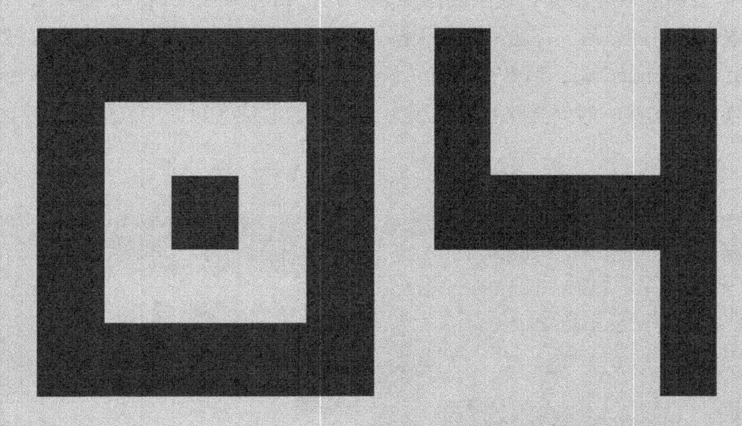

Banner设计

本章我们将通过客户的表述，学会分析客户心理、要求和需求，制作出符合客户要求的广告，最终达商业化的设计目的，完成案例制作。

横幅广告是最常见的互联网广告形式，通常位于页面顶部，最先映入浏览者眼球，展示形式可以为动态也可以为静态，通过HTML、Flash等多种技术实现。Banner广告要能在几秒甚至是零点几秒之内抓住访问者的注意力，特别适合推广信息发布、产品推广和庆典活动等，尺寸根据实际要求进行调整，访问者单击Banner广告，更主要的原因可能是为了获得某种产品信息，而不是某家公司的信息，所以广告中需要突出产品的特性，不要放不相关的信息。

如果网页中已经有了很好的横幅广告，也要经常更换图片，因为即使是最好的横幅图片时间久了也会失去效力，一般，一个广告放置一段时间以后，点击率开始下降，而当更换图片以后，点击率又会增加。

不同尺寸和不同样式的Banner广告，所产生的宣传价值也是不一样的，如通幅的首页广告，既可以是固定的，也可以用幻灯片的形式播放，在第一时间强化视觉吸引力，这样，即使在页面中它的设计感比不上其他广告，但也不会被人忽视掉。

在相同的通幅广告中，想要第一时间吸引访问者，就须在细节上多下工夫。如选择长相较好的模特、搭配漂亮的颜色和布置合适的版式，最后再制作成设计感十足的轮播效果，那么它就会在同类的广告中脱颖而出。

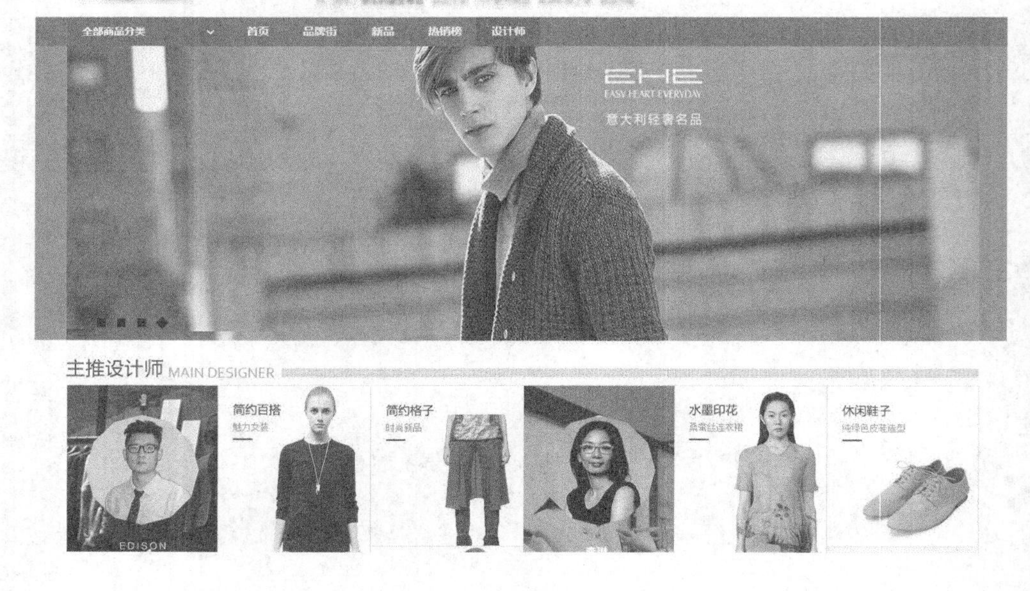

如果当前页面的内容太多，没有足够的位置添加通幅广告怎么办？这种普遍存在的情况并不能阻止我们添加通幅，只需要在设计前考察好广告放置的环境，然后结合文本内容重新进行设计，将每一板块充分利用，完美地把Banner广告和菜单文本结合起来，在不影响视觉美观的同时进行宣传。

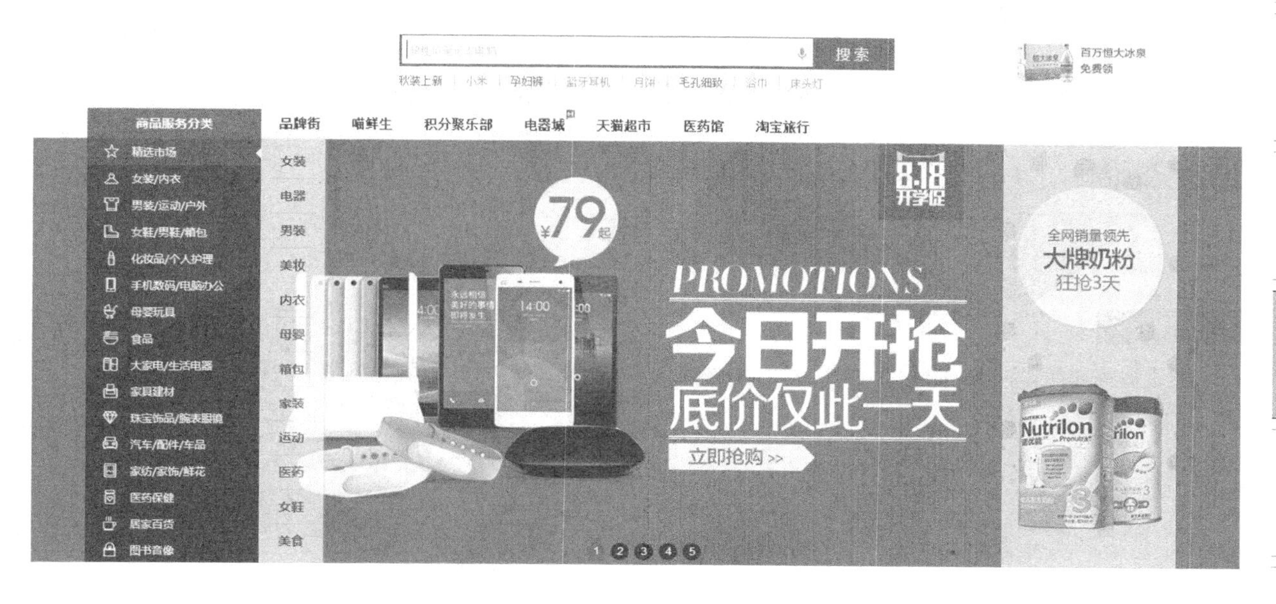

在首页除了通幅广告比较抢眼外，稍微小一点的轮播Banner广告也比较突出，在保证页面颜色艳丽和内容直观的同时，以幻灯片的方式进行展示不失为一种好方式，这种形式的广告在内容繁多的电商类网站首页最为常见。

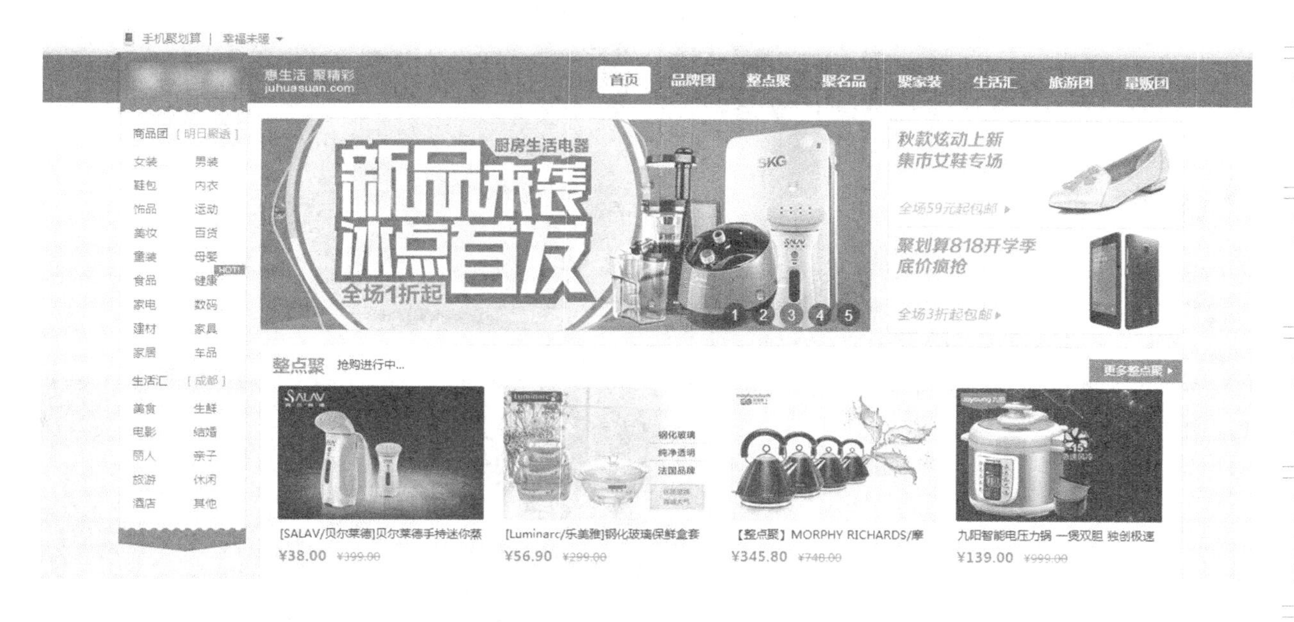

4.1 女士皮包广告

我们公司是做女士皮包的，想做一个1024×500的广告，必须突出我们店包包的特色，如果能做到脱颖而出就最好了！其他的我也不太懂，我只能给你提供包包的照片，剩下的就看你的设计了。

客户王女士

文件位置：光盘>实例文件>CH04>NO.01.psd　　视频位置：光盘>多媒体教学>CH04>NO.01. flv　　难易指数：★★☆☆☆

头脑风暴

分析1，客户展示的产品大多为女性皮质箱包，风格偏向于魅惑风格；分析2，为了达到客户脱颖而出的需求，因此，颜色上采取对比色或者互补色；分析3，提取女性的特质“魅惑”“高贵”“时尚”“品味”和“女人味”。

方案展示

通过提炼和制作，我们提供了以下3种方案供客户选择。

方案一

方案二

方案三

客户选择

方案一我不喜欢，虽然有突出产品，但是有点阴暗的感觉，而且视觉效果上并不突出；方案二感觉很不错，有女性的魅惑感觉，效果很独特；方案三也很不错，但是与方案二相比，效果不突出。就选方案二吧。

最终定稿的效果图

制作流程

01 按快捷键Ctrl+N新建一个"NO.01"文件，具体参数设置如图4-1所示。

02 设置前景色为黑色进行填充，如图4-2所示。然后导入选择的背景图（素材文件\CH04\素材01.jpg）并将其拖曳到合适的位置调整大小，效果如图4-3所示。

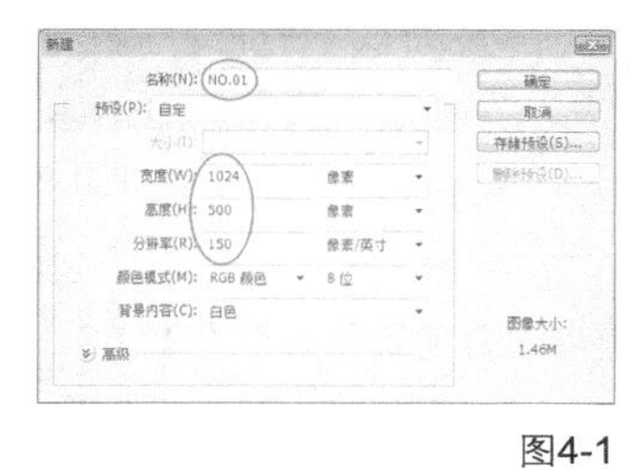

图4-1

图4-2

图4-3

03 为背景图添加一个图层蒙版，如图4-4所示。然后使用【渐变工具】制作出线性渐变透明效果，如图4-5所示。

图4-4

图4-5

04 在背景图上方创建新图层，如图4-6所示。然后选中图层和背景图层按快捷键Ctrl+E进行合并。

05 为合并后的背景图层添加图层蒙版，如图4-7所示。然后使用【渐变工具】制作出线性渐变透明效果，如图4-8所示。

图4-6

图4-7

图4-8

举一反三

在使用透明渐变调整图片融合度时，需将图片进行多次调整，直到达到满意的效果。

06 将前景色设置为白色，然后使用【横排文字工具】分别输入标题文本与内容文本，接着调整文本的间距与大小，效果如图4-9所示。

图4-9

07 使用【横排文字工具】输入广告文本，然后将其拖曳到文本上方调整位置和大小，接着设置前景色值为（R:188、G:170、B:97）进行填充，效果如图4-10所示。

图4-10

举一反三

文本图层太多，会导致在编辑的过程中不好移动，以及图层查看混乱等问题，因此，我们可以将文本编组进行整合，方便后面的操作，如图4-11所示。

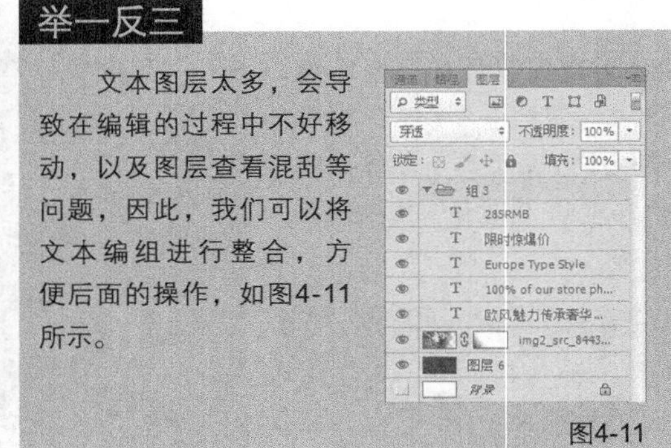

图4-11

08 导入墨迹素材（素材文件\CH04\素材02.psd），然后解散群组并将其拖曳到页面右下角，如图4-12所示。接着设置图层的【混合模式】为【变亮】，如图4-13所示。

图4-12

举一反三

在制作背景图的时候，墨迹素材可以导入图片，也可以导入相应的墨迹笔刷进行绘制，具体操作根据效果灵活使用。

图4-13

09 将另外一个墨迹素材拖曳到页面内进行调整，如图4-14所示。然后设置图层的【混合模式】为【颜色】，如图4-15所示。

图4-14

图4-15

10 选择合适的产品图片（素材文件\CH04\素材03.jpg）拖曳到软件中，然后使用【魔棒工具】进行抠图，如图4-16所示。

举一反三

客户提供的产品为图片形式，为了方便抠图，我们可以将产品打开为另外的文件，经过抠图修饰后再拖曳到广告中排列。

图4-16

11 将抠出的产品图层拖曳到广告中调整到合适的大小，然后拖曳到墨迹效果上方，最终效果如图4-17所示。

图4-17

4.2 男士皮鞋广告

听说你们这边广告做得比较好，那我就简单说了，我要一个男鞋的950×400规格的广告，风格你定，主要是大气有内涵，配得上鞋子的品位，照片提供给你，期待你的作品。

客户刘先生

文件位置：光盘>实例文件>CH04>NO.02.psd　视频位置：光盘>多媒体教学>CH04>NO.02. flv　难易指数：★★★☆☆

头脑风暴

分析1，客户公司是经营男鞋的，整体颜色为黑色、棕色和高级灰色；分析2，客户要求大气有内涵的风格，因此不能单纯地制作鞋子展示广告，应该突出鞋子的文化气质；分析3，男性特征为刚毅、理性、坚韧、忍耐、文化和包容等。

方案展示

通过提炼和制作，我们提供了以下3种方案供客户选择。

方案一

方案二

方案三

客户选择

方案一感觉怪怪的，做的是鞋子吗？这个不好；方案二和方案三都能看出男人的独特气质，都很不错，不太好选择。使用方案二吧，现在高端娱乐运动就是骑马，而且大部分有钱人都比较喜欢这种活动，很有品位。

最终定稿的效果图

制作流程

01 按快捷键Ctrl+N新建一个“NO.02”文件，具体参数设置如图4-18所示。

02 导入选择的背景图（素材文件\CH04\素材04.jpg），然后将其拖曳到页面左边调整大小，效果如图4-19所示。

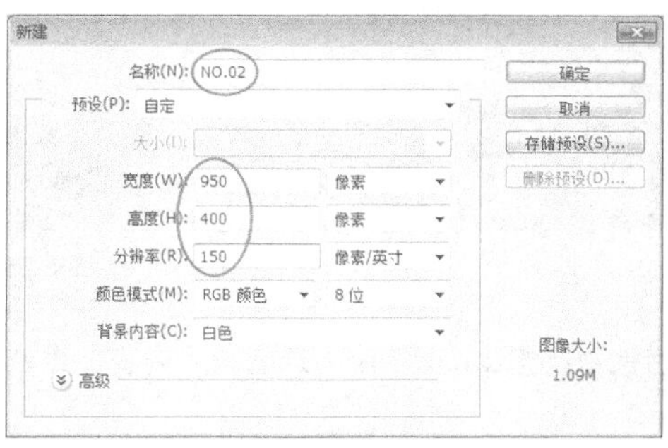

图4-18

图4-19

03 使用【矩形选框工具】框选图片右边的区域，然后按快捷键Ctrl+J复制出选区内的内容，如图4-20所示。接着沿水平方向进行移动，效果如图4-21所示。

图4-20

图4-21

举一反三

在补全背景图的时候，会出现重复的杂点，这时可以使用【修补工具】进行基础修饰。

04 将背景填补图层合并复制一份，然后选中下面的填补图层执行滤镜\模糊\高斯模糊命令，设置【半径】为8像素，如图4-22和图4-23所示。

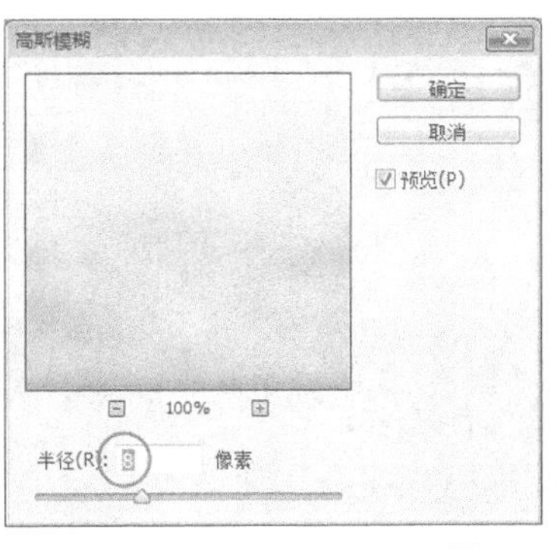

图4-22

图4-23

05 为上面的填补图层添加一个图层蒙版，然后使用【渐变工具】制作出线性渐变透明效果，如图4-24所示。

06 使用【横排文字工具】输入广告标题文本，然后调整文本字体和大小，如图4-25所示。

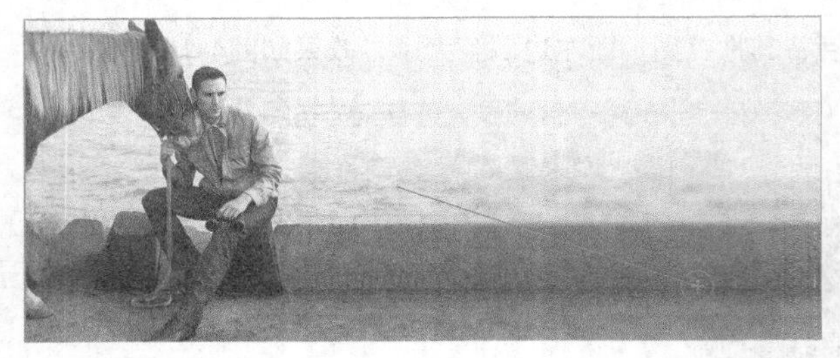

图4-24

Gentleman
Charm

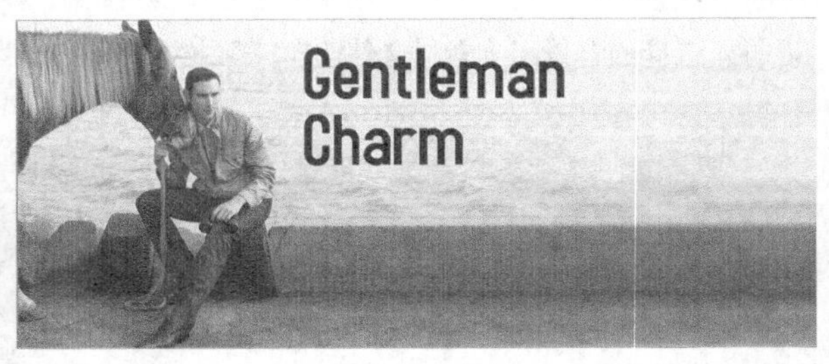

图4-25

07 使用【多边形套索工具】框选文本左上角区域，如图4-26所示。然后按快捷键Ctrl+J复制出选区内的内容，接着设置前景色值为（R:128、G:0、B:0）进行填充，效果如图4-27所示。

Gentleman
Charm

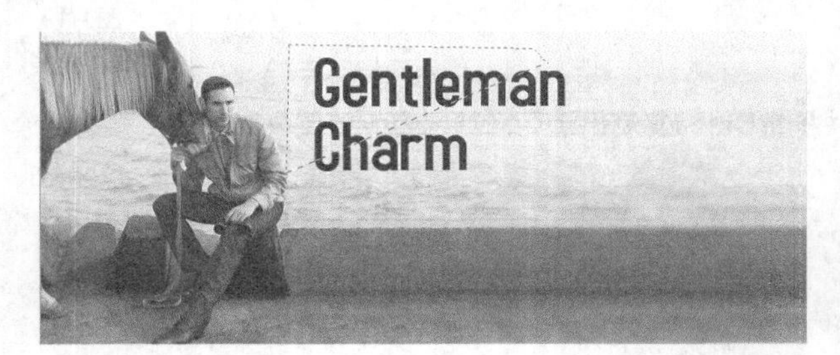

图4-26

Gentleman
Charm

图4-27

08 调整前景色值为（R: 116、G:93、B:77），然后使用【横排文字工具】输入广告宣传语文本，接着调整文本字体和大小，如图4-28所示。

Gentleman
Charm
男性魅力 绅士风度

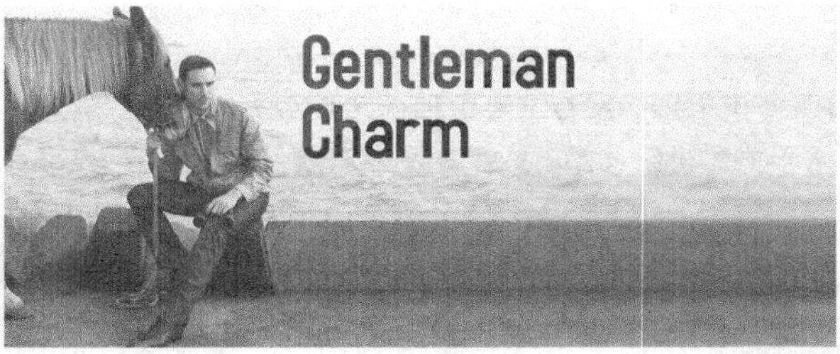

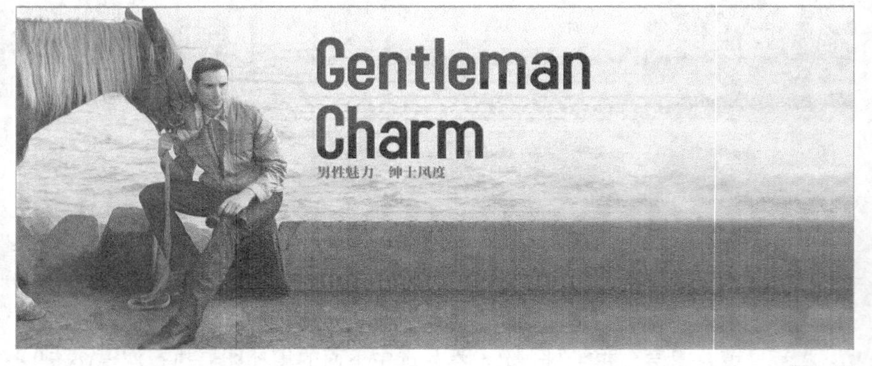

图4-28

09 调整前景色为黑色，然后使用【横排文字工具】输入段落说明文本，调整文本字体和间距，接着将其拖曳到标题文字下面调整位置，如图4-29所示。

Gentleman
Charm
男性魅力 绅士风度
Appreciate a man's quality from wear, men's leath-
er shoes imported high quality cowhide, smooth

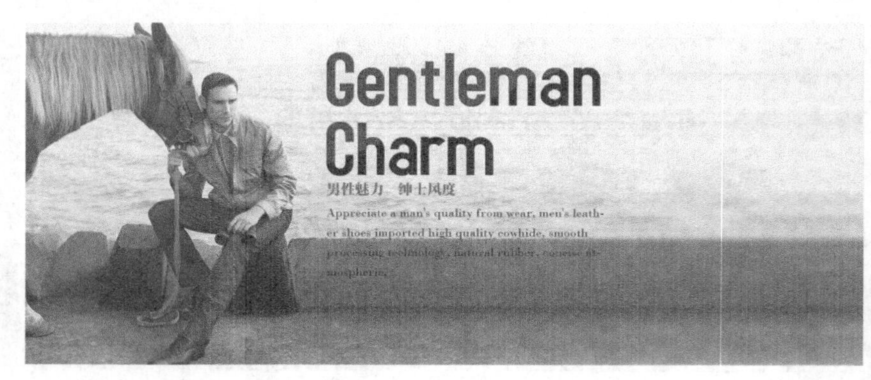

图4-29

10 选择【矩形工具】，然后设置【绘图模式】为【形状】、【填充】为黑色，接着在段落说明文本下面绘制矩形，如图4-30所示。

11 为矩形图形添加一个图层蒙版，然后使用【渐变工具】制作出线性渐变透明效果，如图4-31所示。

图4-30

图4-31

12 设置前景色为白色，然后使用【横排文字工具】输入价格文本，如图4-32所示。

图4-32

13 使用同样的方法绘制红色矩形和黑色矩形，然后使用【横排文字工具】输入价格文本，如图4-33和图4-34所示。

图4-33

图4-34

14 选择合适的产品图片（素材文件\CH04\素材05.jpg）拖曳到软件中，然后使用【多边形套索工具】进行抠图，如图4-35所示。

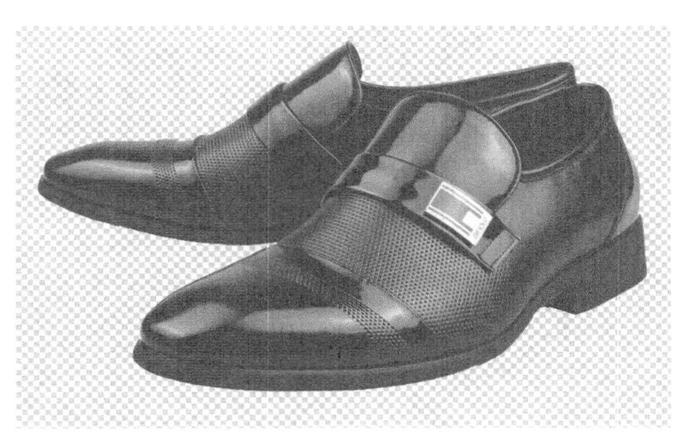

图4-35

举一反三

选择皮质素材的时候，尽量使用光感很好的清晰大图，这样在广告制作过程中不会降低产品质感。

15 将抠出的产品素材拖曳到页面右下角调整位置和大小，如图4-36所示。

图4-36

16 为产品素材添加一个图层蒙版，然后使用【渐变工具】制作出线性渐变透明效果，如图4-37所示。

图4-37

17 复制调整好的产品素材，然后设置图层的【混合模式】为【滤色】，如图4-38所示。接着添加一个图层蒙版，最后使用【渐变工具】制作出线性渐变透明效果，最终效果如图4-39所示。

图4-38

图4-39

4.3 坚果电商广告

您好，我们想做一张网店首页的广告，尺寸为460像素×321像素。我们店是经营坚果生意的，现在推出很多新产品。店里的风格是偏卡通感觉的，所以广告风格最好能与店面呼应，基本就这些，麻烦了。

客户马女士

文件位置：光盘>实例文件>CH04>NO.03.psd　视频位置：光盘>多媒体教学>CH04>NO.03. flv　难易指数：★★★★☆

头脑风暴

分析1，客户要求为首页宣传广告，因此，需要顾忌到店面整体风格与颜色的统一；分析2，客户店里整体风格带有卡通趣味特色，因此，选取卡通风格的图案进行展示，以达到衔接和趣味性；分析3，客户推出的产品很多，同时出现在一张广告图中比较困难，不适合放置客户提供的产品照片，因此我们更换了客户提供的图片，改用比较全面的同种食品素材。

方案展示

通过提炼和制作，我们提供了以下3种方案供客户选择。

方案一

方案二

方案三

客户选择

3个方案都很有趣味性，方案一的颜色我很喜欢，有种鲜亮可爱的感觉；方案二的颜色稍微差了点；方案三也很好，含义上也比前两个好些，卡通人物是典型的痴迷坚果的角色，而且素材选取也深深地表达出了这种喜爱。所以，我更喜欢第三个方案。

最终定稿的效果图

制作流程

01 按快捷键Ctrl+N新建一个“NO.03”文件，具体参数设置如图4-40所示。

02 选择合适的背景图片（素材文件\CH04\素材06.jpg）拖曳到软件中，然后将其调整到合适的位置，如图4-41所示。

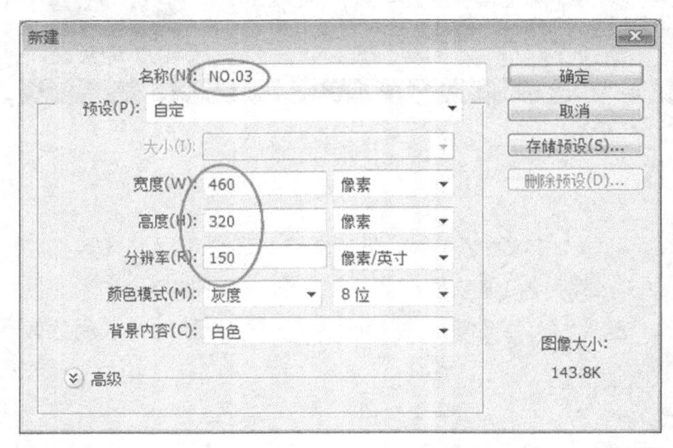

图4-40

图4-41

03 为背景添加一个【自然饱和度调整图层】，然后设置【自然饱和度】为51、【饱和度】为17，如图4-42所示。效果如图4-43所示。

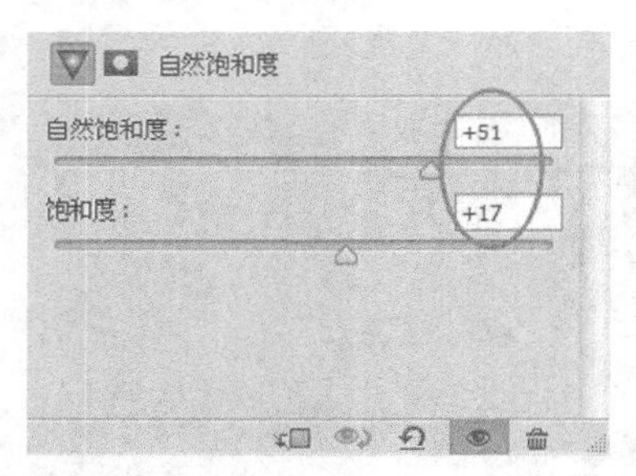

图4-42

图4-43

04 选择合适的产品图片（素材文件\CH04\素材07.jpg）拖曳到软件中，然后使用【多边形套索工具】进行抠图，如图4-44所示。

05 将抠好的产品素材拖曳到页面中进行调整，如图4-45所示。

图4-44

图4-45

06 新建图层，然后使用【多边形套索工具】绘制阴影区域，接着设置前景色为黑色进行填充，如图4-46和图4-47所示。

图4-46

图4-47

07 选中阴影执行滤镜\模糊\高斯模糊命令，设置【半径】为28像素，如图4-48和图4-49所示。

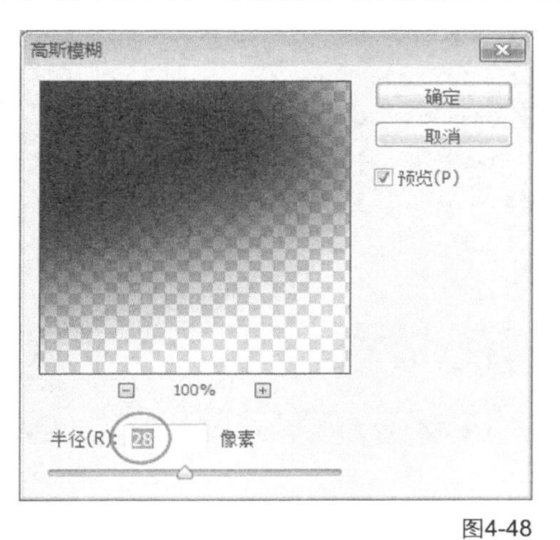

图4-48

图4-49

08 分别为两个阴影图层添加蒙版，然后使用【渐变工具】制作出线性渐变透明效果，如图4-50所示。

09 选择合适的卡通图片（素材文件\CH04\素材08.jpg）拖曳到软件中，然后使用【魔棒工具】进行抠图，接着将素材拖曳到广告中调整位置和大小，如图4-51所示。

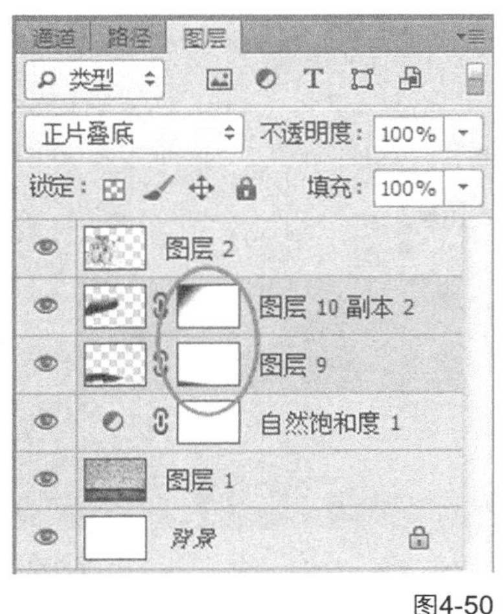

图4-50

图4-51

10 使用同样的方法为卡通人物绘制阴影，然后执行滤镜\模糊\高斯模糊命令，设置【半径】为6.5像素，如图4-52和图4-53所示。

图4-52

图4-53

11 复制阴影，然后使用同样的方法调整阴影透明度效果，使阴影更加逼真，如图4-54和图4-55所示。

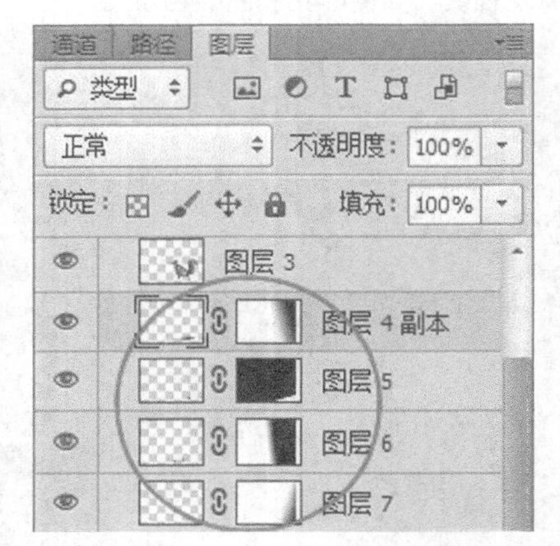

图4-54

图4-55

举一反三

在制作阴影的时候，必须考虑到物品阴影和人物阴影的区别，还有人物各部位的阴影变化，使阴影变化更加逼真。

12 复制卡通人物图层，然后添加蒙版，再使用【渐变工具】制作出线性渐变透明效果，接着设置图层的【混合模式】为【滤色】，如图4-56和图4-57所示。

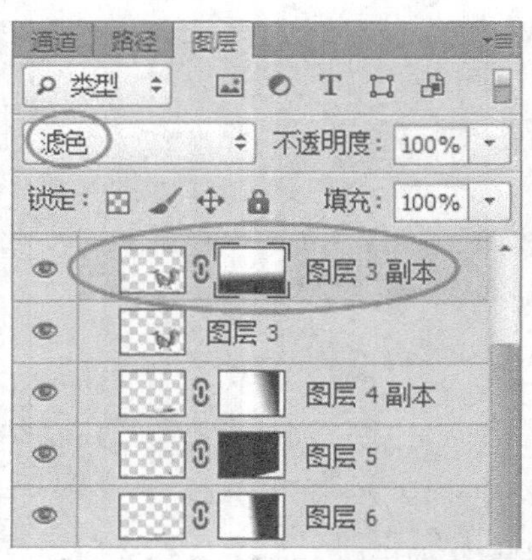

图4-56

图4-57

13 设置前景色为白色，然后使用【横排文字工具】输入文本，将文本栅格化，接着使用【多边形套索工具】绘制形状修剪文本，如图4-58和图4-59所示。

图4-58

图4-59

14 使用【横排文字工具】输入文本，然后调整文本位置和角度，如图4-60所示。

图4-60

举一反三

制作文本撕裂质感的时候，最好先复制文本副本图层备用，防止制作过程中的失误。

15 分别选中文本图层，然后执行图层\图层样式\阴影命令，设置【不透明度】为75、【距离】为13、【扩展】为9、【大小】为24，如图4-61和图4-62所示。

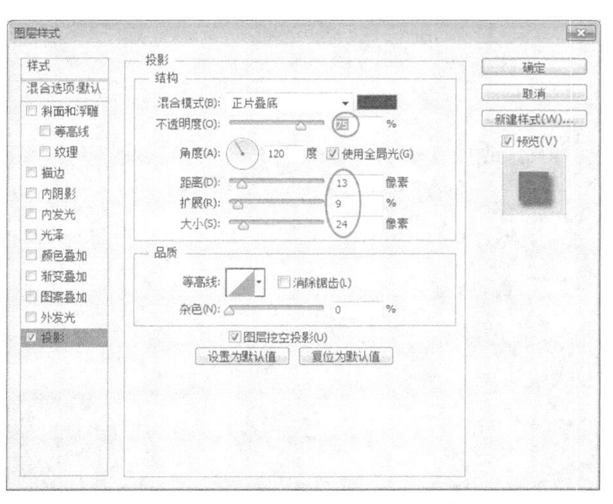

图4-61

图4-62

16 使用【横排文字工具】输入产品名称，然后将其拖曳到坚果的右边，接着输入产品说明文本，最后调整文本位置和大小，如图4-63所示。

17 设置前景色为红色，然后使用【横排文字工具】输入价格文本，接着调整文本位置和大小，如图4-64所示。

图4-63

图4-64

18 选择【矩形工具】，然后设置【绘图模式】为【形状】、【填充】为白色，接着沿着段落说明文本绘制形状，如图4-65所示。最后调整【不透明度】为60%，效果如图4-66所示。

图4-65

图4-66

19 设置前景色为黑色，然后使用【横排文字工具】输入降价说明文本，接着调整大小和位置，最终效果如图4-67所示。

图4-67

4.4 云南风情披肩广告

您好，我想找你们做一张广告图。我是做民族风格披肩生意的，所以我希望广告能做出特色的感觉，尺寸是1024像素×400像素，颜色好看些。我这边有一些披肩的照片和模特照片，你可以看着使用。

客户曹女士

文件位置：光盘>实例文件>CH04>NO.04.psd　　视频位置：光盘>多媒体教学>CH04>NO.04. flv　　难易指数：★★★★☆

头脑风暴

分析1，客户提供的都是民族风情的披肩图片，风格方面需要符合披肩特色；分析2，根据素材采集和头脑风暴，最终选择模特图片进行设计；分析3，根据客户要求和产品颜色，确定使用互补色或者对比色进行设计。

方案展示

通过提炼和制作，我们提供了以下3种方案供客户选择。

方案一

方案二

方案三

客户选择

看到你们提供的3个设计方案后，第一个跳入视线的就是方案二的设计，颜色上面立体丰富，视觉冲击力和内涵我都十分满意，其他两个就不考虑了，我只注重第一印象。

最终定稿的效果图

制作流程

01 按快捷键Ctrl+N新建一个“NO.04”文件，具体参数设置如图4-68所示。

02 导入选择的背景图（素材文件\CH04\素材09.jpg），然后将其拖曳到合适的位置调整大小，效果如图4-69所示。

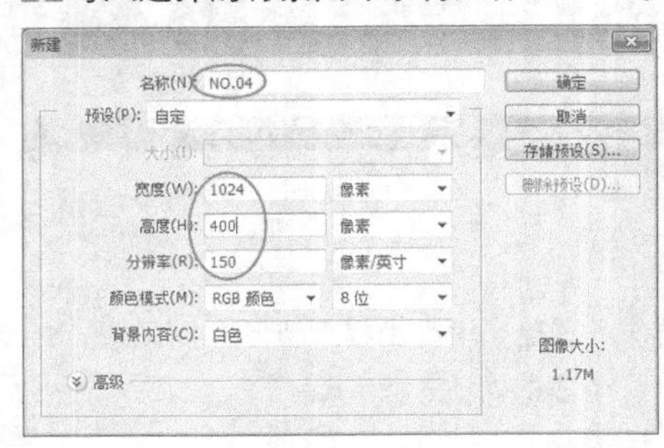

图4-68

图4-69

03 复制背景图，然后选中下面的背景图执行滤镜\模糊\高斯模糊命令，设置【半径】为6像素，如图4-70和图4-71所示。

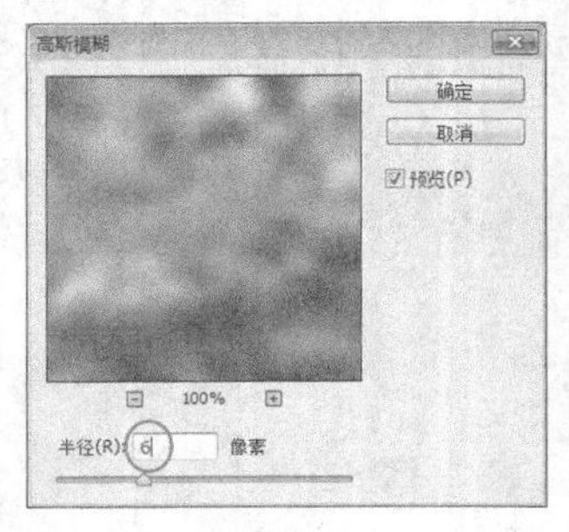

图4-70

图4-71

04 为上面的背景图层添加蒙版，然后使用【渐变工具】制作出线性渐变透明效果，如图4-72所示。

图4-72

05 为背景添加一个【可选颜色】调整图层，具体参数设置如图4-73和图4-74所示。效果如图4-75所示。

图4-73

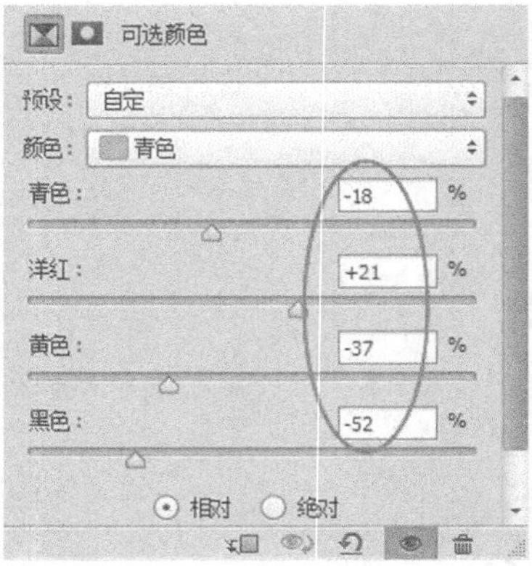

图4-74

图4-75

06 新建图层，然后使用【椭圆选框工具】绘制椭圆，接着设置前景色值为（R:231、G:54、B:131）进行填充，效果如图4-76所示。

07 复制图层，然后设置下方椭圆图层的【混合模式】为【颜色】、【不透明度】为50%，如图4-77所示。

图4-76

图4-77

举一反三

调整背景时，可以将背景颜色向对比色方向偏，这样制作出的背景视觉冲击力会增强。

08 缩放上方的椭圆图层，然后设置【不透明度】为80%，如图4-78所示。接着导入抠好的人物素材（素材文件\CH04\素材10.psd），最后调整人物和椭圆的位置，如图4-79所示。

图4-78

图4-79

09 选中人物然后执行图层\图层样式\投影命令，设置投影的颜色值为（R:53、G:3、B:55）、【不透明度】为86、【距离】为25、【扩展】为10、【大小】为20，如图4-80和图4-81所示。

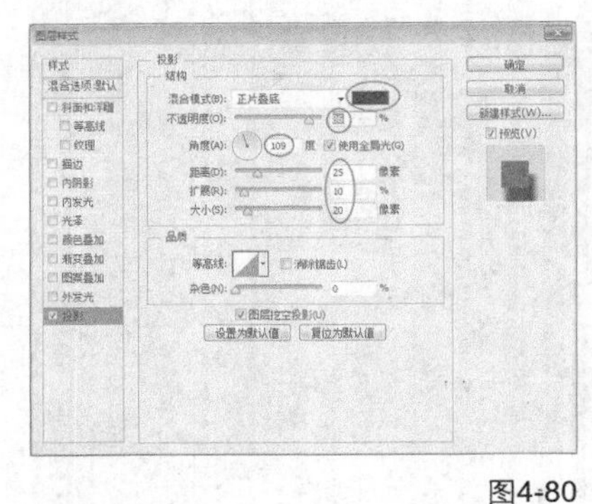

图4-80

图4-81

10 导入另外一张抠好的人物素材（素材文件\CH04\素材11.psd），然后使用同样的方法添加投影，如图4-82所示。

11 选择合适的水印图片（素材文件\CH04\素材12.jpg）拖曳到软件中，然后使用【魔棒工具】进行抠图，如图4-83所示。

图4-82

图4-83

举一反三

排放人物素材或者产品素材的时候，可以凭借近大远小的效果来体现空间感觉。

12 将水印拖曳到广告中进行缩放，如图4-84所示。然后设置图层的【混合模式】为【柔光】，接着将水印拖曳到广告右下角，效果如图4-85所示。

图4-84

图4-85

13 使用【横排文字工具】分别输入文字，然后将其拖曳到椭圆的上方调整位置和大小，效果如图4-86所示。

图4-86

14 设置前景色为黄色，然后使用【横排文字工具】输入文本，接着调整位置和大小，效果如图4-87所示。

图4-87

15 设置前景色为黑色，然后使用【横排文字工具】输入产品名称，如图4-88所示。接着设置前景色为白色，输入说明文本，最终效果如图4-89所示。

图4-88

图4-89

4.5 越野车广告

我们想在汽车网站上宣传一款越野车，预留的广告位置并不是很大，我这里有一些户外拍摄的越野车宣传照片，广告简单点突出越野的特色就可以，尺寸是920像素×642像素。

客户梁先生

文件位置：光盘>实例文件>CH04>NO.05.psd　视频位置：光盘>多媒体教学>CH04>NO.05. flv　难易指数：★★★☆☆

头脑风暴

分析1，客户提供的照片都很不错，我们选取了3种风格相近的照片进行设计；分析2，根据越野车的资料分析，性能特点提炼为耐力、速度和翻越性，根据这3种特性我们选取了马这种动物；分析3，为了方便客户选择，选取翻越和速度两方面进行创作。

方案展示

通过提炼和制作，我们提供了以下3种方案供客户选择。

客户选择

嗯，这个马用得很好，耐力与速度的代表，路遥知马力，很符合越野车的感觉。方案三的马很有气势，但是不如方案二更有速度的感觉，个人比较喜欢方案二。

方案一

方案二

方案三

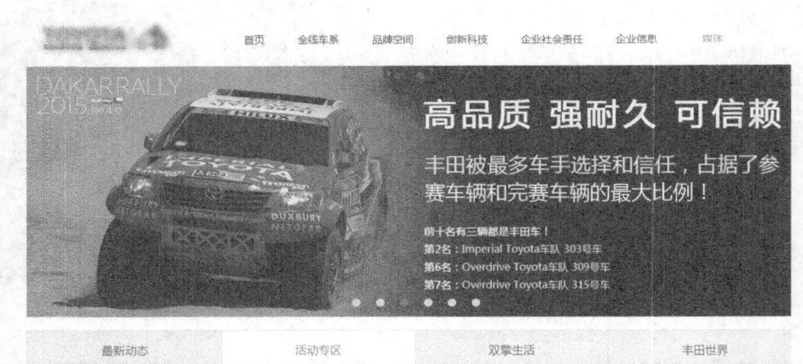

GET GOING CLUB PARTY 广州站

丰田邀你汇聚羊城 共享视听盛宴

WEC圣保罗6小时收官赛

获得年度厂商总冠军

越野

WEC圣保罗6小时收官赛

获得年度厂商总冠军

最终定稿的效果图

制作流程

01 按快捷键Ctrl+N新建一个“NO.05”文件，具体参数设置如图4-90所示。

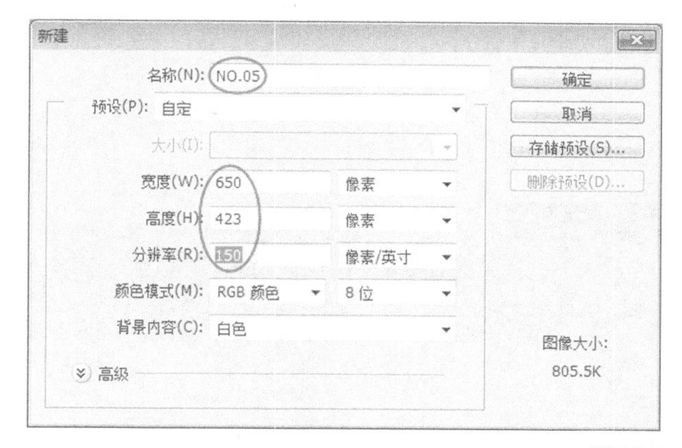

图4-90

02 导入选择的背景图（素材文件\CH04\素材13.jpg），然后将其拖曳到合适的位置调整大小，效果如图4-91所示。

03 导入抠好的素材（素材文件\CH04\素材14.psd），然后将其拖曳到合适的位置调整大小，效果如图4-92所示。

图4-91

图4-92

04 复制素材图层，然后进行适当缩放，如图4-93所示。接着执行滤镜\模糊\高斯模糊命令，设置【半径】为2像素，如图4-94所示。

图4-93

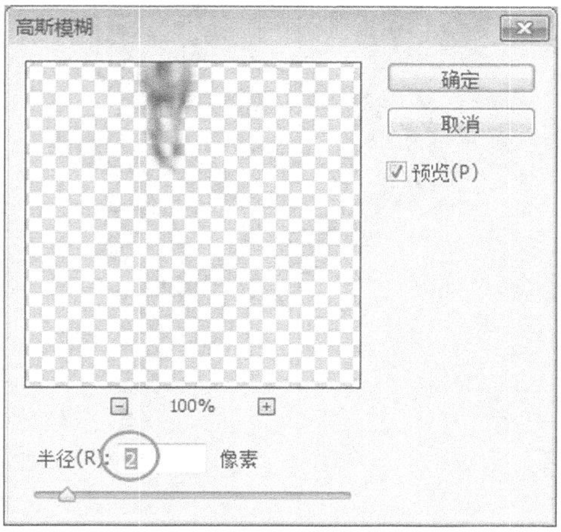

图4-94

05 将模糊后的对象拖曳到越野车后面，然后旋转合适的角度，如图4-95所示。

图4-95

举一反三

为了使效果更加逼真，我们可以将远处的对象进行模糊，形成视觉对比。

06 使用【多边形套索工具】沿着越野车车头绘制选区，如图4-96所示。然后按快捷键Ctrl+J复制出选区内的内容，接着将马素材拖曳到车头后方，效果如图4-97所示。

图4-96

图4-97

07 选择合适的产品图片（素材文件\CH04\素材15.jpg）拖曳到软件中，然后使用【魔棒工具】进行抠图，如图4-98所示。

08 将抠好的文字拖曳到页面中调整位置和大小，然后设置图层的【混合模式】为【叠加】，如图4-99所示。

图4-98

图4-99

09 复制文字图层，然后设置图层的【混合模式】为【正常】、【不透明度】为80%，效果如图4-100所示。

10 新建空白图层，然后使用【矩形选框工具】绘制选区，接着设置前景色为黑色进行填充，如图4-101所示。

图4-100

图4-101

11 选中黑色矩形，然后设置图层的【混合模式】为【柔光】，如图4-102所示。接着复制图层调整矩形大小和位置，最后更改【不透明度】为70%，效果如图4-103所示。

图4-102

图4-103

12 使用同样的方法绘制出白色矩形，如图4-104所示。然后设置图层的【混合模式】为【柔光】、【不透明度】为80%，效果如图4-105所示。

图4-104

图4-105

13 复制出白色矩形，然后更改【不透明度】为100%，接着调整矩形大小，效果如图4-106所示。

图4-106

14 使用【横排文字工具】输入广告语文本，然后将其拖曳到标题的下方调整位置和大小，最终效果如图4-107所示。

图4-107

4.b 品牌男装广告

您好，我们现在新店开业，需要一张首页广告，产品很多，但是都是男装，主要宣传我们男装的品牌就好了，尺寸为460像素×321像素。

客户朱先生

文件位置：光盘>实例文件>CH04>NO.06.psd　视频位置：光盘>多媒体教学>CH04>NO.06. flv　难易指数：★★☆☆☆

头脑风暴

分析1，客户需要突出品牌的广告，并没有具体到产品；分析2，宣传注重文化与品位，因此背景选取极具品位的男性图片；分析3，色彩采取高端大气的颜色来衬托品牌气质。

方案展示

通过提炼和制作，我们提供了以下3种方案供客户选择。

方案一

方案二

方案三

客户选择

首先方案一我不太喜欢，人物没有看着文字；方案二和方案三就好一些，这两个方案的颜色方面我更倾向于方案二，颜色清亮，效果很好，方案三感觉雾蒙蒙的，更像是在做女装广告。

最终定稿的效果图

制作流程

01 按快捷键Ctrl+N新建一个“NO.06”文件，具体参数设置如图4-108所示。

02 选择合适的背景图片（素材文件\CH04\素材16.jpg）将其拖曳到页面中，调整位置和大小，如图4-109所示。

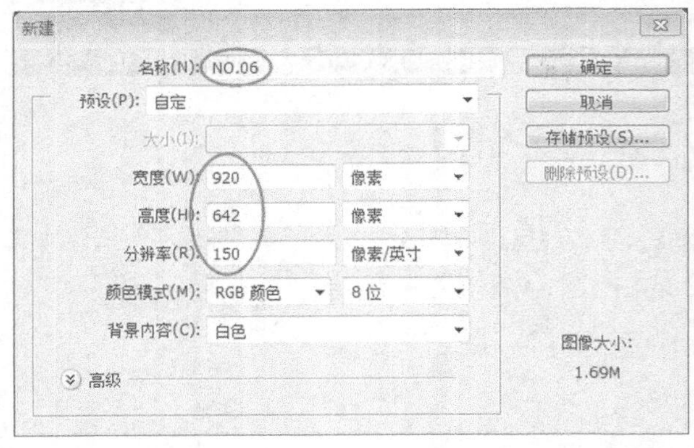

图4-108

图4-109

03 单击【矩形工具】，然后设置【填充】为白色，接着在图片右边绘制矩形，如图4-110所示。

04 设置矩形图层的【混合模式】为【减去】、【不透明度】为60%，如图4-111所示。

图4-110

图4-111

05 设置前景色为白色，然后使用【横排文字工具】输入标题文本，如图4-112所示，接着使用【直线工具】绘制出分割线，如图4-113所示。

图4-112

图4-113

06 单击【矩形工具】，然后设置【填充】为黑色，接着在文本的右边绘制出矩形，如图4-114所示。

07 设置前景色值为（R:37、G:195、B:180），然后使用【横排文字工具】输入文本，如图4-115所示。

图4-114

图4-115

08 使用同样的方法绘制矩形，然后设置图层的【混合模式】为【正片叠底】、【不透明度】为80%，如图4-116所示。

09 使用【横排文字工具】分别输入广告所需的文本，然后调整位置和大小，如图4-117所示。

图4-116

图4-117

10 设置前景色为洋红，然后使用【矩形工具】绘制矩形，如图4-118所示。接着设置前景色为白色，最后使用【横排文字工具】分别输入广告所需的文本，如图4-119所示。

图4-118

图4-119

11设置前景色为白色，然后使用【直线工具】绘制分割线，如图4-120所示。

12新建图层，然后使用【多边形套索工具】绘制选区，接着设置前景色值为（R:255、G:0、B:138）进行填充，效果如图4-121所示。

图4-120

图4-121

13设置前景色为白色，然后使用【横排文字工具】输入说明文本，最终效果如图4-122所示。

图4-122

4.7 马尔代夫旅游广告

您好，我们旅行社近期推出特价马尔代夫旅游项目，需要一张首页广告，一定要突出旅游项目的特色，然后一定要把我们做的小标志放上去，尺寸是920像素×642像素。

客户米女士

文件位置：光盘>实例文件>CH04>NO.07.psd　视频位置：光盘>多媒体教学>CH04>NO.07. flv　难易指数：★★★☆☆

头脑风暴

分析1，旅游类广告一般需要非常美丽的金色图片或者制作得非常艳丽的素材拼接，客户提供了一些很不错的景点照片，因此选择景点风景为素材；分析2，马尔代夫是绝美的珊瑚岛风景区，代表颜色为蓝色、白色、绿色，因此广告的整体色调以这3种为主；分析3，客户提供了一个马尔代夫的标志，制作过程中可以灵活使用图层混合模式进行柔和。

方案展示

通过提炼和制作，我们提供了以下3种方案供客户选择。

方案一

方案二

方案三

客户选择

这些方案我都比较喜欢，每一个都具有马尔代夫的风格，我觉得方案二的画面很舒服，其他两个方案也不错，但我更喜欢方案二。

最终定稿的效果图

制作流程

01 按快捷键Ctrl+N新建一个“NO.07”文件，具体参数设置如图4-123所示。

02 导入选择的背景图（素材文件\CH04\素材17.jpg），然后将其拖曳到合适的位置调整大小，效果如图4-124所示。

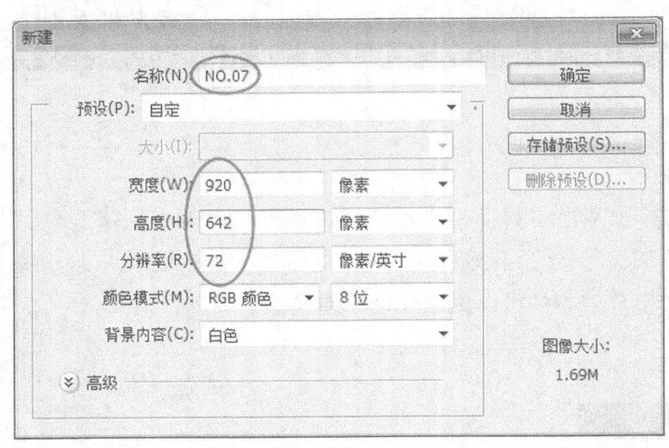

图4-123

图4-124

03 为背景添加一个【可选颜色调整图层】，参数设置如图4-125~图4-127所示。

04 为背景添加一个【自然饱和度调整图层】，然后设置【自然饱和度】为45、【饱和度】为-2，如图4-128所示。

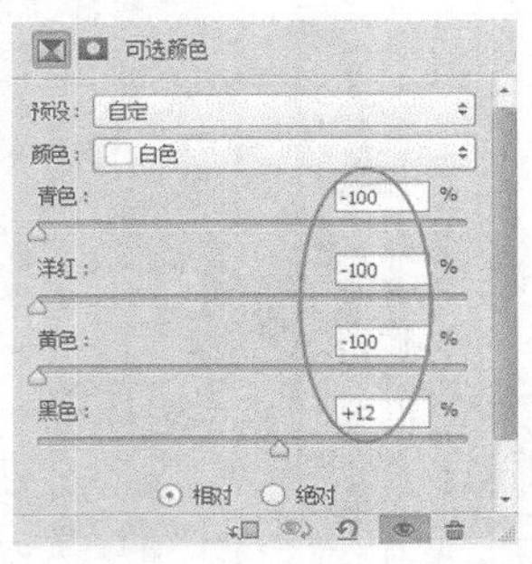

图4-125

图4-126

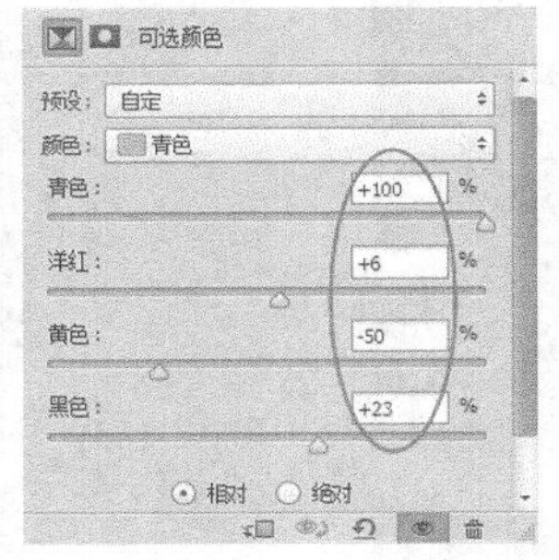

图4-127

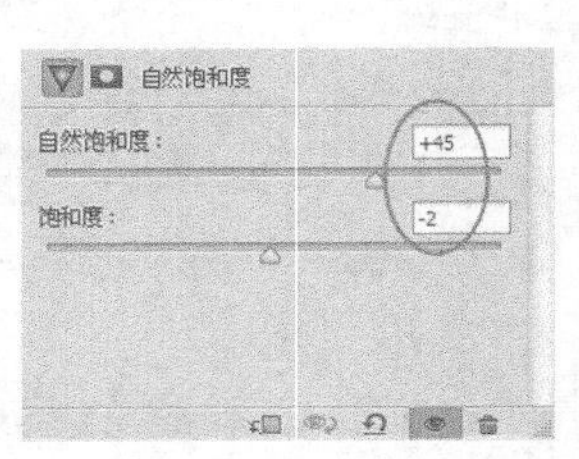

图4-128

05 为背景添加一个【亮度/对比度调整图层】，然后设置【亮度】为10、【对比度】为-5，如图4-129所示。调整后的效果如图4-130所示。

06 将事先抠好的标志素材（素材文件\CH04\素材18.psd）拖曳到页面中，然后调整大小和位置，接着设置图层的【混合模式】为【变暗】，如图4-131所示。

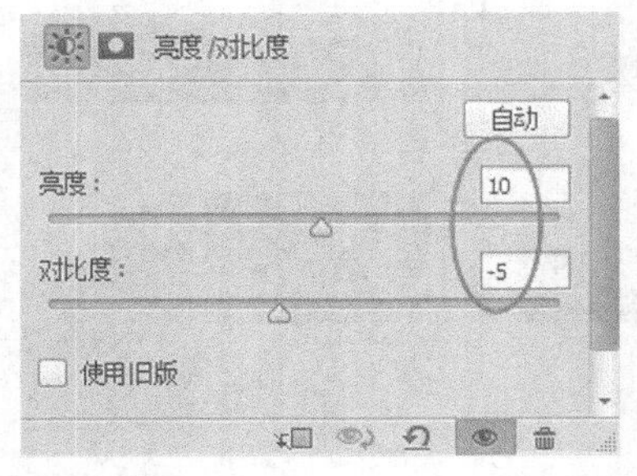

图4-129

图4-130

图4-131

07 复制标志图层，然后更改【混合模式】为【滤色】，如图4-132所示。接着添加一个图层蒙版，再使用【渐变工具】制作出线性渐变透明效果，效果如图4-133所示。

图4-132

图4-133

08 使用【矩形工具】绘制黑色矩形，然后设置图层的【混合模式】为【正片叠底】、【不透明度】为40%，如图4-134所示。

09 使用【矩形工具】绘制矩形，然后设置前景色值为（R:104、G:248、B:240）进行填充，如图4-135所示。

图4-134

图4-135

10 设置前景色为白色，然后使用【横排文字工具】输入广告语文本，将文本栅格化，如图4-136所示。接着将文本载入选区修剪下面的蓝色矩形，最后删掉文本，如图4-137所示。

图4-136

图4-137

11使用【横排文字工具】在矩形下方输入广告语文本，如图4-138所示。然后使用【矩形选框工具】绘制形状，接着填充颜色为白色，如图4-139所示。

图4-138

图4-139

12新建图层，然后使用【多边形套索工具】绘制选区，再设置前景色数为（R:72、G:0、B:0）进行填充，如图4-140所示。接着复制图层调整形状，最后设置前景色值为（R:255、G:75、B:75）进行填充，如图4-141所示。

图4-140

图4-141

13设置前景色为白色，然后使用【横排文字工具】输入文本，接着设置前景色为黄色，填充“特价”两个字，最终效果如图4-142所示。

图4-142

举一反三

在制作以蓝色为主体色的广告时，适当加一些互补色或者对比色会使画面效果画龙点睛。

4.8 韵味翡翠广告

老板，我要做一张企业首页的宣传小广告，我们企业是经营玉石翡翠加工制作的，当然也是厂家直接销售的，不需要做得像促销广告似的，宣传玉石气质就可以了，尺寸是920像素×462像素。

客户秦先生

文件位置：光盘>实例文件>CH04>NO.08.psd　　视频位置：光盘>多媒体教学>CH04>NO.08. flv　　难易指数：★★☆☆☆

头脑风暴

分析1，客户提供的玉石图片大多都是色泽比较通透的翡翠类，产品颜色偏浅可以直接使用黑色对比；分析2，玉石翡翠是极具中国特色的，使用古朴中国风来突出翡翠气质；分析3，中国风体现大致为文本竖排、国画水墨、黄表纸。

方案展示

通过提炼和制作，我们提供了以下3种方案供客户选择。

客户选择

我最不喜欢的就是方案三，没有突出翡翠的特色，感觉放什么产品都可以；方案一太过暗淡，整体磨灭了玉石的灵动；方案二就比较好，整个画面都有一种通透的感觉。

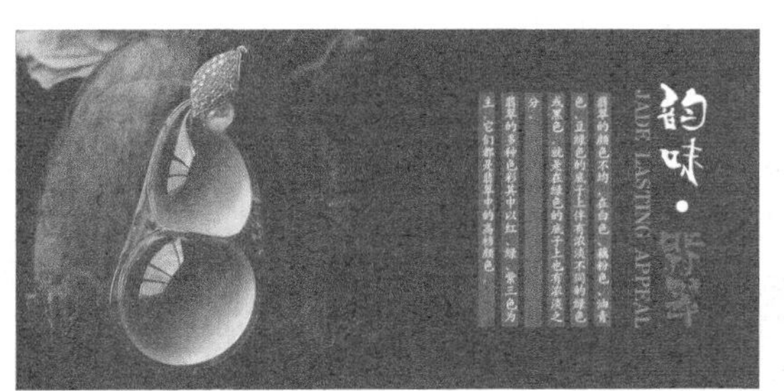

方案一

方案二

方案三

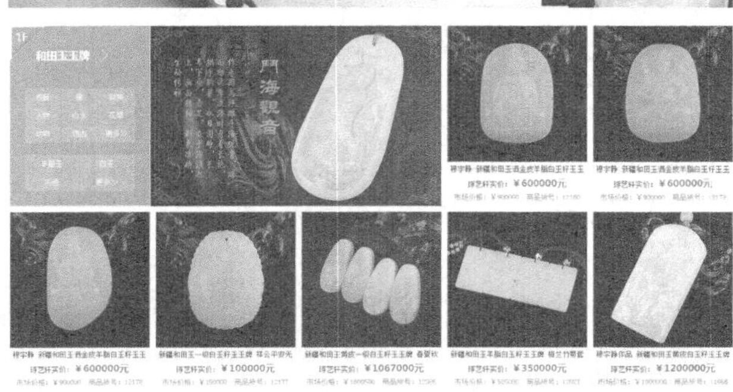

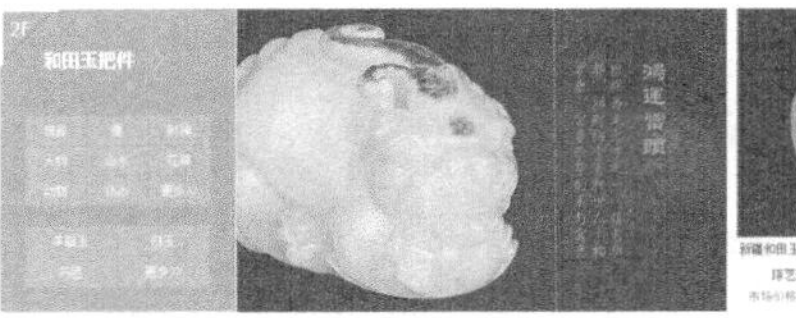

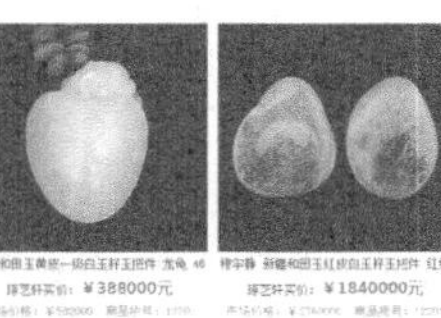

最终定稿的效果图

制作流程

01 按快捷键Ctrl+N新建一个“NO.08”文件，具体参数设置如图4-143所示。

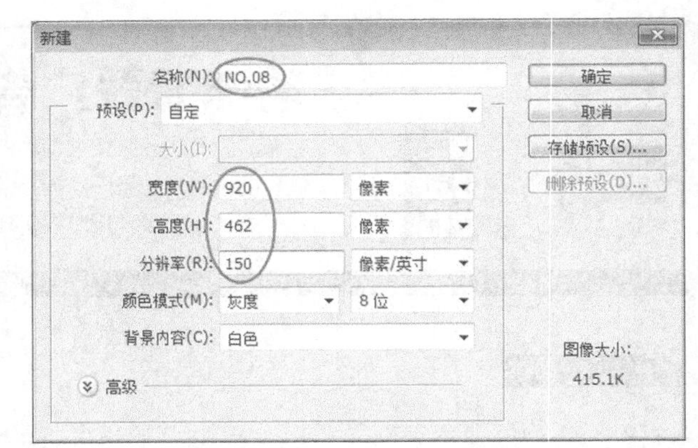

图4-143

02 新建图层，然后设置前景色值为（R:210、G:206、B:203）进行填充，如图4-144所示。接着复制图层，设置图层的【混合模式】为【滤色】，最后添加蒙版，制作出透明渐变效果，如图4-145所示。

图4-144

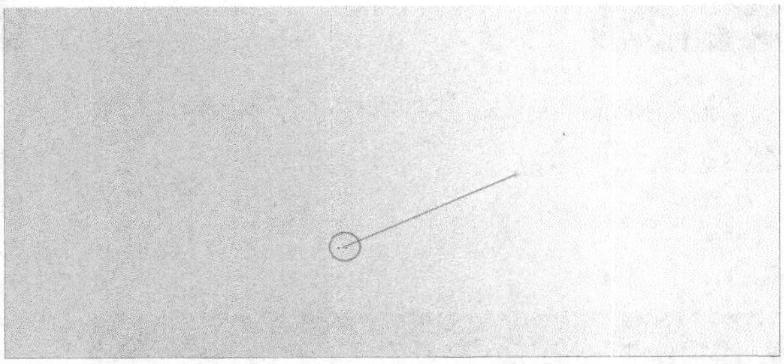

图4-145

03 导入选择的产品图（素材文件\CH04\素材19.jpg），然后调整大小和位置，如图4-146所示。接着使用【橡皮擦工具】模糊边缘，效果如图4-147所示。

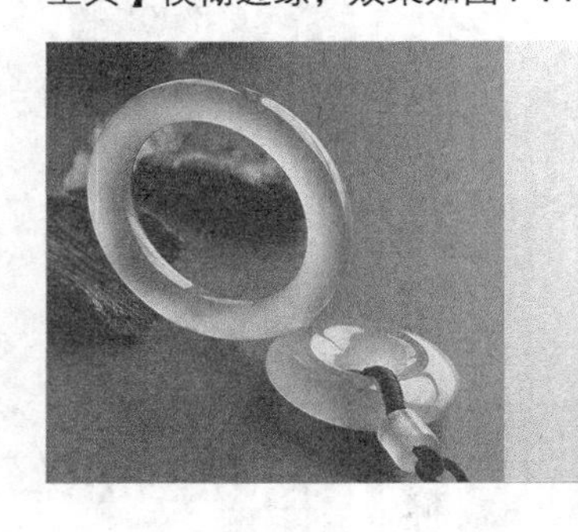

图4-146

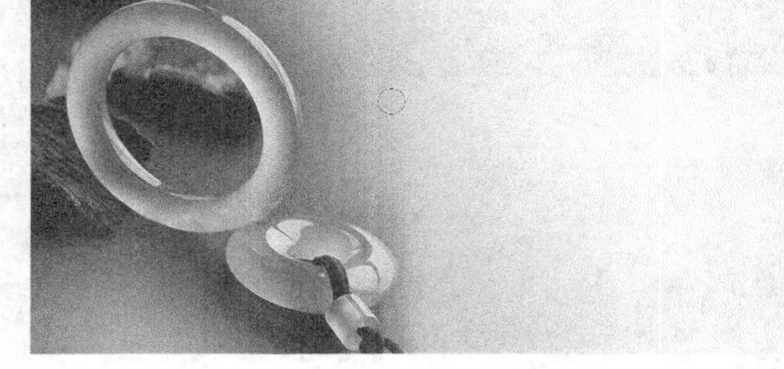

图4-147

04 复制产品图层，然后设置图层的【混合模式】为【滤色】，如图4-148所示。接着复制图层，再设置图层的【混合模式】为【柔光】，如图4-149所示。

图4-148

图4-149

05 导入选择的素材图（素材文件\CH04\素材20.jpg），然后调整大小和位置，如图4-150所示。接着设置图层的【混合模式】为【深色】，如图4-151所示。

图4-150

图4-151

06 单击【橡皮擦工具】，然后设置【不透明度】为50%、【流量】为30%，接着涂抹水墨画的边缘，柔化效果如图4-152所示。

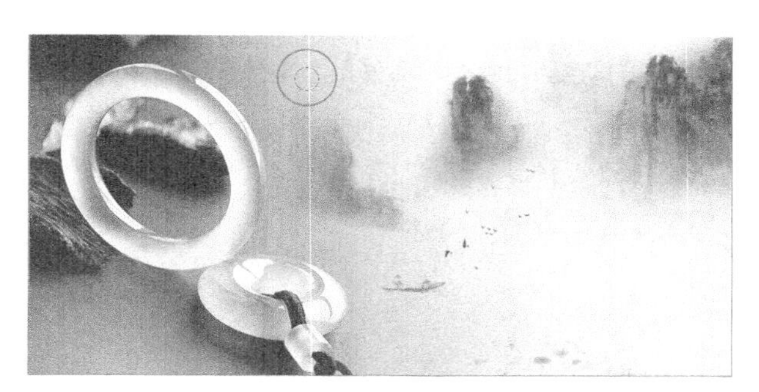

图4-152

07 使用【横排文字工具】输入标题文本，如图4-153所示。然后设置前景色值为（R:6、G:86、B:76）填充后两个文字，如图4-154所示。

图4-153

图4-154

08 设置前景色为红色，然后使用【横排文字工具】输入标题文本，如图4-155所示。

09 设置前景色为黑色，然后使用【直线工具】绘制直线，如图4-156所示。

图4-155

图4-156

10 新建图层，然后使用【多边形套索工具】绘制形状，再填充颜色为黑色，接着设置【不透明度】为80%，如图4-157所示。最后水平复制两个图形，如图4-158所示。

图4-157

图4-158

11 设置前景色为白色，然后使用【横排文字工具】输入文本，如图4-159所示。

12 设置前景色为黑色，然后使用【横排文字工具】输入文本，如图4-160所示。接着设置【不透明度】为50%，最终效果如图4-161所示。

图4-159

图4-160

图4-161

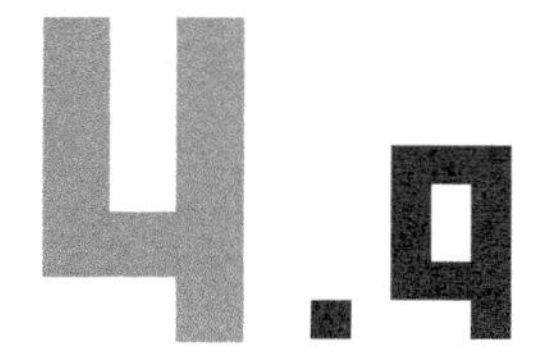

冰川矿泉水广告

您好，我们需要一张首页宣传广告，为新产品冰川水推销，产品照片比较少，还没有具体去拍摄，你看着处理一下，尺寸为1024像素×500像素。

客户李先生

文件位置：光盘>实例文件>CH04>NO.09.psd　视频位置：光盘>多媒体教学>CH04>NO.09. flv　难易指数：★★★★☆

头脑风暴

分析1，客户提供的素材相当少，只挑出一张产品图片可以使用，因此素材处理比较麻烦；分析2，客户产品是冰川水，因此，采取冰山、冰川和浮冰等图片作为背景图；分析3，色彩采取蓝色和黄色对比来衬托产品气质。

方案展示

通过提炼和制作，我们提供了以下3种方案供客户选择。

客户选择

方案一感觉很普通，并没有特别的地方，我不喜欢；方案二背景看上去很像电影大片的感觉，挺高端的说；方案三的话，右边颜色太深，做冰川水的背景不太好，感觉水质有问题。

方案一

方案二

方案三

最终定稿的效果图

制作流程

01 按快捷键Ctrl+N新建一个“NO.09”文件，具体参数设置如图4-162所示。

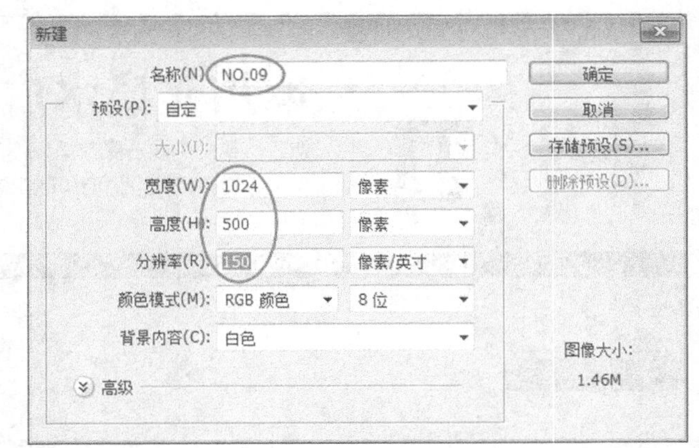

图4-162

02 导入选择的素材图（素材文件\CH04\素材21.jpg），然后调整大小和位置，如图4-163所示。接着为背景添加一个【可选颜色调整图层】，参数设置如图4-164~图4-166所示。效果如图4-167所示。

图4-163

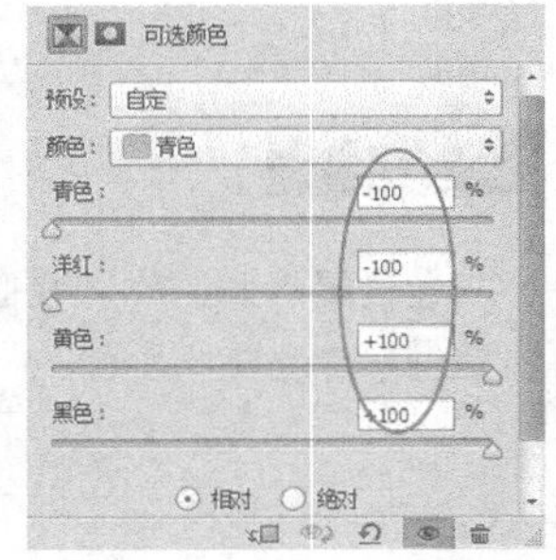

图4-164

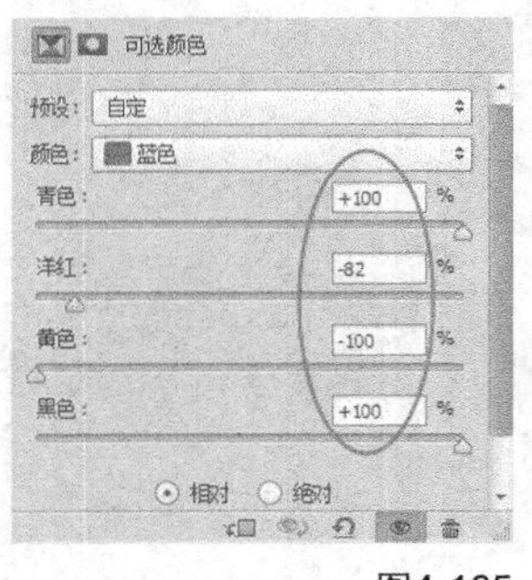

图4-165

图4-166

图4-167

03 为背景添加一个【自然饱和度调整图层】，然后设置【自然饱和度】为60、【饱和度】为30，如图4-168所示。效果如图4-169所示。

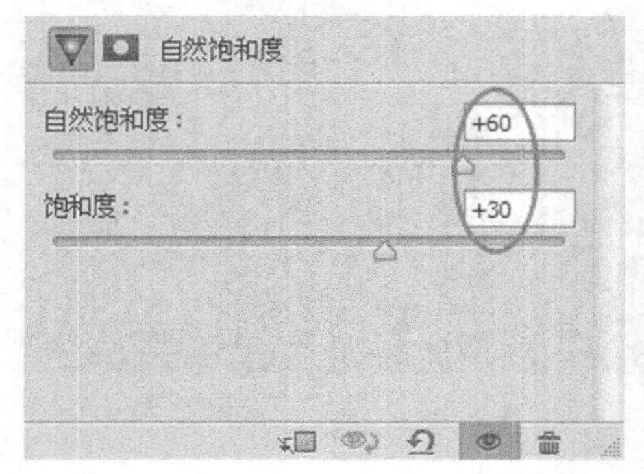

图4-168

图4-169

04 使用【矩形工具】绘制白色矩形，如图4-170所示。然后执行滤镜\模糊\高斯模糊命令，设置【半径】为34像素，如图4-171和图4-172所示。

图4-170

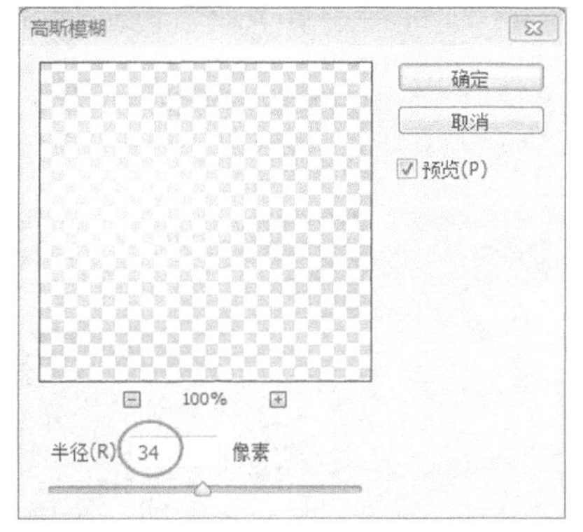

图4-171

图4-172

05 选择合适的产品图片（素材文件\CH04\素材22.jpg）拖曳到软件中，然后使用【魔棒工具】进行抠图，接着将素材拖曳到广告中调整大小，如图4-173所示。

图4-173

06 设置产品图层的【混合模式】为【深色】，如图4-174所示。然后复制图层添加透明度效果，如图4-175和图4-176所示。

图4-174

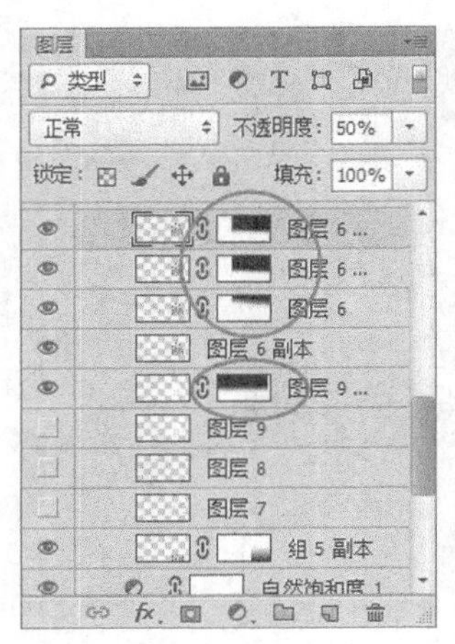

图4-175

图4-176

07 复制产品图层，然后垂直翻转拖曳到原来产品的下方，如图4-177所示。接着添加一个图层蒙版，再使用【渐变工具】制作出线性渐变透明效果，如图4-178所示。

图4-177

图4-178

08 导入冰块素材（素材文件\CH04\素材23.jpg），然后进行抠图，接着将素材复制拖曳到合适的位置调整大小，效果如图4-179所示。

图4-179

09 设置前景色值为（R:0、G:13、B:114），然后使用【矩形工具】绘制矩形，接着使用【横排文字工具】输入文本，如图4-180和图4-181所示。

图4-180

图4-181

10 使用【多边形套索工具】绘制形状选区，然后使用前景色进行填充，如图4-182所示。接着使用【横排文字工具】输入文本，如图4-183所示。

图4-182

图4-183

11 使用【矩形选框工具】绘制形状，然后设置前景色值为（R:9、G:15、B:65）进行填充，效果如图4-184所示。

12 使用【横排文字工具】输入广告语文本，然后选中下方的文本，设置前景色值为（R:23、G:43、B:88）进行填充，效果如图4-185所示。

图4-184

图4-185

13 使用【横排文字工具】输入段落文本，如图4-186所示。然后使用【矩形工具】在文本下方绘制白色矩形，接着调整【不透明度】为50%，如图4-187和图4-188所示。

图4-186

图4-187

图4-188

14 设置前景色为黄色，然后使用【矩形工具】绘制矩形并填充，如图4-189所示。接着调整图层的【混合模式】为【正片叠底】，如图4-190所示。

图4-189

图4-190

15 使用同样的方法绘制黄色矩形，如图4-191所示。然后添加一个图层蒙版，再使用【渐变工具】制作出对称渐变透明效果，如图4-192所示。

图4-191

图4-192

16 使用【横排文字工具】在黄色矩形中输入广告语文本，最终效果如图4-193所示。

图4-193

4.10 品牌女装广告

您好，我需要一张品牌宣传广告，我们代购的是哈维时尚女装品牌，商品很多，不需要宣传具体产品，宣传哈维这个品牌就好了，最好视觉感受强烈点、效果明显点，尺寸为920像素×642像素。

客户田女士

文件位置：光盘>实例文件>CH04>NO.10.psd　视频位置：光盘>多媒体教学>CH04>NO.10. flv　难易指数：★★★☆☆

头脑风暴

分析1，客户经营品牌女装，广告风格需要具备女性魅力；分析2，大致浏览了一下客户店里的商品，属于颜色艳丽、女人味很足的类型；分析3，客户要求视觉感强烈，再根据商品类型，我们选取颜色亮丽对比强烈的颜色为主色调。

方案展示

通过提炼和制作，我们提供了以下3种方案供客户选择。

方案一

方案二

方案三

客户选择

第一眼方案二就跳入了眼帘，颜色亮丽又具有女性魅力，很符合我的胃口；方案三也不错，但是比起方案二还是稍微差了点；方案一没法和方案二相比。

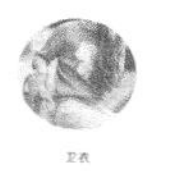

最终定稿的效果图

制作流程

01 按快捷键Ctrl+N新建一个“NO.10”文件，具体参数设置如图4-194所示。

02 导入选择的背景图（素材文件\CH04\素材25.jpg），然后将其拖曳到合适的位置并调整大小，效果如图4-195所示。

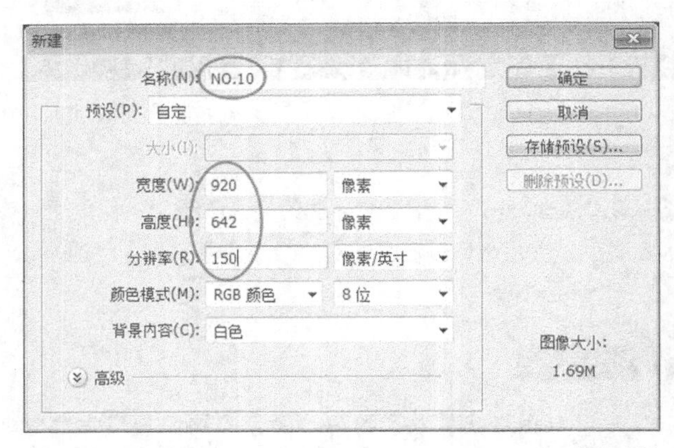

图4-194

图4-195

03 为背景添加一个【亮度/对比度】调整图层，然后设置【亮度】为50、【对比度】为-50，如图4-196所示。接着添加一个【自然饱和度】调整图层，再设置【自然饱和度】为100、【饱和度】为-20，如图4-197所示。

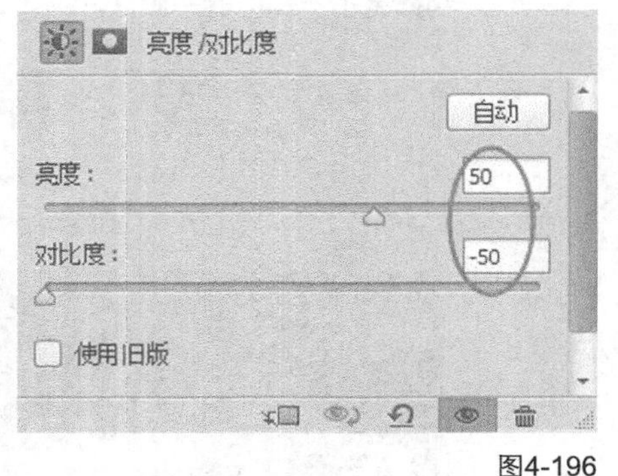

图4-196

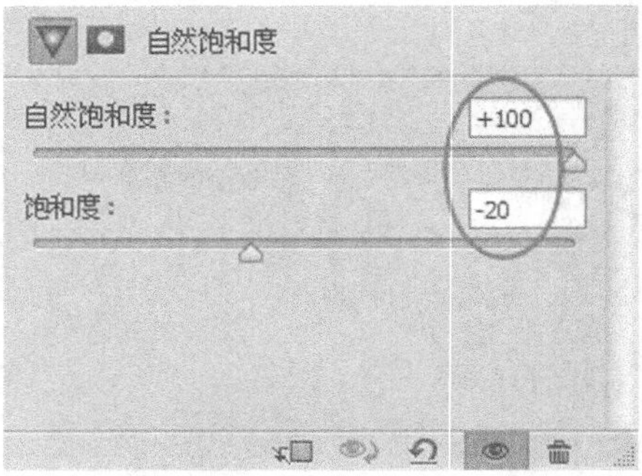

图4-197

04 再次添加一个【自然饱和度调整图层】，设置【自然饱和度】为100，使背景颜色更加鲜艳，如图4-198和图4-199所示。

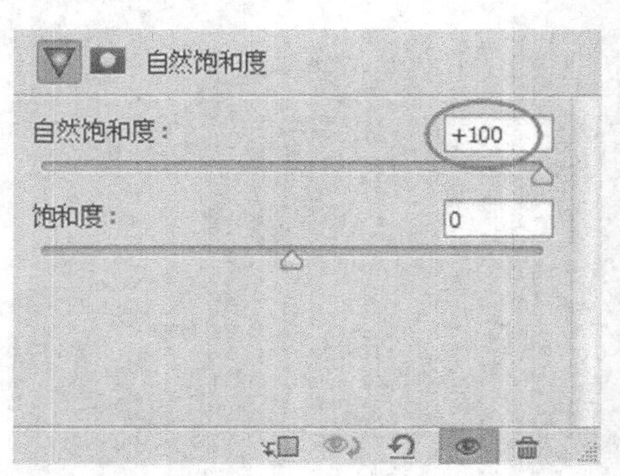

图4-198

图4-199

05 使用【横排文字工具】输入品牌文本，然后进行旋转，如图4-200所示。接着设置图层的【混合模式】为【排除】，如图4-201所示。

图4-200

图4-201

06 新建图层，然后使用【多边形套索工具】绘制形状，再调整前景色值为（R:255、G:0、B:192）进行填充，如图4-202所示。接着设置图层的【混合模式】为【线性减淡（添加）】、【不透明度】为50%，如图4-203所示。

图4-202

图4-203

07 新建图层，然后使用【多边形套索工具】绘制形状，再调整前景色为黄色进行填充，如图4-204所示。接着设置图层的【混合模式】为【划分】、【不透明度】为80%，如图4-205所示。

图4-204

图4-205

08 新建图层，然后使用【多边形套索工具】绘制形状，再调整前景色值为（R:0、G:247、B:255）进行填充，如图4-206所示，接着设置图层的【混合模式】为【亮光】、【不透明度】为20%，如图4-207所示。

图4-206

图4-207

09 使用【横排文字工具】输入广告语文本，然后设置图层的【混合模式】为【颜色减淡】、【不透明度】为65%，如图4-208所示。

10 使用【横排文字工具】输入广告语文本，然后设置图层的【混合模式】为【颜色减淡】、【不透明度】为80%，如图4-209所示。

图4-208

图4-209

11 使用【横排文字工具】输入文本，然后设置图层的【混合模式】为【亮光】、【不透明度】为65%，如图4-210所示。

图4-210

灵活地运用图层混合模式可以带来独特的炫彩效果，也可以柔和效果。

12 设置前景色为黑色，然后选择【矩形工具】绘制矩形，如图4-211所示，接着设置前景色值为（R:255、G:0、B:192），最后使用【横排文字工具】输入广告语文本，最终效果如图4-212所示。

图4-211

图4-212

4.11 马术俱乐部广告

您好，我们是马术俱乐部的，需要在马术协会网站上做一个宣传广告，最好做出来也可以放在销售类网站上进行宣传，风格柔美灵动点，尺寸为950像素×400像素。

客户陈先生

文件位置：光盘>实例文件>CH04>NO.11.psd　　视频位置：光盘>多媒体教学>CH04>NO.11. flv　　难易指数：★★★☆☆

头脑风暴

分析1，客户要求风格柔美灵动，所以不能选男性人物素材，可以选取美女与马的摄影；分析2，根据风格确定马匹的选择尽量避免深毛色的，浅毛色才会有柔美的感觉；分析3，采取偏向于小清新或者梦幻感受的色彩来衬托俱乐部气质。

方案展示

通过提炼和制作，我们提供了以下3种方案供客户选择。

方案一

方案二

方案三

客户选择

方案一给人感觉很梦幻，也具有灵性，唯一不足的是颜色的搭配会有阴暗神秘的感觉；方案二人物和马匹的选择我很满意，表达出人与马的交流，也不失灵动和柔美，很不错；方案三灵动感十足，但是更像是比赛之类的宣传，不如方案二。

最终定稿的效果图

制作流程

01 按快捷键Ctrl+N新建一个“NO.11”文件，具体参数设置如图4-213所示。

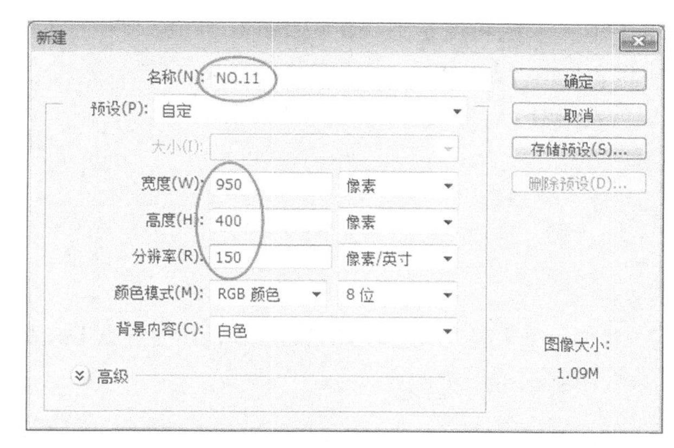

图4-213

02 导入选择的背景图（素材文件\CH04\素材26.jpg），然后将其拖曳到合适的位置调整大小，如图4-214所示。接着使用前面使用的方法补全背景图片，如图4-215所示。

图4-214　　图4-215

03 为背景添加一个【可选颜色】调整图层，参数设置如图4-216~图4-221所示。

图4-216

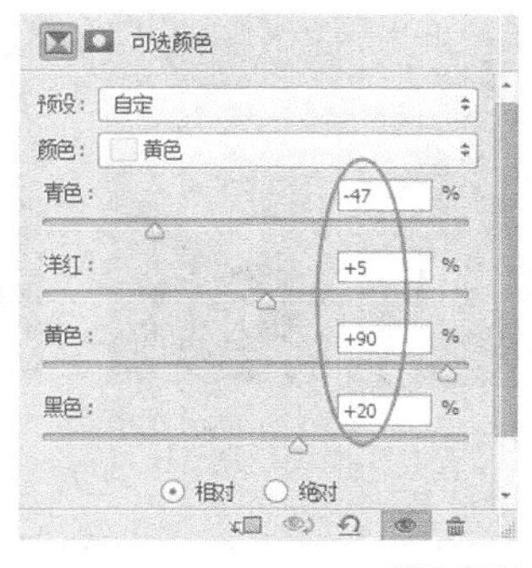

图4-217

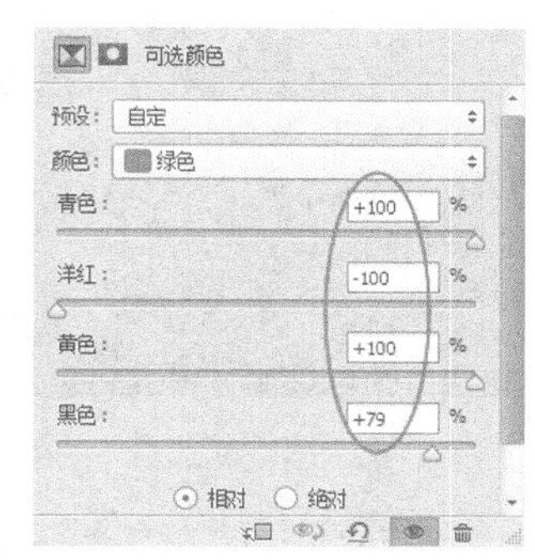

图4-218

图4-219

图4-220

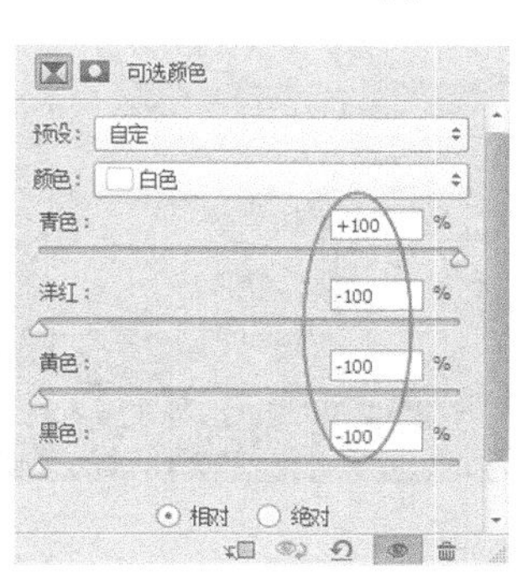

图4-221

04 添加一个【自然饱和度】调整图层，然后设置【自然饱和度】为100、【饱和度】为-28，如图4-222所示。接着添加一个【色彩平衡调整图层】，参数设置如图4-223所示。

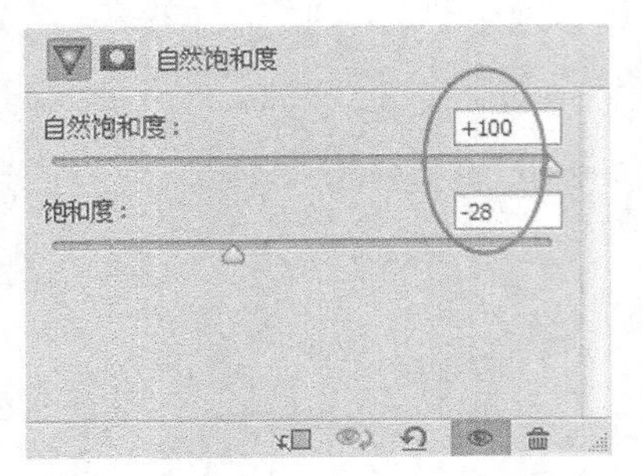

图4-222

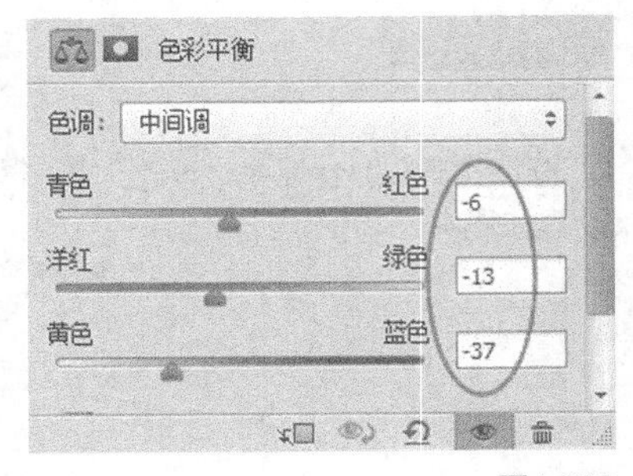

图4-223

05 添加一个【亮度/对比度调整图层】，然后设置【亮度】为12、【对比度】为30，如图4-224所示。最后调整出的效果如图4-225所示。

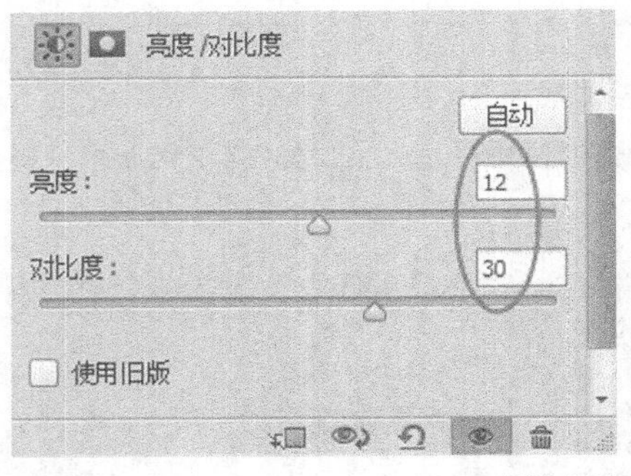

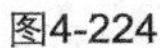

图4-224

图4-225

06 设置前景色为黑色，然后使用【直线工具】绘制斜线，效果如图4-226所示。接着将直线图层编组，再调整图层的【混合模式】为【柔光】，如图4-227所示。

图4-226

图4-227

07 复制直线并编组，然后移动位置形成错位效果，如图4-228所示。接着调整图层的【混合模式】为【划分】、【不透明度】为20%，如图4-229所示。

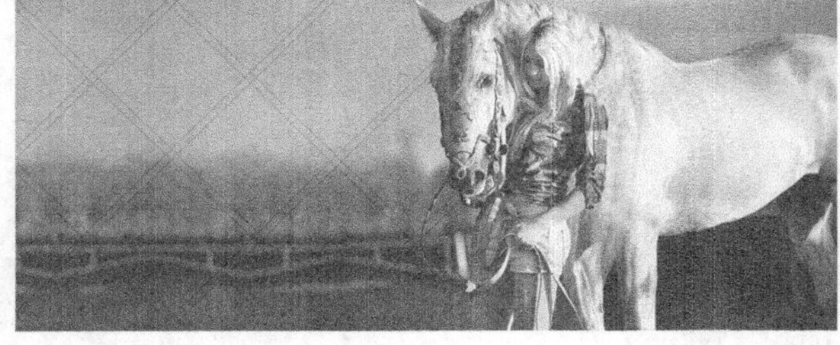

图4-228

图4-229

08设置前景色为黑色，然后使用【椭圆工具】绘制椭圆，如图4-230所示。接着调整图层的【混合模式】为【柔光】、【不透明度】为50%，如图4-231所示。

图4-230

图4-231

09使用【横排文字工具】输入广告语文本，如图4-232所示。然后使用【多边形套索工具】沿着文本绘制形状，接着设置前景色值为（R:255、G:254、B:208）进行填充，如图4-233所示。

图4-232

图4-233

10选中填充的图层，然后添加一个图层蒙版，使用【渐变工具】制作出线性渐变透明效果，如图4-234所示。

图4-234

11使用【直线工具】绘制直线，如图4-235所示。然后使用【横排文字工具】在直线下面输入广告语文本，如图4-236所示。

图4-235

图4-236

12 使用【矩形工具】绘制黑色矩形，如图4-237所示。然后调整【不透明度】为50%，如图4-238所示。

图4-237

图4-238

13 设置前景色值为（R:183、G:209、B:162），然后使用【横排文字工具】在矩形内部输入文本，如图4-239所示。接着设置前景色值为（R:218、G:198、B:128），再输入文本，如图4-240所示。

图4-239

图4-240

14 使用【直线工具】在底部文本的两边绘制直线，最终效果如图4-241所示。

图4-241

4.12 冰箱广告

我们经营的是一款性价比很高的品牌冰箱，需要一张首页宣传广告，效果要高端大气，能很好地推出这款产品。这款冰箱有3种样式，广告中展示哪一款都可以，尺寸为920像素×642像素。

客户毛女士

文件位置：光盘>实例文件>CH04>NO.12.psd　视频位置：光盘>多媒体教学>CH04>NO.12. flv　难易指数：★★☆☆☆

头脑风暴

分析1，客户提供的产品照片包括情景产品摄影和单一产品摄影两大类，要符合客户要求突出高端大气的特色，我们选取了两张很不错的情景照片；分析2，这款冰箱的特点包括外形大气简约、节能省电、保鲜度高和无霜冷冻等；分析3，根据分析，我们选取了保鲜、无霜、大气3个特征进行设计。

方案展示

通过提炼和制作，我们提供了以下3种方案供客户选择。

方案一

方案二

方案三

客户选择

方案三感觉很普通很常见，没有特别的地方；与方案一相比，方案二的图片给人舒适高端的感觉；方案一比较温馨家庭化，我还是比较喜欢高端的感觉，就用方案二吧。

最终定稿的效果图

制作流程

01 按快捷键Ctrl+N新建一个“NO.12”文件，具体参数设置如图4-242所示。

02 导入选择的背景图（素材文件\CH04\素材27.jpg），然后将其拖曳到合适的位置调整大小，效果如图4-243所示。

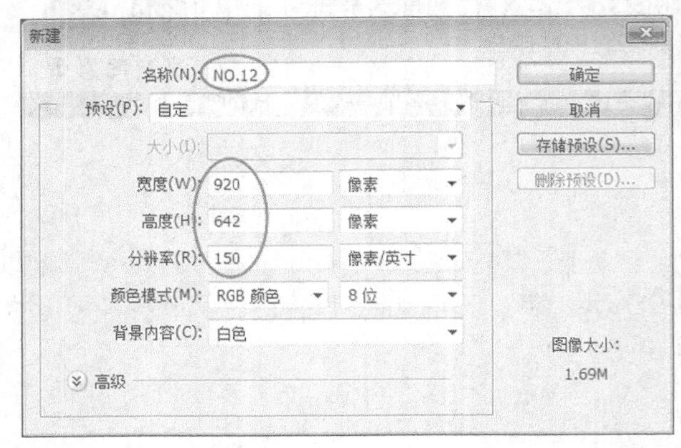

图4-242

图4-243

03 导入标志素材（素材文件\CH04\素材28.jpg），然后抠出标志再拖曳到合适的位置调整大小，接着设置图层的【混合模式】为【强光】，效果如图4-244所示。

04 设置前景色为红色，然后使用【横排文字工具】输入冰箱名称，接着调整位置和大小，如图4-245所示。

图4-244

图4-245

05 设置前景色为黑色，然后使用【横排文字工具】输入广告宣传文本，接着调整位置和大小，如图4-246所示。最后调整文本在图中的位置，效果如图4-247所示。

图4-246

图4-247

06 设置前景色为白色，然后使用【矩形工具】在文本下方绘制矩形，接着设置【不透明度】为50%，如图4-248所示。

举一反三

在比较花哨的背景图上添加说明文字时，尽量在文本下方添加一些纯色效果来衬托文本，使访问者能清晰地浏览文本。

图4-248

07 下面为矩形添加模糊效果，执行滤镜\模糊\高斯模糊命令，设置【半径】为9像素，如图4-249和图4-250所示。

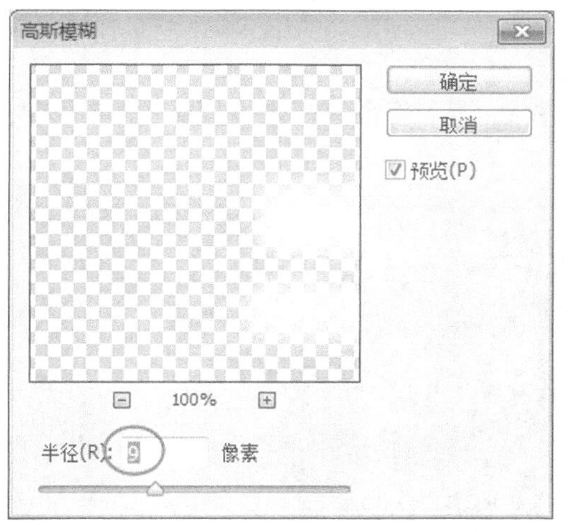

图4-249

图4-250

08 使用【矩形工具】在画面的下方绘制白色矩形，然后设置【不透明度】为80%，如图4-251所示。

09 新建空白图层，然后使用【多边形套索工具】绘制选取形状，接着设置前景色值为（R:59、G:33、B:13）进行填充，效果如图4-252所示。

图4-251

图4-252

10 设置前景色为白色，然后使用【横排文字工具】输入广告语文本，如图4-253所示。

11 设置前景色值为（R:40、G:17、B:2），然后使用【横排文字工具】输入广告语文本，接着调整文本的位置和大小，效果如图4-254所示。

图4-253

图4-254

12 设置前景色值为（R:89、G:73、B:63），然后使用【椭圆工具】绘制正圆，接着将绘制的正圆拖曳到说明文本前面，最终效果如图4-255所示。

图4-255

4.13 儿童绘画培训广告

您好，我们想为培训机构做一张网络宣传广告，推荐我们机构的新项目“儿童绘画培训”，希望广告能做出儿童天真可爱的效果，尺寸为920像素×462像素。

客户陈女士

文件位置：光盘>实例文件>CH04>NO.13.psd　　视频位置：光盘>多媒体教学>CH04>NO.13. flv　　难易指数：★★★★☆

头脑风暴

分析1，客户提供的儿童素材很全面，我选取一个小女孩为基础人物进行设计；分析2，儿童绘画作品大多天马行空，极富有想象力，因此我选取手绘城市进行设计；分析3，应客户要求，我们采取艳丽饱满的颜色来突出儿童的天真可爱。

方案展示

通过提炼和制作，我们提供了以下3种方案供客户选择。

方案一

方案二

方案三

客户选择

方案一感觉很柔和很可爱；方案二背景看上去没有另外两个颜色好看，儿童不太适合黑白颜色；方案三的话，颜色活泼度很足，不过我还是喜欢方案一。

最终定稿的效果图

制作流程

01 按快捷键Ctrl+N新建一个“NO.13”文件，具体参数设置如图4-256所示。

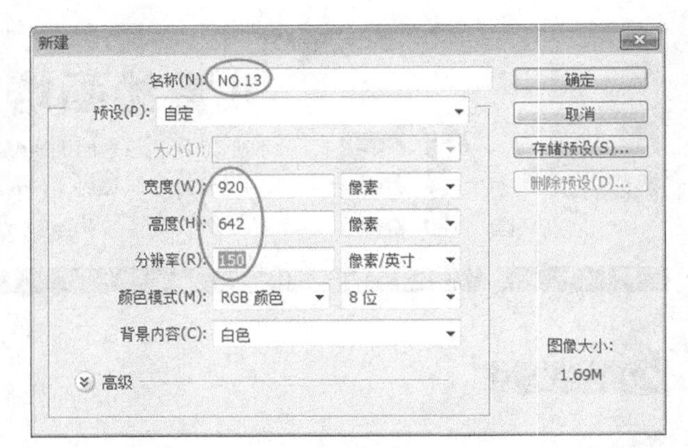

图4-256

02 导入选择的人物素材图（素材文件\CH04\素材29.jpg），然后将其拖曳到合适的位置调整大小，效果如图4-257所示。

03 新建图层，然后设置前景色值为（R:202、G:246、B:149），接着使用【画笔工具】绘制天空图像，如图4-258所示。

图4-257

图4-258

04 导入选择的素材图片（素材文件\CH04\素材30.jpg），然后将其拖曳到页面中调整大小，接着设置图层的【混合模式】为【正片叠底】，效果如图4-259所示。

05 导入标题（素材文件\CH04\素材31.jpg），然后将其拖曳到页面中调整大小，如图4-260所示。

图4-259

图4-260

06 将文本载入选区，然后单击【渐变工具】，在【渐变编辑器】中调整渐变色，参数设置如图4-261所示。接着制作出渐变效果，如图4-262所示。

图4-261

图4-262

07 选中文本图层，然后执行图层\图层样式\描边命令，参数设置如图4-263所示。效果如图4-264所示。

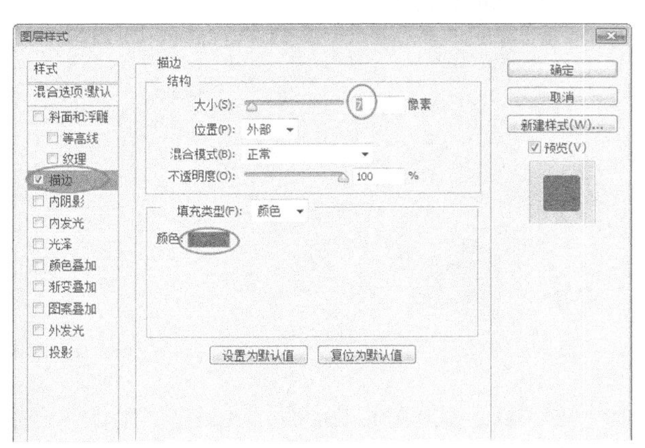

图4-263

图4-264

08 分别选中文字进行旋转和排列，如图4-265所示。然后将文本样式栅格化，接着执行图层\图层样式\描边命令，再设置【大小】为3像素，其他参数不变，效果如图4-266所示。

图4-265

图4-266

09 导入选择的素材（素材文件\CH04\素材32.psd），然后分别将其拖曳到合适的位置调整角度，效果如图4-267和图4-268所示。

图4-267

图4-268

10 导入选择的素材（素材文件\CH04\素材33.psd），然后分别将其拖曳到合适的位置调整角度，效果如图4-269所示。

图4-269

举一反三

在制作可爱风格的标题文本时，可以选取一些同风格的素材进行装饰，但是不宜过多、过杂，把握好度就可以了。

11 设置前景色值为（R:255、G:144、B:0），然后使用【横排文字工具】输入文本，如图4-270所示。接着执行图层\图层样式\外发光命令，参数设置如图4-271所示。效果如图4-272所示。

图4-270

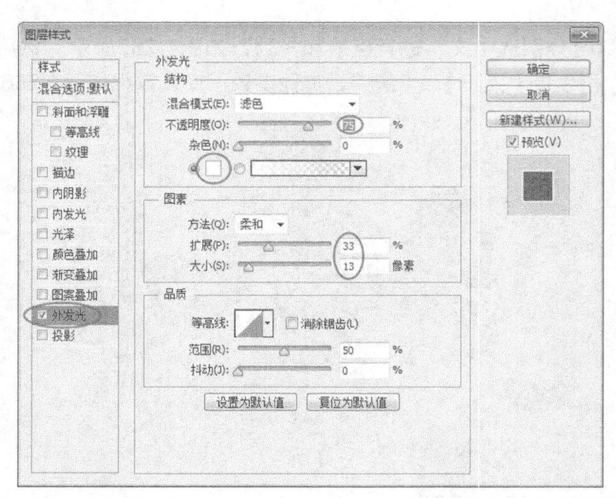

图4-271

图4-272

12 设置前景色值为（R:136、G:62、B:135），然后使用【横排文字工具】输入文本，接着复制黄色文字的图层样式到文本图层上，最终效果如图4-273所示。

图4-273

4.14 游乐场广告

您好，我们游乐园需要一张首页宣传广告，以前的广告太久没换了，我们这边其他活动广告都有，只需要一个整体宣传的广告，文字不多，最好能长期使用，尺寸为800像素×588像素。

客户单先生

文件位置：光盘>实例文件>CH04>NO.14.psd　视频位置：光盘>多媒体教学>CH04>NO.14. flv　难易指数：★★★☆☆

头脑风暴

分析1，客户提供的照片大多是娱乐项目的图片，因此选取一些带有刺激感和浪漫感的图片进行备用；分析2，客户要求长期使用同一个广告，需要注意整体宣传效果是不是符合长期要求，因此，我们将客户提供的内容进行加工；分析3，色彩采取蓝色和黄色对比来衬托娱乐氛围。

方案展示

通过提炼和制作，我们提供了以下3种方案供客户选择。

方案一

方案二

方案三

客户选择

方案一颜色偏暗，给人感觉怪怪的有点恐怖气氛，不是很好；方案二感觉还不错，挺鲜亮挺好看的；方案三比较非主流，有点浪漫的感觉，但是娱乐刺激的感觉几乎没有，就要方案二吧。

最终定稿的效果图

制作流程

01 按快捷键Ctrl+N新建一个“NO.14”文件，具体参数设置如图4-274所示。

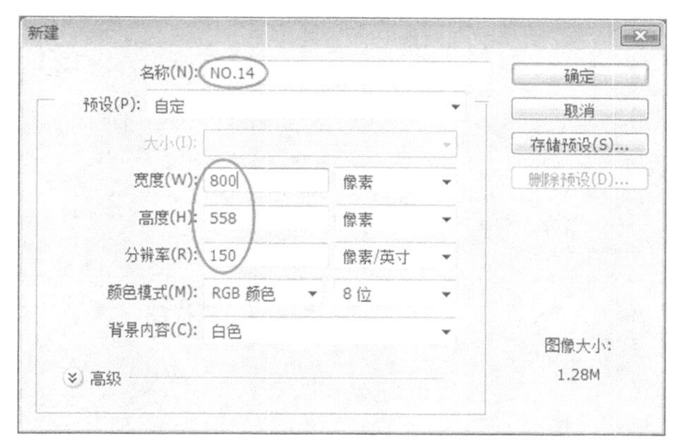

图4-274

02 新建图层，然后设置前景色值为（R:45、G:85、B:213）进行填充，如图4-275所示。

03 导入选择的背景图（素材文件\CH04\素材34.jpg），然后将其拖曳到合适的位置调整大小，接着复制图层，如图4-276所示。

图4-275

图4-276

04 选中下面的背景图层，然后执行滤镜\模糊\高斯模糊命令，设置【半径】为8像素，效果如图4-277所示。

05 分别选中两个背景为其添加蒙版，然后使用【渐变工具】制作出透明度效果，如图4-278所示。

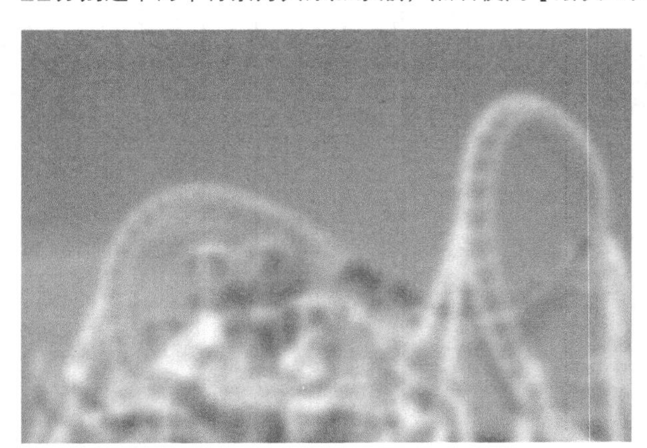

图4-277

图4-278

06 下面调整背景颜色。为背景添加一个【可选颜色】调整图层，参数设置如图4-279~图4-283所示。效果如图4-284所示。

图4-279

图4-280

图4-281

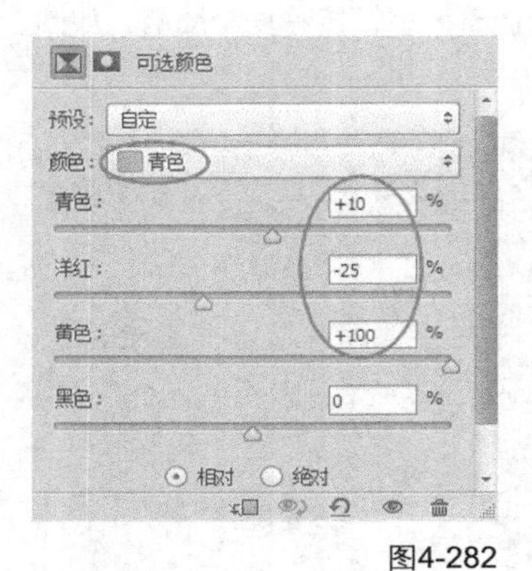

图4-282

图4-283

图4-284

07 导入标题（素材文件\CH04\素材35.jpg），然后将其拖曳到合适的位置调整大小，效果如图4-285所示。

08 将文本载入选区，然后单击【渐变工具】，在【渐变编辑器】中进行调整，参数设置如图4-286所示。接着制作出渐变效果，如图4-287所示。

图4-285

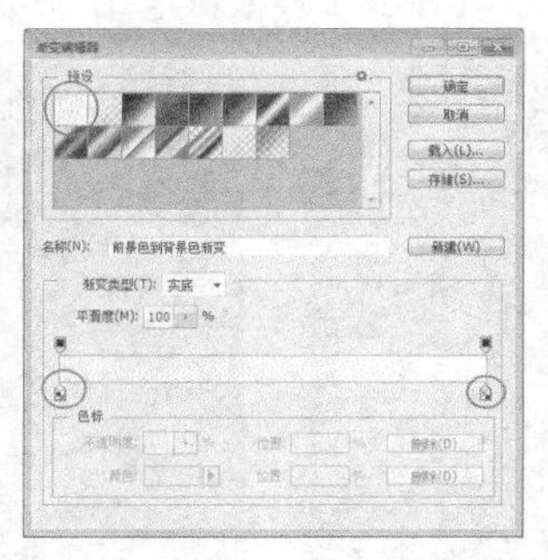

图4-286

图4-287

09 选中文本图层，然后执行图层\图层样式\斜面和浮雕命令，参数设置如图4-288和图4-289所示。效果如图4-290所示。

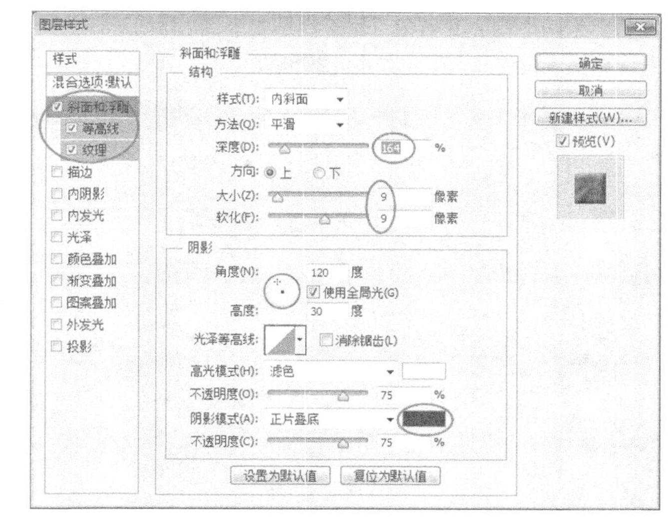

图4-288

举一反三

在制作有质感的广告文本时，可以适当地添加一些立体质感，达到与广告内容呼应的效果。

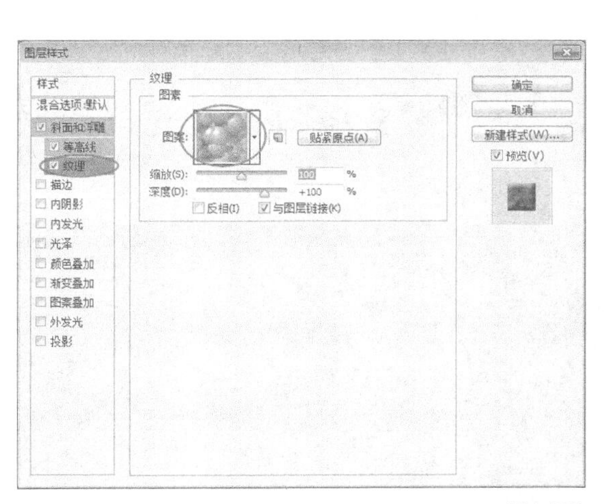

图4-289

图4-290

10 执行图层\图层样式\描边命令，参数设置如图4-291所示。效果如图4-292所示。

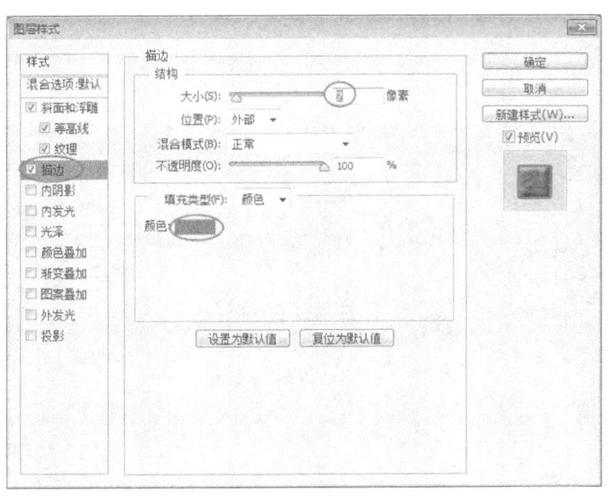

图4-291

图4-292

11 将文本图层样式栅格化，然后执行图层\图层样式\描边命令，参数设置如图4-293所示。效果如图4-294所示。接着调整文字位置和角度，如图4-295所示。

12 使用【横排文字工具】输入文本，如图4-296所示。然后打开【创建文字变形】，参数设置如图4-297所示。效果如图4-298所示。

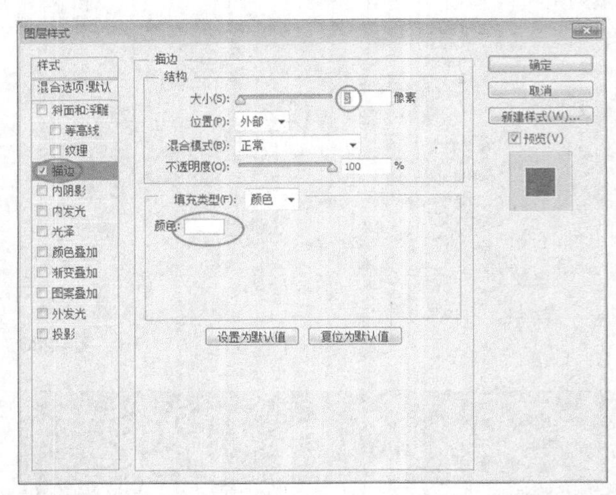

图4-293

图4-294

图4-295

图4-296

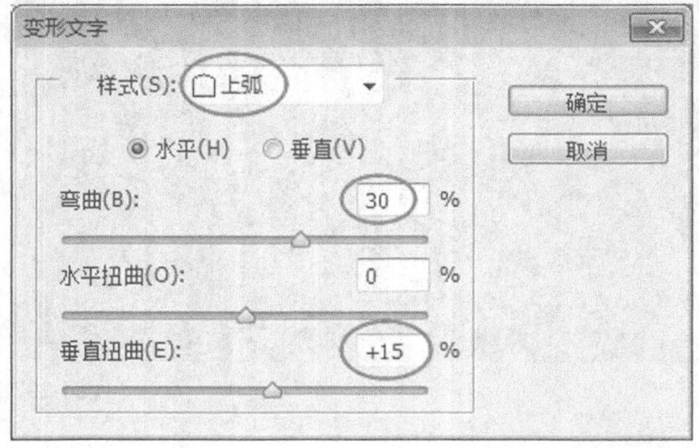

图4-297

图4-298

13 选中文本图层，然后执行图层\图层样式\描边命令，参数设置如图4-299所示。效果如图4-300所示。

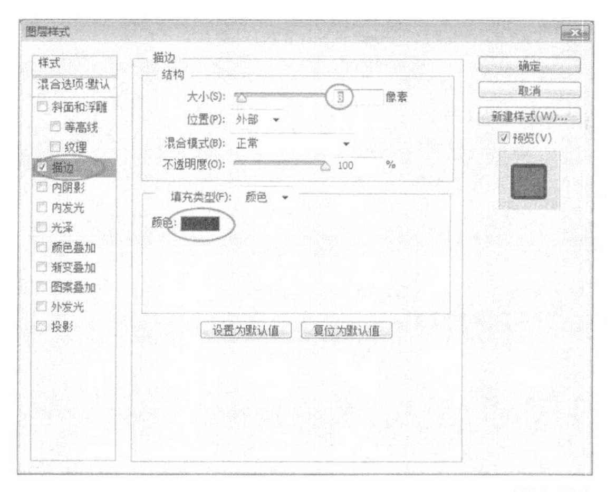

图4-299

图4-300

14 将文本图层样式栅格化，然后执行图层\图层样式\描边命令，参数设置如图4-301所示。效果如图4-302所示。标题就做好了。

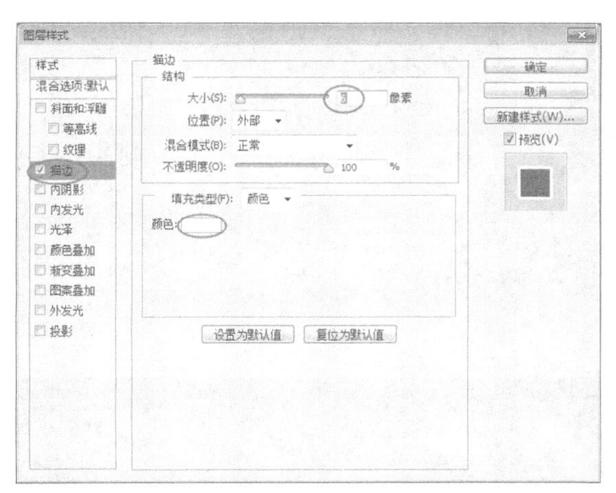

图4-301

图4-302

15 设置前景色为白色，然后使用【矩形工具】绘制矩形，接着设置【不透明度】为50%，如图4-303所示。

图4-303

举一反三

在比较花哨的背景图上绘制纯色文本区域时，应该适当地调整透明度，露出下方的背景效果才更好。

16 使用【横排文字工具】输入广告语文本，然后执行图层\图层样式\描边命令，参数设置如图4-304所示。效果如图4-305所示。

17 设置前景色为黄色，然后使用【横排文字工具】输入广告语文本，接着设置前景色为红色，最后填充数字颜色，效果如图4-306所示。

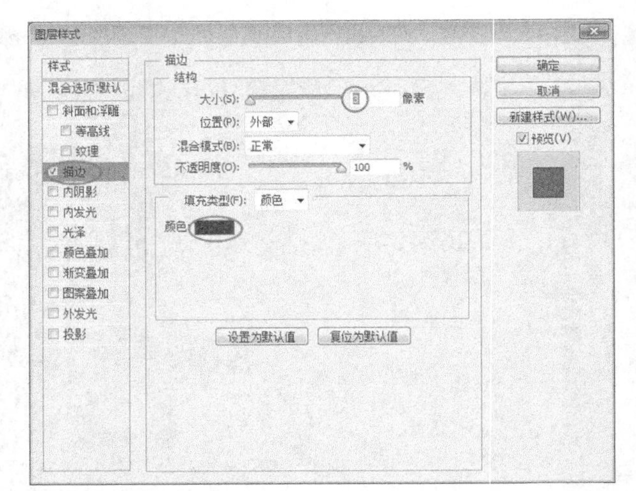

图4-304

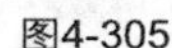
图4-305

图4-306

18 选中文本图层，然后将白色文本上的图层样式复制过来，最终效果如图4-307所示。

图4-307

4.15 冰淇淋甜品店广告

我们需要一张宣传冰淇淋甜品的广告，一定要体现夏季冰爽的感觉，并且还要能勾起人的食欲，尺寸为1181像素×558像素。我这边有几张摄影大图，其他的素材你只能自己找了。

客户梁先生

文件位置：光盘>实例文件>CH04>NO.15.psd　视频位置：光盘>多媒体教学>CH04>NO.15. flv　难易指数：★★★★☆

头脑风暴

分析1，客户提供的素材相当少，我们从网上找到一些矢量素材和背景纹理来进行设计；分析2，夏季冰淇淋给人以清凉可口的感觉，因此使用颜色大多为冷色调，应使用一些暖色进行点缀；分析3，为了提高观者的食欲，我们尽量选取纯度高的颜色。

方案展示

通过提炼和制作，我们提供了以下3种方案供客户选择。

方案一

方案二

方案三

客户选择

方案一感觉清凉度不高，但是有绿色食品的感觉；方案二的感觉不错，既清凉又体现出冰淇淋的浓郁；方案三有种巧克力的感觉，很香醇但是不清凉。

最终定稿的效果图

制作流程

01按快捷键Ctrl+N新建一个“NO.15”文件，具体参数设置如图4-308所示。

02导入选择的背景素材（素材文件\CH04\素材36.jpg），然后将其拖曳到合适的位置调整大小，接着使用【橡皮工具】涂抹边缘，效果如图4-309所示。

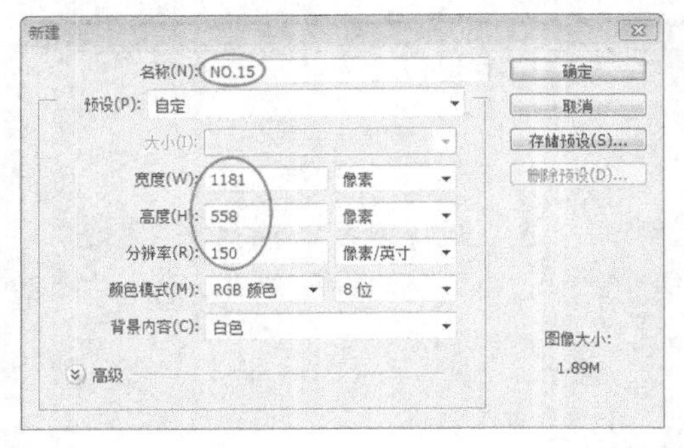

图4-308

图4-309

03选中素材，然后更改【不透明度】为50%，如图4-310所示。接着导入选择的背景素材（素材文件\CH04\素材37.jpg），如图4-311所示。

图4-310

图4-311

04为素材添加一个图层蒙版，然后使用【渐变工具】制作出线性渐变透明效果，如图4-312所示。

图4-312

05 使用【横排文字工具】输入文本，然后旋转角度，如图4-313所示。接着执行图层\图层样式\描边命令，参数设置如图4-314所示。效果如图4-315所示。

图4-313

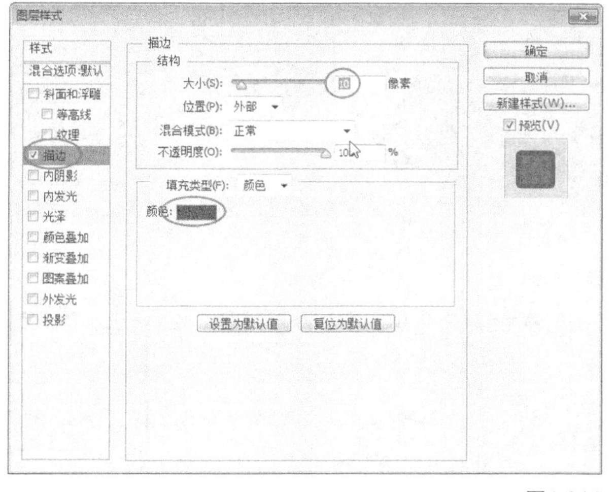

图4-314

图4-315

06 继续使用图片（素材文件\CH04\素材36.jpg），将其置于文字的上面，然后创建剪切模板，效果如图4-316所示。

07 导入选择的素材（素材文件\CH04\素材38.psd），然后拖曳到合适的位置调整大小，如图4-317所示。接着执行图层\图层样式\描边命令，参数设置如图4-318所示。效果如图4-319所示。

图4-316

图4-317

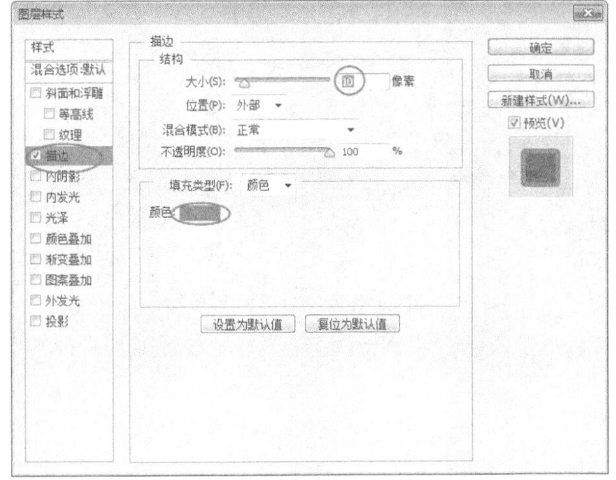

图4-318

图4-319

08 导入选择的素材（素材文件\CH04\素材39.psd），然后将浪花拖曳到合适的位置调整大小，如图4-320所示。

图4-320

09 将树拖曳到文本的后面，如图4-321所示。然后执行图层\图层样式\描边命令，参数设置如图4-322所示。效果如图4-323所示。

图4-321

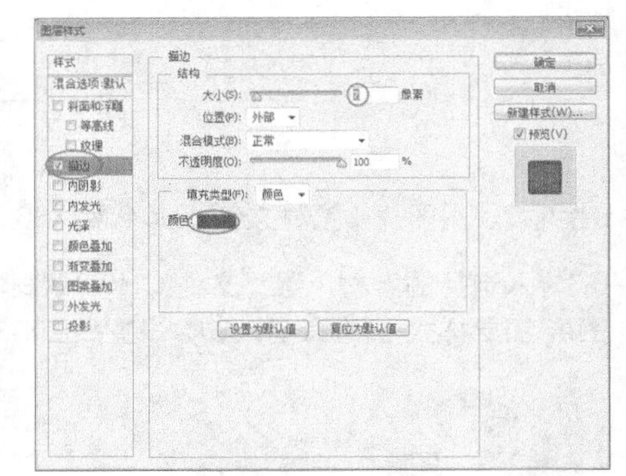

图4-322

图4-323

10 复制椰子树图层，然后进行调整，如图4-324所示。接着设置前景色为黄色，再使用【横排文字工具】输入广告语文本，如图4-325所示。

图4-324

举一反三

在花哨的背景图上拼接文本素材时，可以复制文本的样式进行分割，如“描边”“外发光”等。

图4-325

11 选中文本图层，然后执行图层\图层样式\描边命令，参数设置如图4-326所示。效果如图4-327所示。

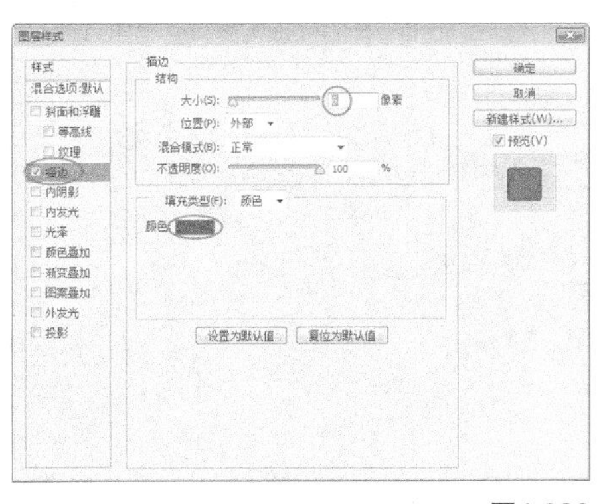

图4-326

图4-327

12 使用【横排文字工具】输入广告语文本，然后设置图层的【混合模式】为【颜色加深】，如图4-328所示。

图4-328

13 设置前景色为蔚蓝色，然后使用【矩形工具】绘制矩形，如图4-329所示。接着设置图层的【混合模式】为【亮光】，最终效果如图4-330所示。

图4-329

图4-330

按钮广告设计

本章我们将学习通过客户诉说，把客户心理、要求和需求在画面中完美展示出来，力求在较小的空间内制作出符合客户要求的网页广告。

按钮广告是横幅广告的特殊形式，通常被放置在页面左右边缘，或被灵活地穿插在各个栏目板块中间。现阶段按钮广告形式多样，由简单的按钮样式延伸至豆腐块广告形式，其制作方法和自身属性与横幅广告没有区别，仅在形状和大小上有所不同。广告内容一般较为简洁，有不同的大小与版面位置可以选择，能提供简单明确的资讯，但其面积大小与版面位置的安排都比较具有弹性，可以放在相关的产品内容旁边，是广告主建立商品知名度的一种相当经济的选择。

按钮广告可以是相关图片展示；可以是色块加文字的组合；可以是图文相结合的展示；也可以是直接使用产品的矢量图按钮进行展示，不同的展示方式带来的视觉感受也不同。

按钮广告相比Banner广告更具有群聚和系统的感觉，以豆腐块的陈列方式，直观地展示系列产品的信息。在制作过程中保证广告之间的系统关系和直观内容展示，才会给人一种赏心悦目的感觉，否则就会显得凌乱俗气。

[10:00开团][Luminarc/乐美雅]钢化玻璃保鲜盒套装

¥56.90 2.0折 ¥299.00 847人想买

包邮 [10:00开团]Luminarc/乐美雅 司太宁冰蓝冰粉直身杯

¥55 3.5折 ¥158.00 179人想买

包邮 [10:00开团][Luminarc/乐美雅]红酒杯350ml4支盒装

¥59.90 2.7折 ¥228.00 150人想买

5.1 女鞋广告

我们公司是做女鞋产品的，想做一个500像素×170像素的豆腐块广告，放在网站首页Banner的下面，包含一个广告展示区域和4个产品展示区域，我们提供产品相关图片，总体风格要青春阳光，基本上就这些要求了。

客户张女士

文件位置：光盘>实例文件>CH05>NO.01.psd　视频位置：光盘>多媒体教学>CH05>NO.01. flv　难易指数：★★☆☆☆

头脑风暴

分析1，为了达到客户需求，可以选择绿色或者是蓝色体现出青春的感觉；分析2，选择大自然或花朵等充满活力的元素体现阳光；分析3，客户提供的多为时尚的女鞋，所以整个画面的时尚感要与产品相符合。

方案展示

通过提炼和制作，我们提供了以下3种方案供客户选择。

方案一

方案二

方案三

客户选择

我比较喜欢方案三，因为方案一画面的蓝色稍微偏冷，不够青春；方案二有点青春阳光的感觉，但是图片的感觉不好，产品的信息也不够集中；而方案三整体给人青春时尚的感觉，符合我们公司的产品定位，主要的信息表达得很清楚，画面看着也比较舒服，标题文字也很突出，就选方案三吧。

最终定稿的效果图

制作流程

01 按快捷键Ctrl+N新建一个“NO.01”文件，具体参数设置如图5-1所示。

02 导入一张小清新风格的绿色背景图片（素材文件\CH05\素材01.jpg），然后将其拖曳到合适的位置，接着使用【矩形选框工具】绘制出如图5-2所示的选区，最后设置前景色值为（R:184、G:253、B:184）进行填充，效果如图5-3所示。

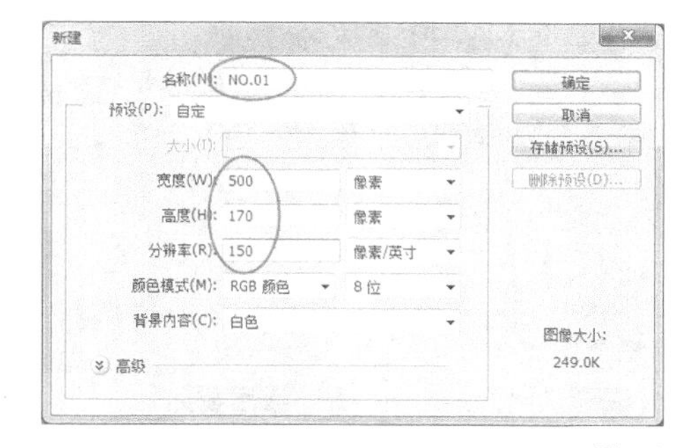

图5-1

图5-2

图5-3

03 打开选中的产品图片（素材文件\CH05\素材02.psd），然后将其拖曳到文件合适的位置，如图5-4所示。

04 绘制一条层次线，使用【椭圆选框工具】绘制出合适的选区并填充黑色，如图5-5所示。然后执行滤镜\模糊\高斯模糊命令，设置【半径】为10像素，如图5-6所示。效果如图5-7所示。

图5-4

图5-5

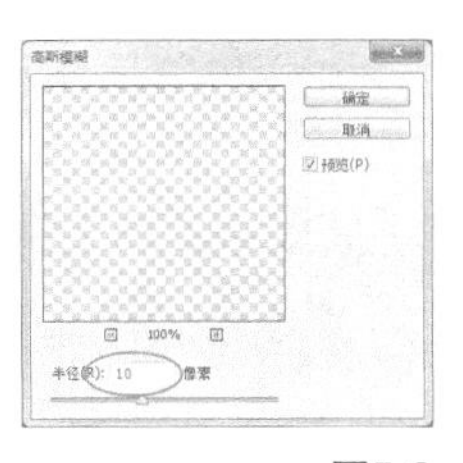

图5-6

图5-7

05 使用【矩形选框工具】框选出模糊后的部分图像，并复制出选区内的图像，然后隐藏原模糊图层，效果如图5-8所示。

图5-8

06 绘制出的层次线效果偏深，我们来进行一下淡化的调整。为图层添加一个图层蒙版，然后在渐变编辑器中编辑出如图5-9所示的渐变，再使用线性渐变按照从左到右的方向为蒙版填充渐变色，接着适当降低图层的【不透明度】，效果如图5-10所示。

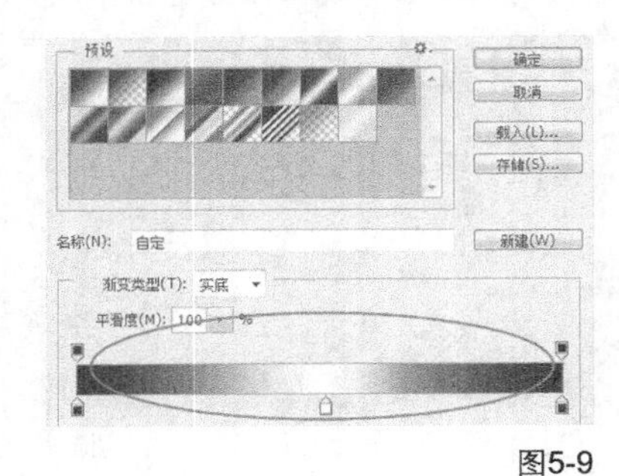

图5-9

图5-10

07 按快捷键Ctrl+J复制出多个层次线副本图层，然后拖曳到合适的位置，效果如图5-11所示。

图5-11

08 使用【矩形选框工具】绘制出选区，并填充合适的颜色，然后使用【横排文字工具】在绘图区域内输入文字，文字选择较鲜艳的颜色，效果如图5-12所示。

图5-12

举一反三

画面中使用的字体与字体颜色应与画面的整体风格相符合。

09 仅是单纯的文字会使画面显得单调，下面为文字添加一些效果。导入一张图片（素材文件\CH05\素材03.jpg），然后将素材拖曳到合适的位置，接着载入文字的选区，如图5-13所示。再单击【素材03】图层，最后复制出选区内的内容，效果如图5-14所示。

图5-13

图5-14

10 使用【椭圆选框工具】和【钢笔工具】分别绘制出相关装饰元素的选区，然后填充合适的颜色，如图5-15所示。画面中的圆形色块是鞋子所包含的颜色展示。

图5-15

11 最后使用【横排文字工具】在绘图区域内输入相应的产品文字信息，最终效果如图5-16所示。

图5-16

5.2 港式茶点广告

客户严先生

您好，我们店是经营港式茶点的，现在推出一种新产品，想做一个能体现我们产品特色的广告，尺寸是350像素×250像素，不仅要突出我们港式茶点的风格，而且不能太庸俗，基本要求就这些了。

文件位置：光盘>实例文件>CH05>NO.02.psd　视频位置：光盘>多媒体教学>CH05>NO.02. flv　难易指数：★★★☆☆

头脑风暴

分析1，客户最大的要求就是体现产品的特色，所以必须别具一格；分析2，可以加入一些独特的元素，例如，Q版人物、茶花和纸伞等；分析3，店铺整体都是港式风格，画面风格要与之相符。

方案展示

通过提炼和制作，我们提供了以下3种方案供客户选择。

方案一

方案二

方案三

客户选择

感觉方案一的画面很普通，虽然加入了一些新奇元素但是没有惊艳的视觉效果；相反方案二有一种新颖的感觉，而且把我们公司所要表达的东西体现得很到位，效果也很醒目；而方案三怎么没有茶呢，我不喜欢这个。

最终定稿的效果图

制作流程

01 按快捷键Ctrl+N新建一个“NO.02”文件，具体参数设置如图5-17所示。然后打开选取好的背景图片（素材文件\CH05\素材04.jpg），并将其拖曳到文件中合适的位置，如图5-18所示。

02 新建图层，然后使用【矩形工具】绘制白色矩形，接着调整【不透明度】为85%，效果如图5-19所示。

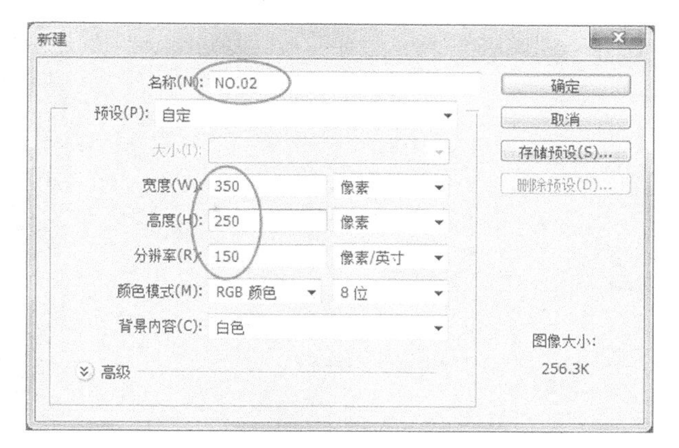

图5-17

图5-18

图5-19

03 打开选取好的图片（素材文件\CH05\素材05.jpg），如图5-20所示。然后运用通道抠出画面中的沙粒部分，接着切换到通道面板，再选择【红】通道，复制出一个通道副本，如图5-21所示。

图5-20

图5-21

举一反三

这里选择红色通道是因为主体物与背景的色调相差较大，利于抠图。

04 为了使黑白对比更加明显，按快捷键Ctrl+J调整色阶，拖动滑块如图5-22所示。效果如图5-23所示。

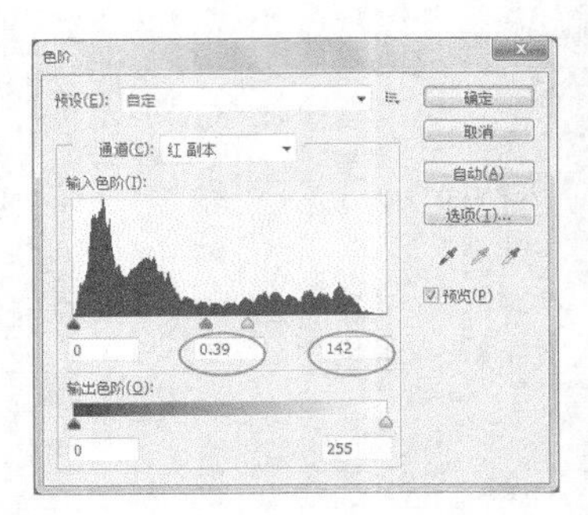

图5-22

图5-23

05 设置前景色为白色，然后使用【画笔工具】将我们要抠出的沙粒部分涂抹成白色，如图5-24所示。

06 单击【将通道载入选区】按钮，如图5-25所示。画面中的白色区域就载入了选区，然后从选区中去除沙粒外多余的部分，效果如图5-26所示。

图5-24

图5-25

图5-26

07 选择RGB通道模式，并切换到图层面板，然后按快捷键Ctrl+J复制出选区内的内容，效果如图5-27所示。

08 将抠出的图片拖曳到制作文件中，并调整大小和位置，如图5-28所示。

图5-27

图5-28

09 回到打开的素材文件，然后使用【钢笔工具】抠出纸伞的部分，然后将其拖曳到制作文件中，效果如图5-29所示。

10 打开选取好的杯子图片（素材文件\CH05\素材06.png），并将其拖曳到文件中合适的位置，如图5-30所示。

图5-29

图5-30

11 为杯子图层添加一个【色彩平衡】调整图层，然后设置【中间调】的青色到红色值为【+47】、洋红到绿色值为【+30】，如图5-31所示。

12 继续添加一个【亮度/对比度】调整图层，设置【亮度】为10、【对比度】为5，如图5-32所示。效果如图5-33所示。

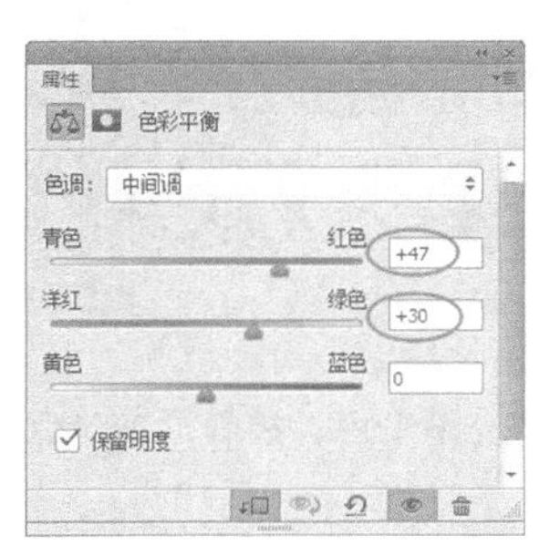

图5-31

图5-32

图5-33

13 使用【橡皮擦工具】擦除勺子的部分，然后使用【横排文字工具】在矩形内输入产品说明文字，效果如图5-34所示。

图5-34

举一反三

这里的文字颜色选择了画面中茶粉的颜色，版式设置为左对齐方式，使画面显得简洁大方。

14 将文字栅格化，然后使用【多边形套索工具】框选出文字的部分选区，如图5-35所示，接着复制出选区的内容，载入副本图层的选区，并填充绿色，效果如图5-36所示。

图5-35

图5-36

15 导入LOGO素材（素材文件\CH05\素材07.png），然后将其拖曳到文件中合适的位置，如图5-37所示。

图5-37

举一反三

标志的主色调为绿色，这里文字的部分颜色选择绿色，两者相呼应。

16 使用【钢笔工具】绘制出一个标签的选区，然后设置如图5-38所示的渐变，并为选区填充渐变色，接着添加一点阴影，效果如图5-39所示。

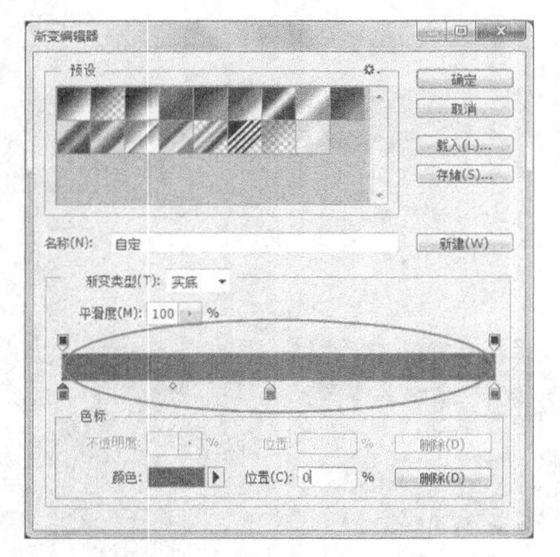

图5-38

图5-39

17 设置前景色为白色，然后使用【横排文字工具】在绘图区域内输入产品促销信息，如图5-40所示。接着单击【创建变形文字】，参数设置如图5-41所示。最终效果如图5-42所示。

图5-40

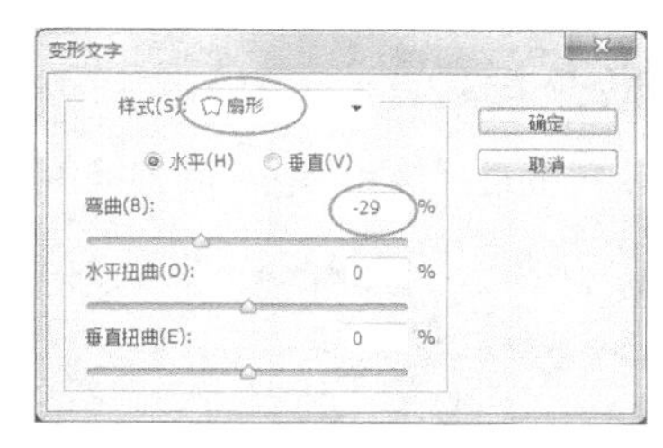

图5-41

图5-42

5.3 女性香水广告

您好，我们公司是卖高端女性香水产品的，想做一个产品展示的豆腐块广告，尺寸是308像素×268像素，风格要高端大气，有国际范儿，让人看了就想买，相信你会让我满意的。

文件位置：光盘>实例文件>CH05>NO.03.psd　视频位置：光盘>多媒体教学>CH05>NO.03. flv　难易指数：★★★☆☆

头脑风暴

分析1，客户公司是做香水产品的，要选择鲜艳同时不恶俗的颜色；分析2，用时尚大方的字体烘托出高端大气的感觉；分析3，因为是女性产品，所以要突出阴柔、曲线和美感等元素。

方案展示

通过提炼和制作，我们提供了以下3种方案供客户选择。

方案一

方案二

方案三

客户选择

我觉得方案一的画面有点老土，不够时尚；方案二充满了魅惑和妖娆，但是传递的感觉与我们公司的理念不太符合；我比较喜欢方案三，看着挺高端大气，而且画面的色调充满了女性梦幻和浪漫的感觉，符合我们对公司对产品的定位，我很喜欢。

最终定稿的效果图

制作流程

01 按快捷键Ctrl+N新建一个“NO.03”文件，具体参数设置如图5-43所示。然后打开选取好的背景图片（素材文件\CH05\素材08.jpg），并将其拖曳到文件中合适的位置，如图5-44所示。

02 画面中人物脸部的雀斑较多，单击【修复画笔工具】，然后设置合适的画笔大小和硬度，按住Alt键在干净的皮肤上单击鼠标左键进行取样，接着在雀斑上单击鼠标左键消除雀斑，效果如图5-45所示。

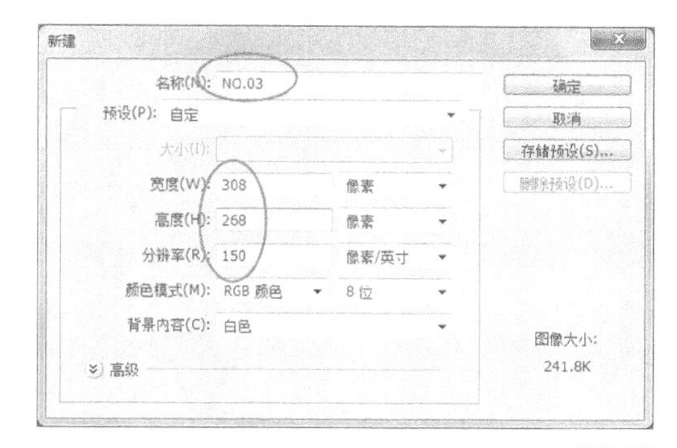

图5-43

图5-44

图5-45

03 使用【魔棒工具】选中如图5-46所示的选区，然后按快捷键Ctrl+J复制出选区内的内容，接着执行滤镜\模糊\高斯模糊命令，设置【半径】为25像素，如图5-47所示。效果如图5-48所示。

图5-46

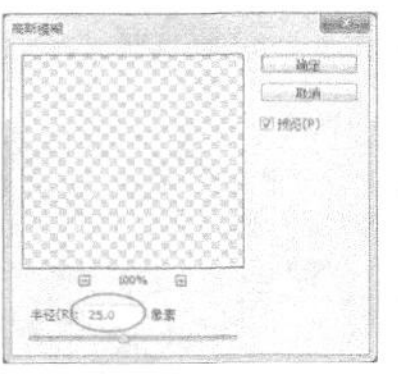

图5-47

图5-48

04 为模糊后的图层添加一个图层蒙版，然后设置前景色为黑色，使用柔边缘画笔在蒙版中进行涂抹隐藏人物头发边缘的部分，效果如图5-49所示。

图5-49

05 在图层的最上方添加一个【色彩平衡】调整图层，然后设置【中间调】的黄色到蓝色值为【+80】，参数设置如图5-50所示。效果如图5-51所示。

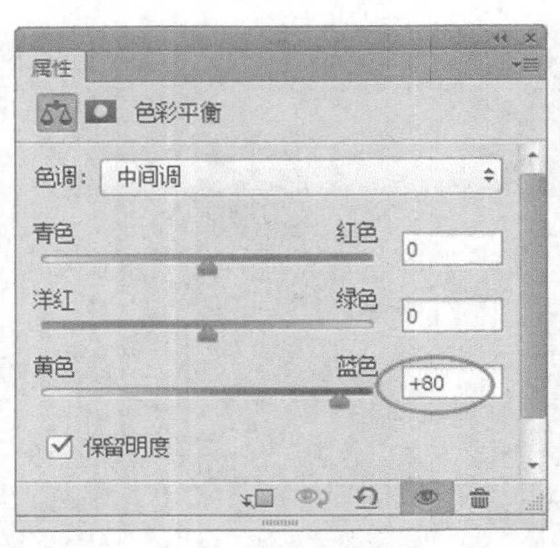

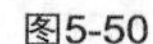

图5-50

图5-51

举一反三

通过添加相关调整图层可以调整图片的色相、饱和度和明度。

06 打开一张香水图片（素材文件\CH05\素材09.png），然后将其拖曳到文件中合适的位置，如图5-52所示。

07 复制一个香水副本图层，然后执行编辑\变换\垂直翻转命令，接着为图层添加一个图层蒙版，并为蒙版填充黑白渐变色，如图5-53所示。

图5-52

图5-53

08 使用【横排文字工具】在绘图区域内输入产品促销，效果如图5-54所示。

09 使用【矩形选框工具】绘制出合适的选区，然后设置前景色值为（R:255、G:0、B:105）进行填充，效果如图5-55所示。

图5-54

图5-55

举一反三

标题文字的字号较大而且选择时尚大气的字体与画面相符合。

10 导入LOGO素材（素材文件\CH05\素材10.jpg），然后将其拖曳到合适的位置，最终效果如图5-56所示。

图5-56

5.4 男士护肤广告

您好，我们公司是做男士护肤产品的，准备做一张链接我们产品的豆腐块广告，尺寸为410像素×295像素，要求就是简单大气，体现高端男士的品位，我们会提供一些产品的图片，其他的就需要你自己创意了。

客户马女士

文件位置：光盘>实例文件>CH05>NO.04.psd　　视频位置：光盘>多媒体教学>CH05>NO.04. flv　　难易指数：★★★★☆

头脑风暴

分析1，客户展示的产品大多为男士护肤品，风格上偏向于时尚典雅风格；分析2，为了达到客户需求，颜色上采取同系蓝色或者互补色；分析3，提取男性的特质“绅士”“风度”“时尚”和“品位”等元素进行设计。

方案展示

通过提炼和制作，我们提供了以下3种方案供客户选择。

方案一

方案二

方案三

客户选择

我最不喜欢方案二，没有档次；方案一不错，产品的感觉和基本信息表达出来了；但是我最喜欢方案三，背景的处理能够体现“清新酷爽”的感觉，而且看着比方案一高端大气，也更加精致。

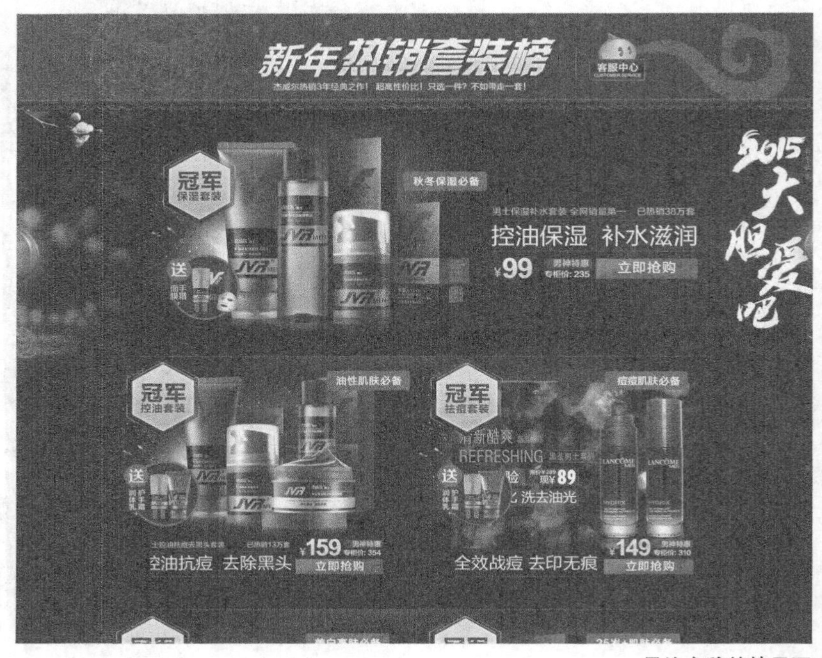

最终定稿的效果图

01 按快捷键Ctrl+N新建一个“NO.04”文件，具体参数设置如图5-57所示，然后打开选取好的背景图片（素材文件\CH05\素材11.jpg），并拖曳到文件中合适的位置，如图5-58所示。

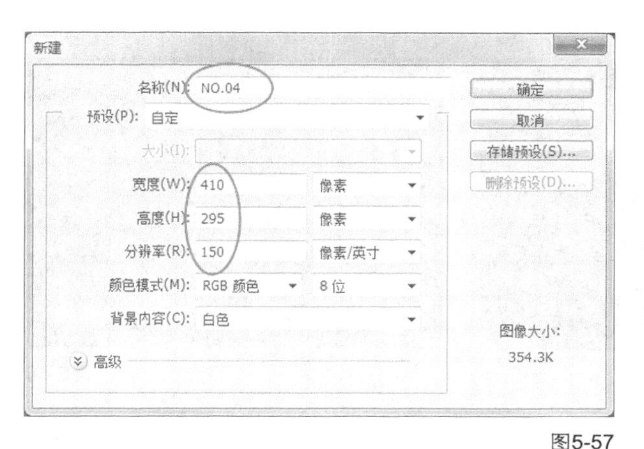

图5-57

图5-58

02 调整画面的对比度，按快捷键Ctrl+M调整曲线，如图5-59所示。效果如图5-60所示。

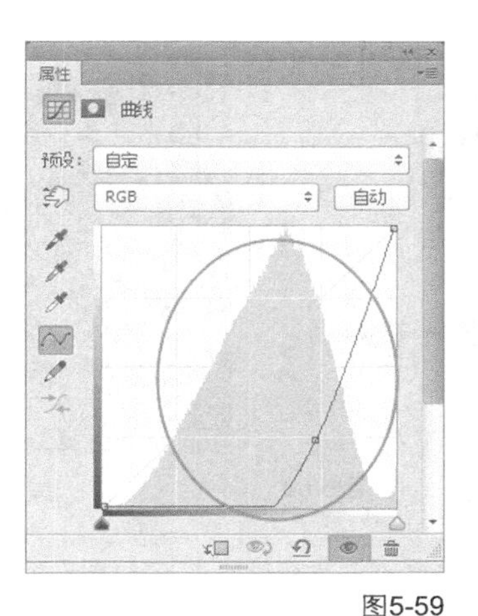

图5-59

图5-60

03 添加一个【色彩平衡】调整图层，然后设置【阴影】的青色到红色值为【-100】、洋红到绿色值为【+11】，如图5-61所示。接着设置【高光】的青色到红色值为【+47】、洋红到绿色值为【+19】，如图5-62所示。效果如图5-63所示。

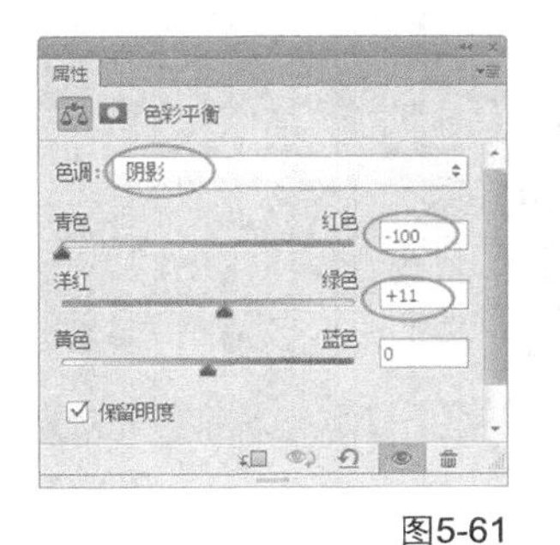

图5-61

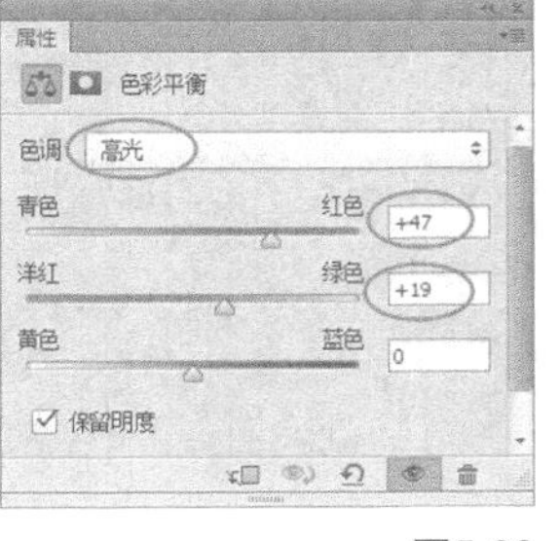

图5-62

图5-63

04 按快捷键Ctrl+Alt+Shift+E盖印可见图层，得到一个新的图层，然后执行滤镜\模糊\高斯模糊命令，设置【半径】为6像素，如图5-64所示。接着调整图层的【不透明度】为65%，效果如图5-65所示。

05 打开产品图片（素材文件\CH05\素材12.png），然后将其拖曳到文件中合适的位置，如图5-66所示。

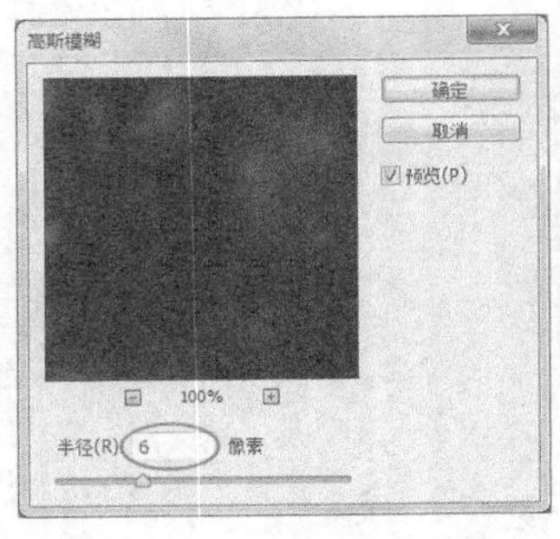

图5-64

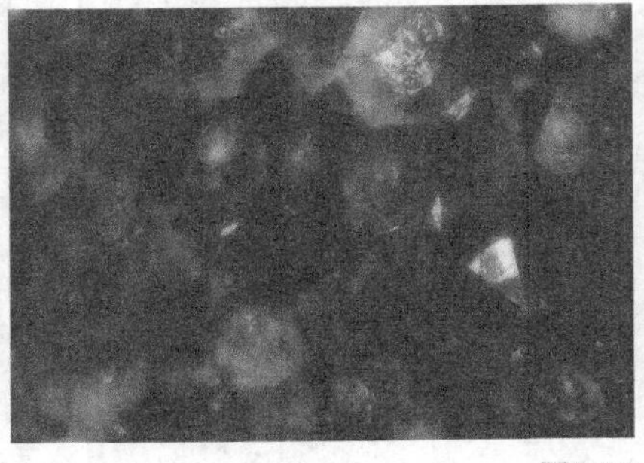

图5-65

图5-66

06 使用【钢笔工具】绘制出产品底部的选区，如图5-67所示。然后新建图层，打开渐变编辑器，编辑出如图5-68所示的渐变，接着为选区填充线性渐变，效果如图5-69所示。

图5-67

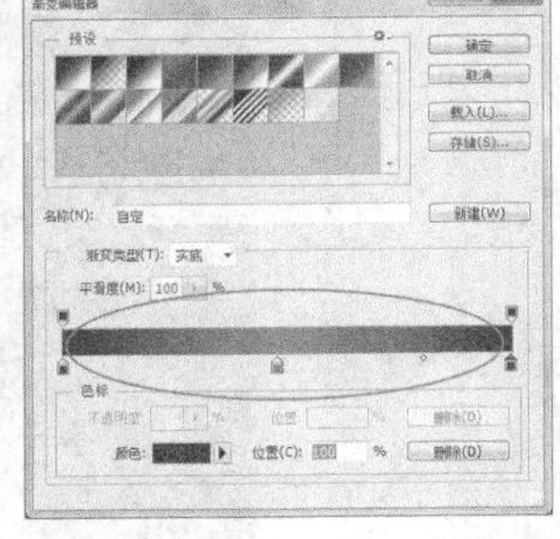

图5-68

图5-69

07 运用以上相同的方法绘制出产品的底部效果，然后设置图层的【混合模式】为【强光】、【不透明度】为60%，效果如图5-70所示

08 同时选择产品的相关图层，然后按快捷键Ctrl+E合并为一个图层，接着复制出一个副本图层，执行编辑\变换\垂直翻转命令，最后为图层添加一个图层蒙版，并为蒙版填充黑白渐变色，制作出投影的效果，如图5-71所示。

图5-70

图5-71

09 设置前景色值为（R:0、G:105、B:176），然后使用【矩形选框工具】绘制出合适的选区，并填充前景色，如图5-72所示。接着调整【不透明度】为40%，效果如图5-73所示。

图5-72

图5-73

10 使用【横排文字工具】在绘图区域内输入产品促销信息，效果如图5-74所示。

图5-74

举一反三

根据画面风格选择略显修长的字体，同时设置颜色为画面中的蓝色，体现出清爽感觉。

11 单击【直线工具】，然后在选项栏中设置【填充】为无颜色，设置合适的描边颜色，接着在图像中绘制出两条直线，最终效果如图5-75所示。

图5-75

5.5 家具广告

我们是家具公司，现在主推地中海风格，需要做一个豆腐块广告，尺寸是460像素×321像素，包含一个广告展示区域和4个产品展示区域，展示的方式要新奇，能够一目了然地看出我们产品的特色，其他的就自由发挥了。

客户秦先生

文件位置：光盘>实例文件>CH05>NO.05.psd　视频位置：光盘>多媒体教学>CH05>NO.05. flv　难易指数：★★★☆☆

头脑风暴

分析1，主推地中海风格，选择蓝色为主色调；分析2，展示的方式要新奇，可以选择相框悬浮的方式进行展示；分析3，根据在客户提供的图片，选择具有地中海风格而且是蓝色调的产品与画面相呼应。

方案展示

通过提炼和制作，我们提供了以下3种方案供客户选择。

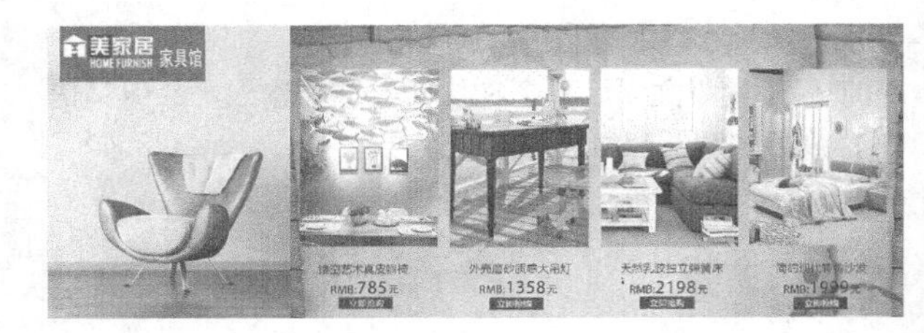

方案一

方案二

方案三

客户选择

第一眼看过去我就觉得方案三不错，方案一就不说了，方案二虽然画面感觉比较舒服，但是图片的摆放没有创意，跟我们产品的风格也不相符。方案三我比较喜欢，首先有地中海的感觉，而且以相框的形式来设计也很不错，边框的样式也很独特。

最终定稿的效果图

制作流程

01 按快捷键Ctrl+N新建一个“NO.05”文件，具体参数设置如图5-76所示。

02 新建图层，然后设置前景色值为（R:242、G:238、B:229）进行填充，接着导入一张素材图片（素材文件\CH05\素材13.jpg），并将其拖曳到合适的位置，如图5-77所示。

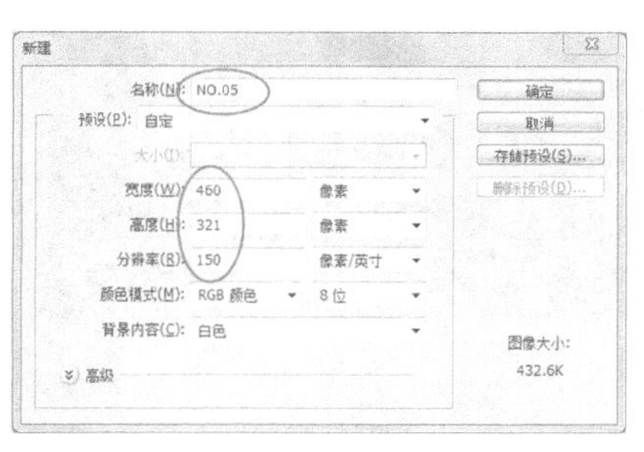

图5-76

图5-77

03 打开两张素材（素材文件\CH05\素材14.jpg、素材15.png），然后将其拖曳到文件中合适的位置，如图5-78所示。

04 使用【矩形选框工具】框选出合适的选区，然后删除选区内的图像，这样就制作出了一个画框的效果，如图5-79所示。

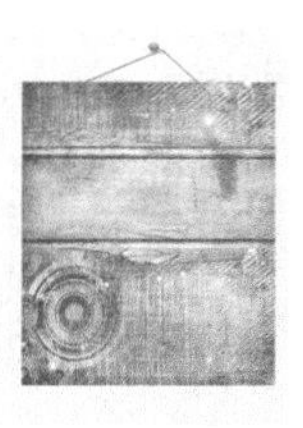

图5-78

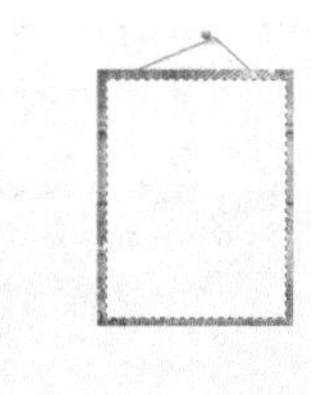

图5-79

05 执行图层\图层样式\投影命令，设置【不透明度】为55%、【大小】为5像素，如图5-80所示。效果如图5-81所示。

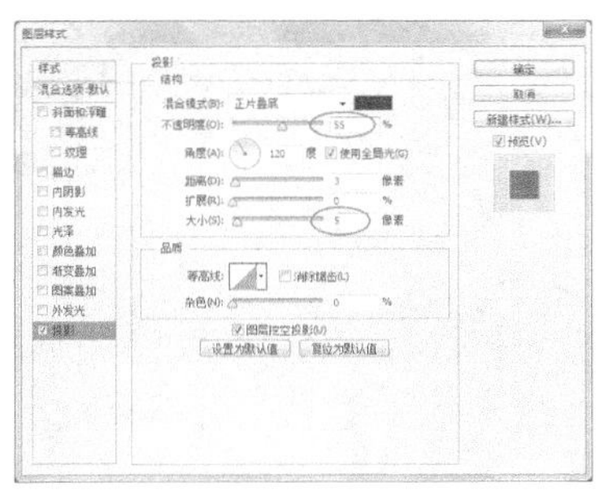

图5-80

图5-81

06 按快捷键Ctrl+J复制出画框的3个副本图层，然后分别将其拖曳到合适的位置，如图5-82所示。

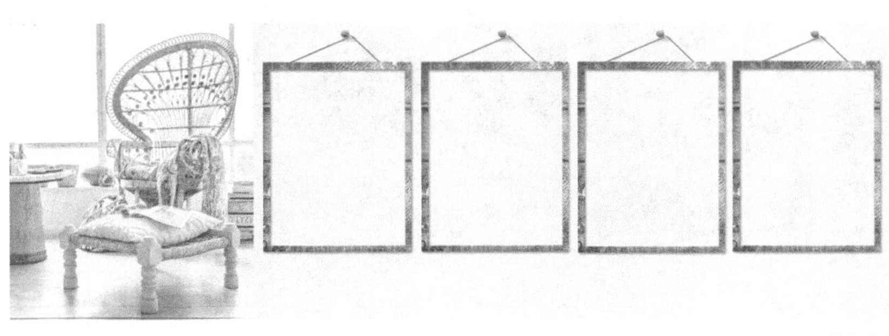

图5-82

07 导入选取好的产品图片（素材文件\CH05\素材16.psd），然后将其拖曳到合适的位置，如图5-83所示。

图5-83

08 同时选中4张产品图片按快捷键Ctrl+G成组，然后为组添加一个【亮度/对比度】调整图层，设置【亮度】为42、【对比度】为25，参数设置如图5-84所示。

09 继续为组添加一个【色彩平衡】调整图层，然后设置【中间调】的黄色到红色值为【-30】，设置【高光】的黄色到红色值为【-20】、洋红到绿色值为【-13】，如图5-85和图5-86所示。效果如图5-87所示。

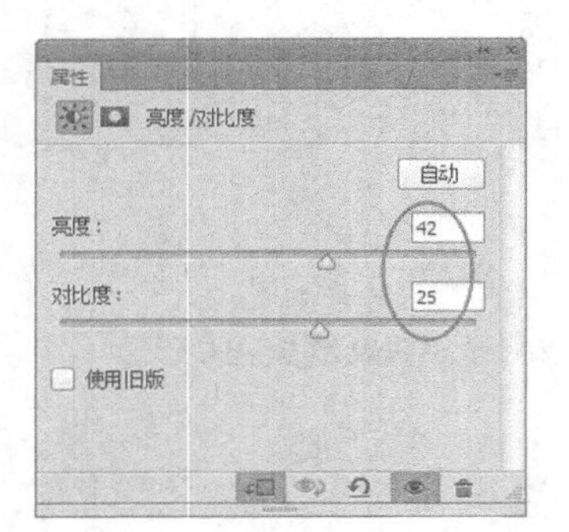

图5-84

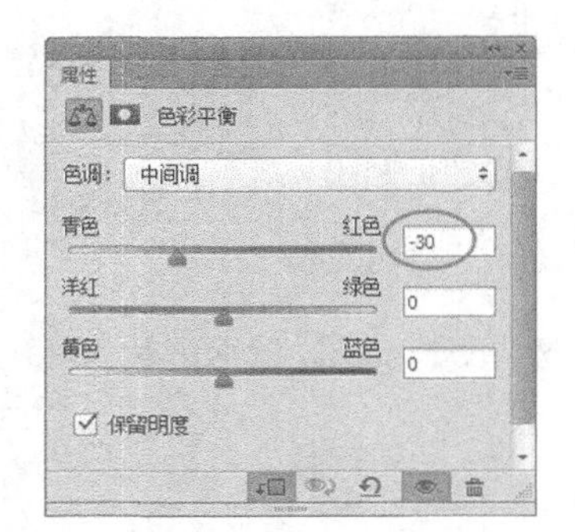

图5-85

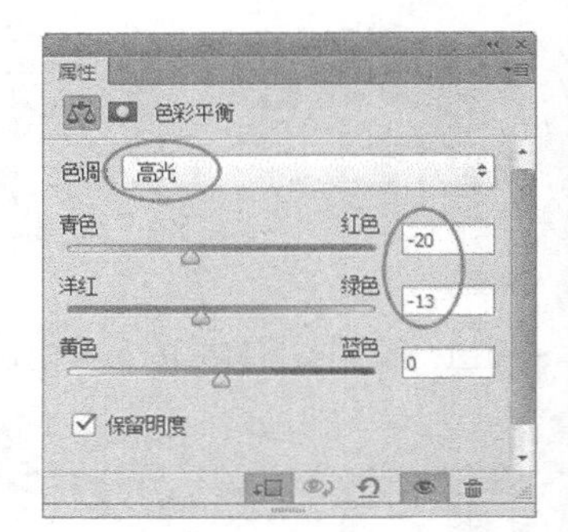

图5-86

图5-87

10 使用【矩形选框工具】绘制出合适的选区，然后设置前景色值为（R:1、G:131、B:130）进行填充，如图5-88所示。接着导入LOGO图片（素材文件\CH05\素材17.png），将其拖曳到合适的位置，效果如图5-89所示。

图5-88

图5-89

11 使用【矩形工具】绘制出矩形色块，然后使用【横排文字工具】在绘图区域内输入文字信息，效果如图5-90所示。

图5-90

12 运用以上相同的方法制作出底部的文字信息，如图5-91所示。

图5-91

13 将所有画框图层成组，接着为其组添加一个【色彩平衡】调整图层，然后设置【中间调】的黄色到红色值为【-60】，如图5-92所示。效果如图5-93所示。

图5-92　　图5-93

14 选择【直线工具】，然后在选项栏中设置【填充】为无，设置合适的描边颜色，接着在图像中绘制两条直线，最终效果如图5-94所示。

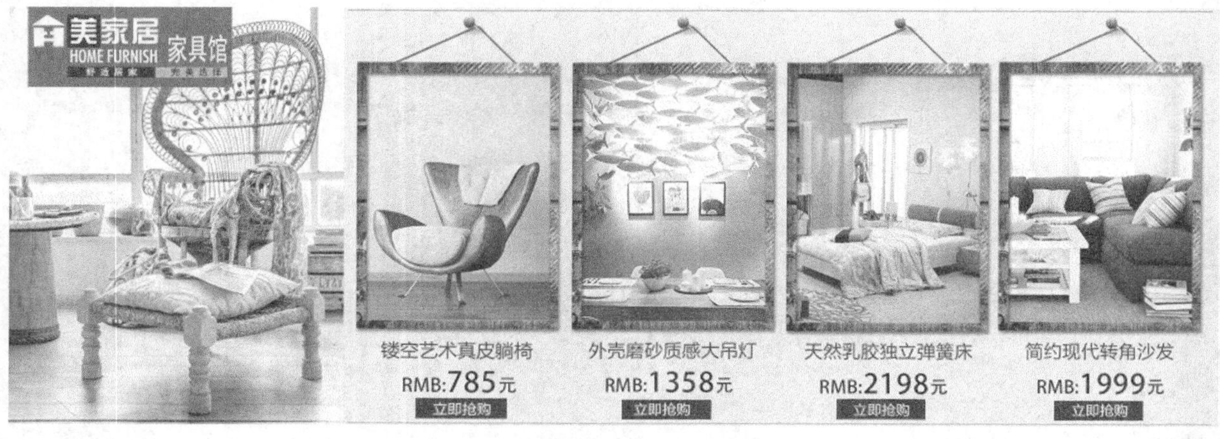

图5-94

5.b 狗粮广告

您好，我们是销售狗粮的公司，现在准备推广一个狗粮产品，要做一个480像素×480像素的广告，希望画面能够非常醒目，图片和产品信息都提供给您了，风格可以自由发挥，但是一定要很独特。

客户何女士

文件位置：光盘>实例文件>CH05>NO.06.psd　　视频位置：光盘>多媒体教学>CH05>NO.06. flv　　难易指数：★★★☆☆

头脑风暴

分析1，狗是人类的朋友，可以选取一张家的背景图片体现对宠物的热爱；分析2，要使画面醒目，使用黑白与彩色的强烈对比突出画面；分析3，选择稍显饥饿的宠物图片体现狗粮的美味。

方案展示

通过提炼和制作，我们提供了以下3种方案供客户选择。

方案一

方案二

方案三

客户选择

我比较喜欢方案一。先说方案二，缺乏新意，没有什么强烈的视觉感受，方案三整体感觉比较温馨，但是让人看了没有购买的欲望，而方案一背景的颜色虽然比较低沉，但是和主体图像有一个强烈的对比，重要信息都体现出来了，看了有购买的欲望。

最终定稿的效果图

01 按快捷键Ctrl+N新建一个“NO.06”文件，具体参数设置如图5-95所示。然后导入一张素材图片（素材文件\CH05\素材18.jpg），并将其拖曳到合适的位置，如图5-96所示。

02 将图片调成黑白色，执行图像\调整\黑白命令，效果如图5-97所示。

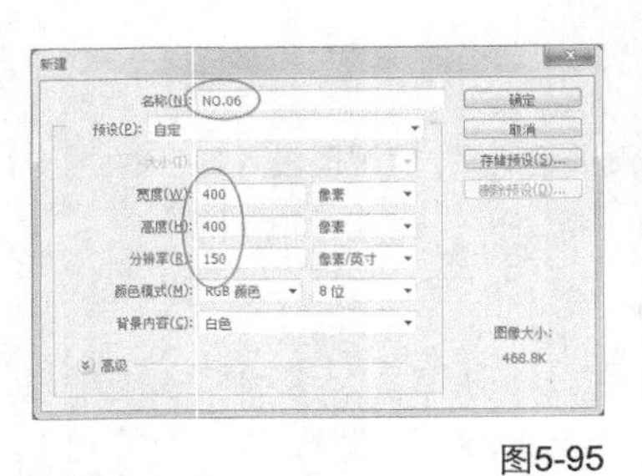

图5-95

图5-96

图5-97

03 为图层添加一个【照片滤镜】调整图层，然后设置【滤镜】为冷却滤镜（80）、【浓度】为50%，如图5-98所示。接着添加一个【色阶】调整图层，将滑块拖曳到如图5-99所示的位置，效果如图5-100所示。

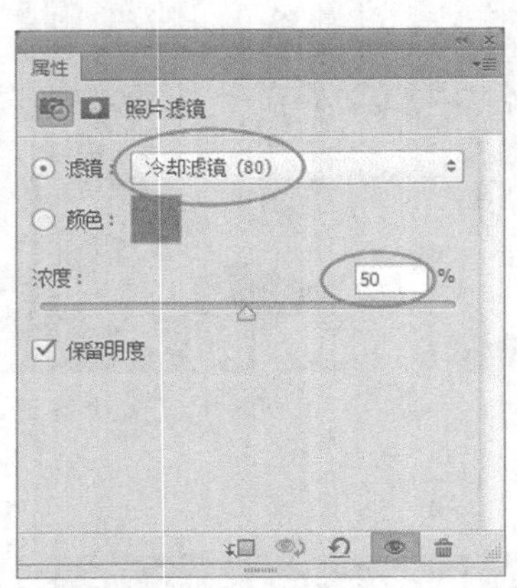

图5-98

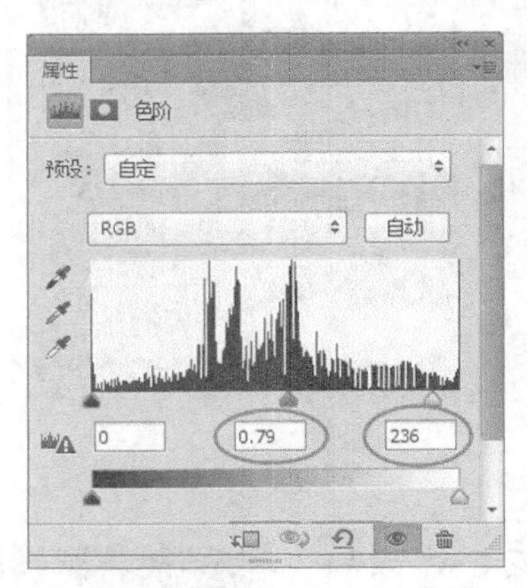

图5-99

图5-100

04 设置前景色值为（R:32、G:94、B:228），然后使用【钢笔工具】绘制出选区并进行填充，如图5-101所示。接着设置图层的【混合模式】为【叠加】、【不透明度】为60%，效果如图5-102所示。

图5-101

图5-102

05 运用以上相同的方法绘制出其他图形，效果如图5-103所示。

06 打开光盘中的图片（素材文件\CH05\素材19.jpg），然后将其拖曳到合适的位置，如图5-104所示。接着添加一个图层蒙版，设置前景色为黑色，使用柔边缘画笔在图片的背景上进行涂抹，只显示宠物的图像，效果如图5-105所示。

图5-103

图5-104

图5-105

07 继续打开光盘中的图片（素材文件\CH05\素材20.png），然后将其拖曳到合适的位置，如图5-106所示。

08 使用【横排文字工具】在图像上方输入产品信息，最终效果如图5-107所示。

图5-106

图5-107

举一反三

此广告产品为狗粮，所以尽量选择一些温馨的图片作为背景，以此体现对宠物的喜爱，画面中的所有元素都必须与主题相关，达到呼应的效果。

5.7 口红广告

您好，我们公司是销售化妆品的，现在要为一款口红做广告，尺寸为400像素×280像素，能够突出口红的特点，最重要的是高端大气，体现我们产品的范儿，让消费者看了充满购买欲望。

客户郑女士

文件位置：光盘>实例文件>CH05>NO.07.psd　视频位置：光盘>多媒体教学>CH05>NO.07. flv　难易指数：★★★☆☆

头脑风暴

分析1，要体现高端大气的视觉感受，画面背景不用太醒目，将嘴唇与口红完美衔接；分析2，因为产品是口红，所以画面中要体现出魅惑、性感和妖娆；分析3，要充满购买欲望，文字信息要尽量醒目大气，体现其商业性。

方案展示

通过提炼和制作，我们提供了三种方案供客户选择。

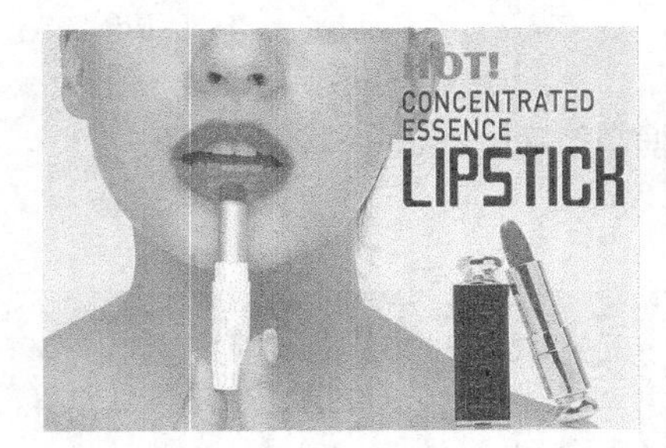

方案一

方案二

方案三

客户选择

我比较喜欢方案二。方案一的效果很直白，但是画面太普通；方案二虽然是黑白的背景，但也是这样的背景突出了嘴唇的性感，整个画面有一种低调的魅惑，简单的文字表达出了主要信息；而方案三看了没什么特别的感觉。

最终定稿的效果图

制作流程

01 按快捷键Ctrl+N新建一个“NO.07”文件，具体参数设置如图5-108所示。

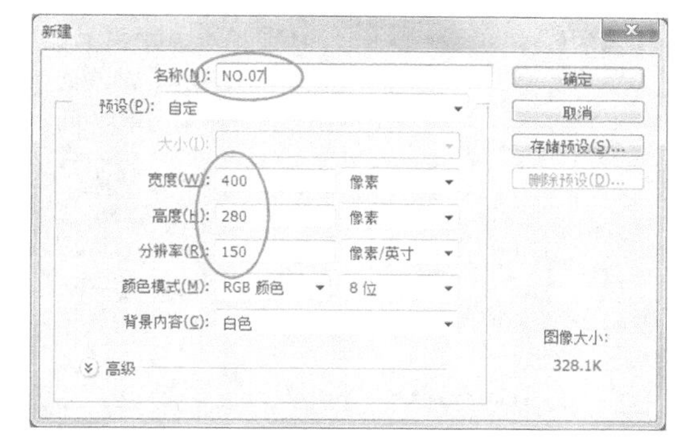

图5-108

02 打开一张背景图片（素材文件\CH05\素材21.jpg），然后将其拖曳到文件中，如图5-109所示。接着为图层添加一个图层蒙版，再设置前景色为黑色，使用柔边缘画笔在蒙版中进行涂抹隐藏图片中的人物背景部分，效果如图5-110所示 。

图5-109

图5-110

03 复制一个人物副本图层，然后设置图层的【混合模式】为【柔光】、【不透明度】为50%，效果如图5-111所示。

04 打开口红图片（素材文件\CH05\素材22.png），然后将其拖曳到文件中合适的位置，接着复制一个副本图层，再执行编辑\变换\垂直翻转命令，最后为图层添加一个图层蒙版，并为蒙版填充合适的黑白渐变色，效果如图5-112所示。

图5-111

图5-112

05 在人物图层的上方添加一个【黑白】调整图层，如图5-113所示。然后继续添加一个【照片滤镜】调整图层，设置【滤镜】为蓝、【浓度】为19%，如图5-114所示。效果如图5-115所示。

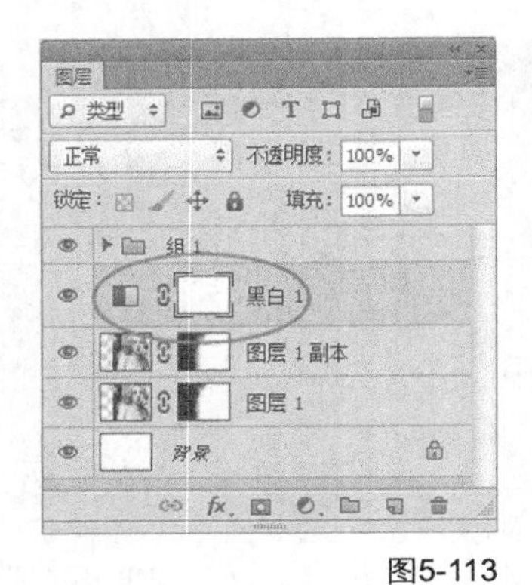

图5-113

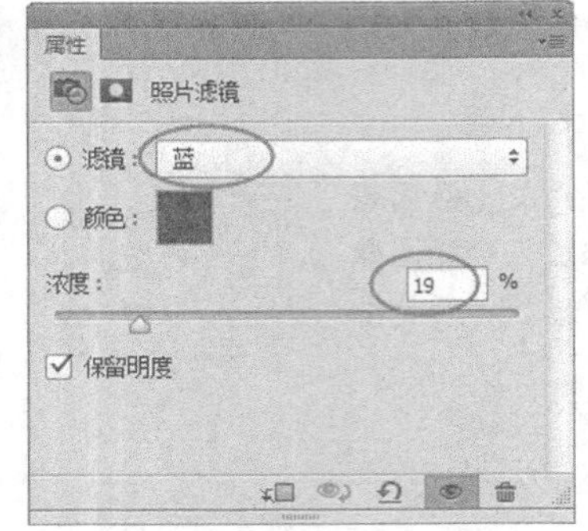

图5-114

图5-115

06 复制一个人物副本图层，然后将其移动到图层的最上方，为图层添加一个图层蒙版，接着为蒙版填充黑色，再使用白色的画笔在蒙版中进行涂抹显示出嘴唇的部分，如图5-116所示。

07 使用【矩形选框工具】绘制选区，然后设置前景色值为（R:118、G:159、B:237）进行填充，效果如图5-117所示。

图5-116

图5-117

08 同样绘制出另一矩形图像，然后设置图层的【混合模式】为【正片叠底】、【不透明度】为90%，效果如图5-118所示。

09 使用【横排文字工具】在绘图区域内输入产品信息，然后设置合适的字体和大小，最终效果如图5-119所示。

图5-118

图5-119

5.8 裙子按钮广告

我们是销售女装的一个网站，消费者都是20岁左右的女孩子，现在要做一个裙子的按钮广告，尺寸为1000像素×180像素，里面包含5个产品类别的链接，风格不限，我要的效果就是好看，有点设计感就行。

客户林先生

文件位置：光盘>实例文件>CH05>NO.08.psd　　视频位置：光盘>多媒体教学>CH05>NO.08. flv　　难易指数：★★★☆☆

头脑风暴

分析1，消费者年龄段在20岁左右，风格可以考虑甜美或者清新风格；分析2，包含5个产品类别的链接，整体风格和样式要统一；分析3，客户没有提供图片，所以最好在文字上体现设计感。

方案展示

通过提炼和制作，我们提供了以下3种方案供客户选择。

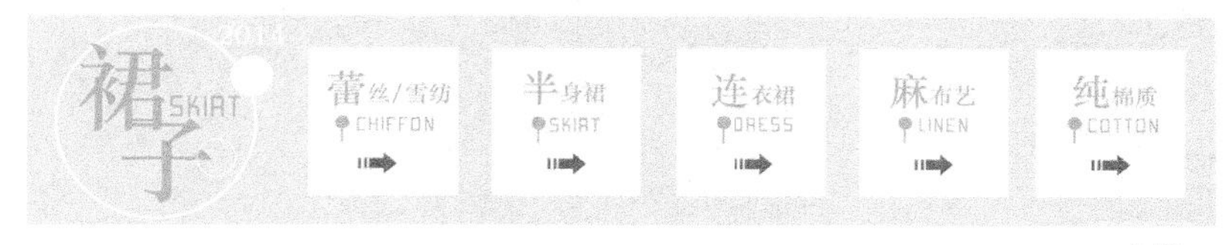

方案一

方案三

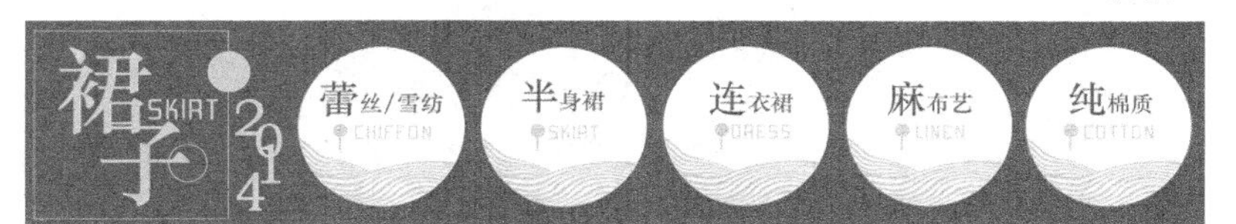

方案二

客户选择

我觉得方案一缺乏一种梦幻的味道，方案二的颜色对比用得倒是比较合适，但是同样没有梦幻感，而方案三中的桃心形状就很好地符合我们产品风格，文字也有设计感，按钮的效果比较突出，就选它了。

最终定稿的效果图

制作流程

01 按快捷键Ctrl+N新建一个“NO.08”文件，具体参数设置如图5-120所示。

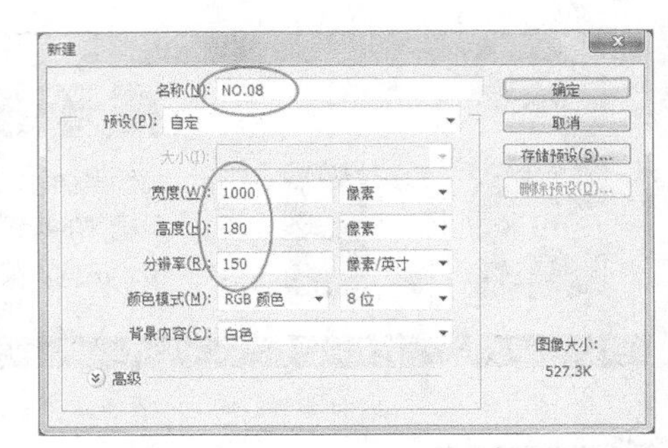

图5-120

02 设置前景色值为（R:43、G:183、B:182），然后填充图层，效果如图5-121所示。

图5-121

03 选择【矩形工具】，然后设置绘图模式为【形状】、【填充】为无颜色、【描边宽度】为0.5点，绘制出如图5-122所示的图像。

图5-122

04 使用【横排文字工具】在绘图区域内输入文字信息，然后将文字进行合理的摆放，效果如图5-123所示。

图5-123

05 使用【椭圆工具】绘制出如图5-124所示的圆形图案。

图5-124

06 选择【自定形状工具】，然后在选项栏中设置【填充】为白色，接着选择形状右侧的【点按可打开自定形状拾色器】按钮，选择桃心形状，如图5-125所示。最后在绘图区域中绘制出图形，最终效果如图5-126所示。

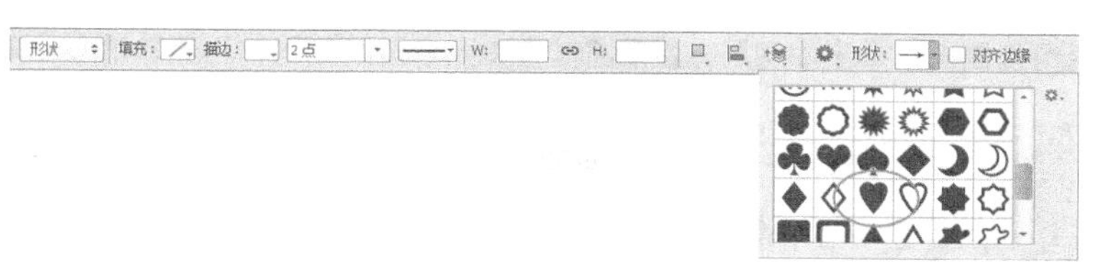

图5-125

图5-126

07 执行图层\图层样式\投影命令，然后设置【不透明度】为28%、【距离】为11像素、【大小】为18像素，如图5-127所示。效果如图5-128所示。

添加投影的样式可以使效果更加立体，产生悬挂的视觉感受。

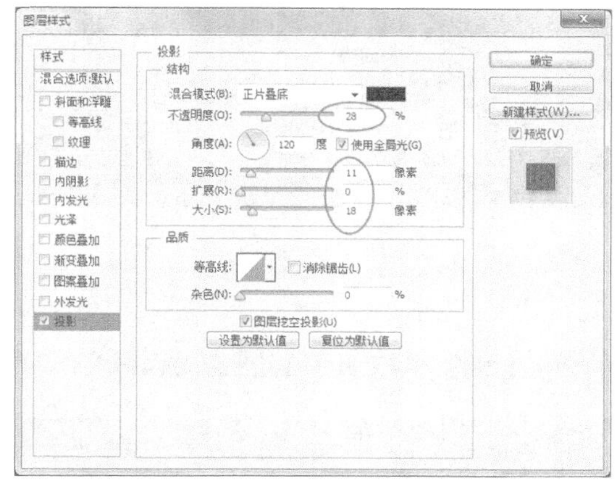

图5-127

图5-128

08 新建一个图层，然后使用【钢笔工具】绘制出多个线条选区，并填充前景色，效果如图5-129所示。

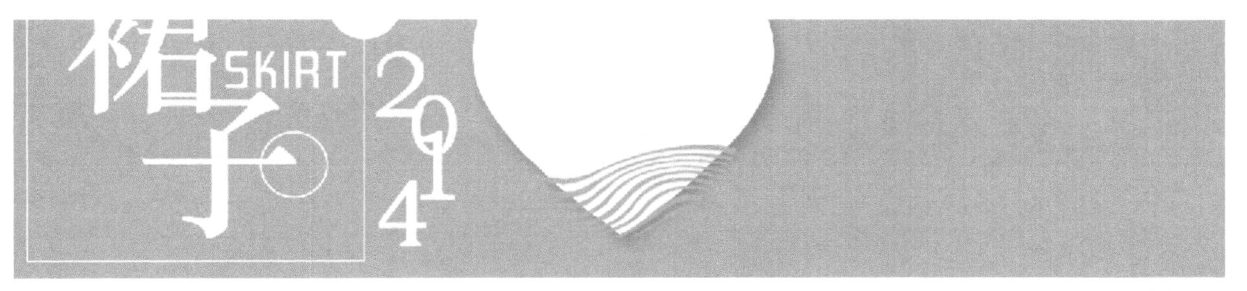

图5-129

09复制出一个副本图层，然后将其拖曳到合适的位置，再删除桃心外多余的图像，效果如图5-130所示。

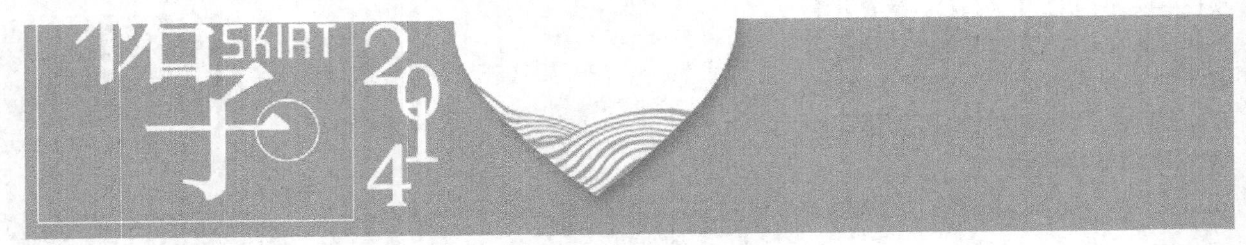

图5-130

10将桃心图层与线条图层合并为组，然后按快捷键Ctrl+J复制出4个副本组，接着分别将其移动到合适的位置，效果如图5-128所示。

图5-131

11使用【横排文字工具】在绘图区域内输入产品信息，如图5-132所示。

图5-132

12使用【钢笔工具】绘制出点缀图形并填充前景色，最终效果如图5-133所示。

图5-133

5.9 家政服务广告

我们是提供家政服务的网站，现在要为我们的服务做一个的豆腐块广告，尺寸是310像素×260像素，广告词提供给您了，可以任选其中一条，但是必须体现我们广告词的意境，同时体现我们家政公司的重要性。

客户钱先生

文件位置：光盘>实例文件>CH05>NO.09.psd　　视频位置：光盘>多媒体教学>CH05>NO.09. flv　　难易指数：★★★☆☆

头脑风暴

分析1，从客户提供的资料中选择其中一条容易体现主题的广告词；分析2，广告词选择倾斜的排列版式，使画面具有冲击力；分析3，要突出家务的繁琐，可以使用与家政相关的人物元素，体现家政重要性。

方案展示

通过提炼和制作，我们提供了以下3种方案供客户选择。

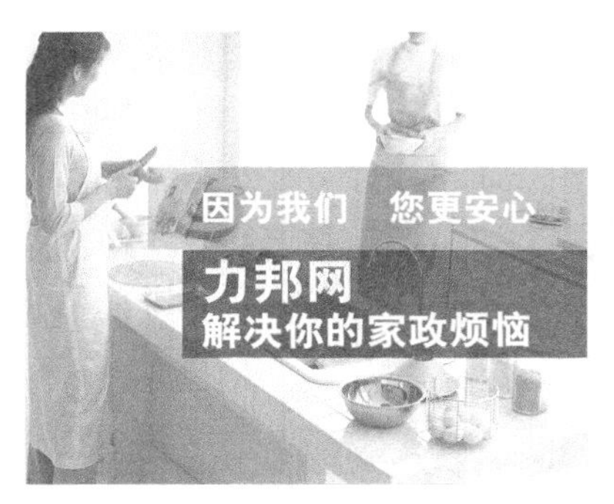

方案一

方案二

方案三

客户选择

我觉得方案二最吸引人眼球，构图比较有创意，图片选得很好，表现出了家务的繁琐，主题表达很明确；方案一的色调搭配得不错，但是整个画面感觉太平淡，而方案三没有吸引力，很难引起客户的注意。

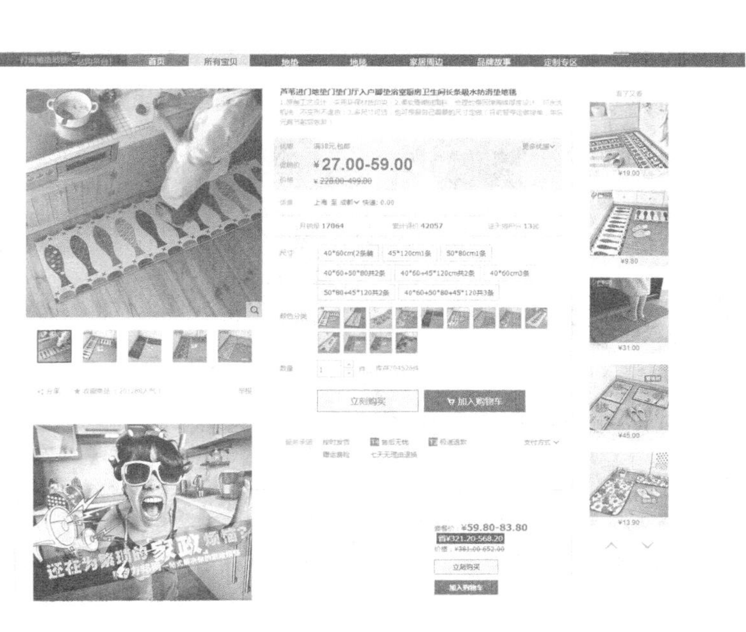

最终定稿的效果图

制作流程

01 按快捷键Ctrl+N新建一个"NO.09"个文件，具体参数设置如图5-134所示。然后导入一张素材图片（素材文件\CH05\素材23.jpg），并将其拖曳到合适的位置，如图5-135所示。

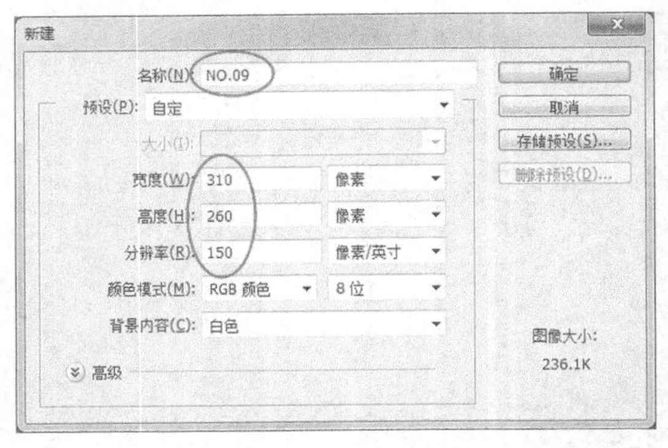

图5-134

图5-135

02 为图层添加一个【照片滤镜】调整图层，然后设置【滤镜】为水下、【浓度】为40%，如图5-136所示。接着添加一个【亮度/对比度】调整图层，设置【亮度】为2、【对比度】为8，如图5-137所示。效果如图5-138所示。

03 打开一张素材（素材文件\CH05\素材24.png），然后将其拖曳到文件中合适的位置，如图5-139所示。

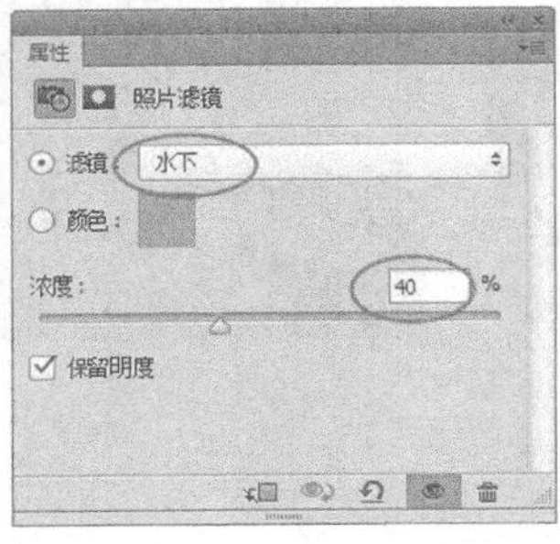

图5-136

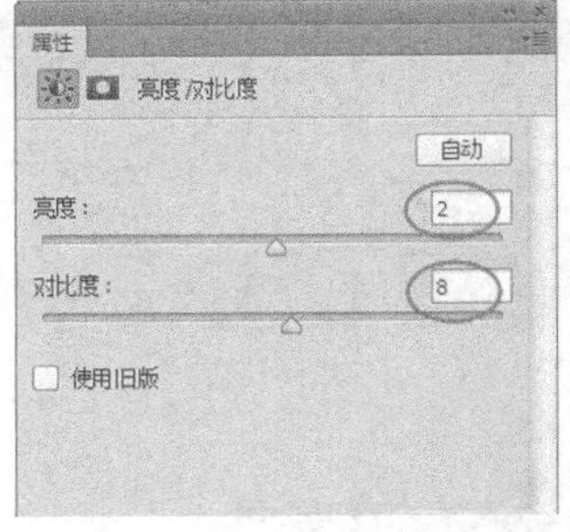

图5-137

图5-138

图5-139

04 执行图像\调整\黑白命令，将素材图像转换为黑白色，如图5-140所示。然后执行滤镜\风格化\查找边缘命令，效果如图5-141所示。

图5-140

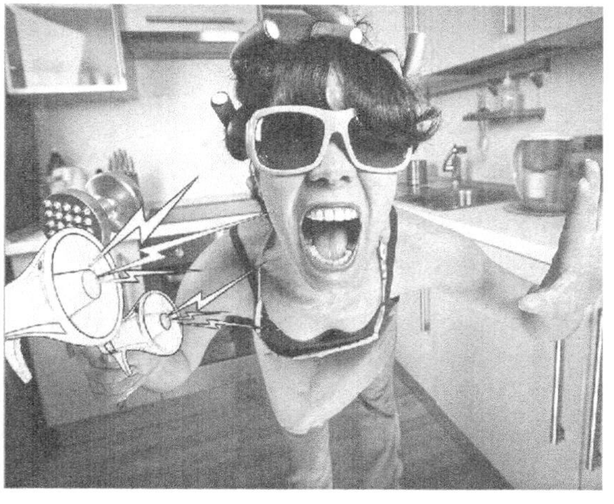

图5-141

05 设置前景色值为（R:0、G:174、B:234），然后使用【钢笔工具】绘制出选区，并填充前景色，如图5-142所示。接着设置图层的【混合模式】为【颜色加深】，效果如图5-143所示。

图5-142

图5-143

06 设置前景色值为（R:153、G:229、B:254），然后使用【横排文字工具】在绘图区域内输入文字信息，突出重要文字，并进行适当的旋转，效果如图5-144所示。

图5-144

举一反三

旋转后的文字使画面视觉效果更加出彩，更有说服力。

07 使用【钢笔工具】绘制文字的装饰图形，然后填充较亮的黄色，如图5-145所示。

举一反三

对于需要重点表现的文字，可以添加一些装饰元素，突出文字的重要性，这些元素可以自己绘制也可以在网上下载。

图5-145

08 执行图层\图层样式\外发光命令，设置比文字颜色相对较深的发光颜色，设置【扩展】为3%、【大小】为24像素，如图5-146所示。效果如图5-147所示。

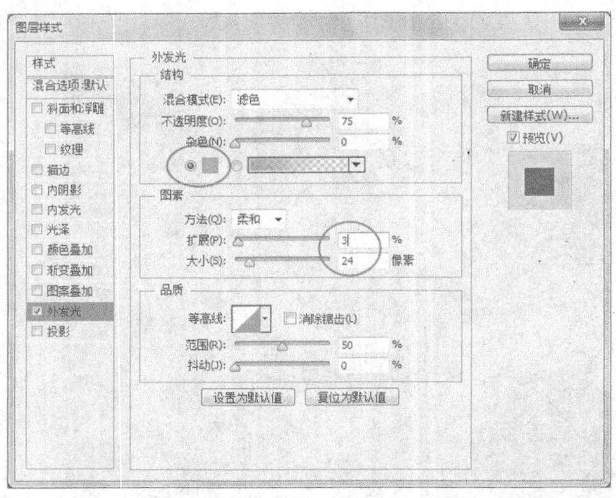

图5-146

图5-147

09 导入一张手的图标素材（素材文件\CH05\素材25.png），然后将其拖曳到合适的位置，最终效果如图5-148所示。

举一反三

图标既有装饰作用，也能起到辅助说明的作用，一个美丽的图标能吸引消费者的注意力，从而对广告产生更大的兴趣。

图5-148

5.10 沙漠旅游广告

您好，我们公司是做旅游的，最近在做一个有关沙漠的旅游线，需要做一个推广广告，尺寸为400像素×320像素。广告首先要突出“沙漠之旅”的主题，其次能够让人充满向往，同时整体效果一定要突出。

客户杨先生

文件位置：光盘>实例文件>CH05>NO.10.psd　视频位置：光盘>多媒体教学>CH05>NO.10. flv　难易指数：★★★☆☆

头脑风暴

分析1，由于客户提供的图片都不是很合适，我们选择一张能够完美展现沙漠风光的背景图片，美丽的景色就是最好的说明；分析2，沙漠的感觉总是干涸的，不妨在沙漠中放入清爽的人物，人物最好能够有思索或是陶醉的感觉，让人产生另类的感觉，引领别人去追寻； 分析3，客户提供的文字信息较少，所以必须绘制出醒目的主题文字效果。

方案展示

通过提炼和制作，我们提供了以下3种方案供客户选择。

方案一

方案二

方案三

客户选择

方案三不错。方案一的色调我不喜欢，方案二的主题表达得很明确，但是相对来说内容就没那么丰富，而方案三中人物有一种陶醉的表情，让看了的人也心生向往，并且整个画面体现出了沙漠的热情。

最终定稿的效果图

制作流程

01 按快捷键Ctrl+N新建一个“NO.10”文件，具体参数设置如图5-149所示。打开选取好的背景图片（素材文件\CH05\素材26.jpg），如图5-150所示。

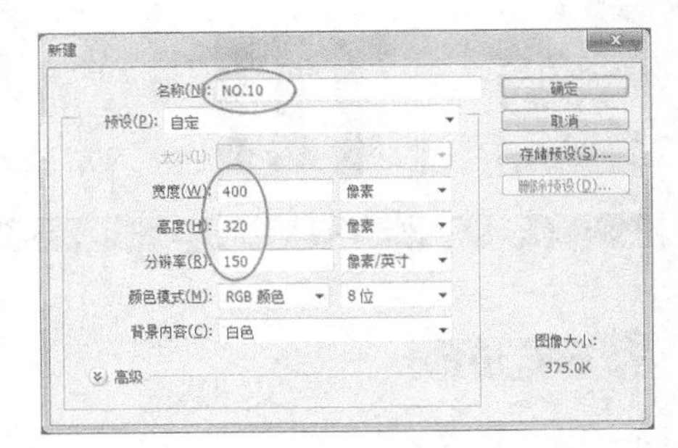

图5-149

02 添加一个【色阶】调整图层，拖动滑块如图5-151所示。效果如图5-152所示。

图5-150

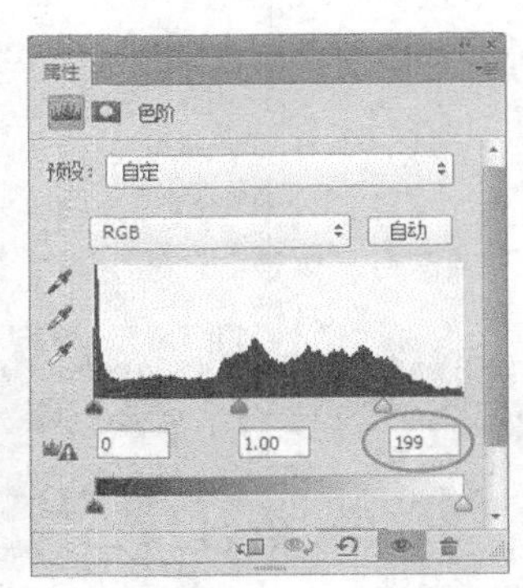

图5-151

图5-152

03 导入一张人物图片（素材文件\CH05\素材27.jpg），然后将其拖曳到合适的位置，如图5-153所示。接着为图层添加一个图层蒙版，设置前景色为黑色，再使用【画笔工具】在蒙版中涂抹隐藏图片的背景部分，效果如图5-154所示。

图5-153

图5-154

举一反三

这里使用柔边缘画笔进行涂抹，使其效果衔接自然，细节地方使用较小的画笔进行细致涂抹。

04 为人物图层添加【色彩平衡】调整图层，然后设置【中间调】的青色到红色值为【+45】、洋红到绿色值为【+13】，参数设置如图5-155所示。效果如图5-156所示。

05 使用【横排文字工具】在绘图区域内输入标题文字，并选择稍显厚重有震慑力的字体，如图5-157所示。

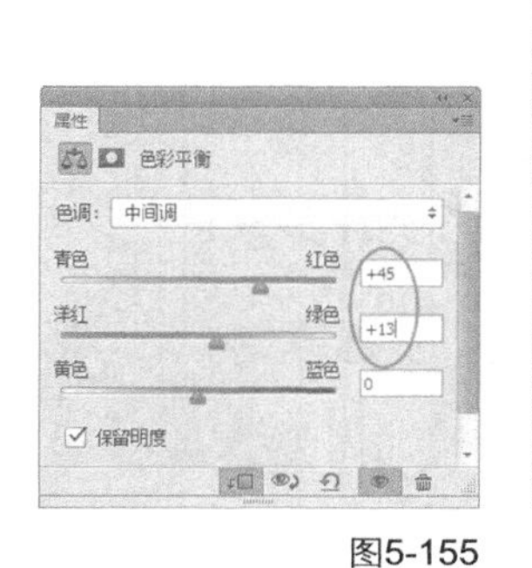

图5-155

图5-156

图5-157

06 执行图层\图层样式\斜面和浮雕命令，然后设置【深度】为150%、【大小】为2像素，如图5-158所示。接着单击【渐变叠加】选项，编辑出如图5-159所示的渐变效果。

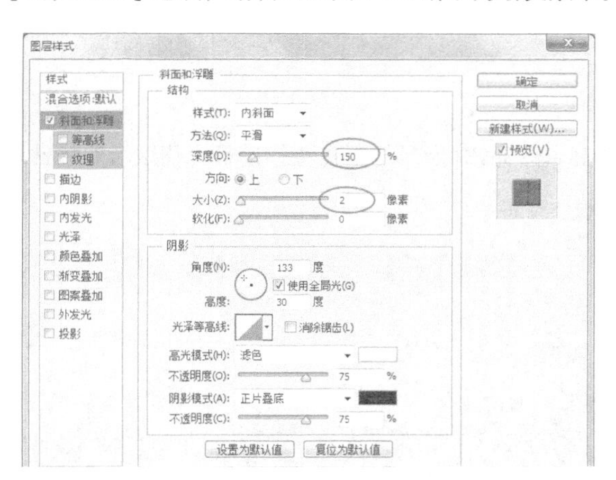

图5-158

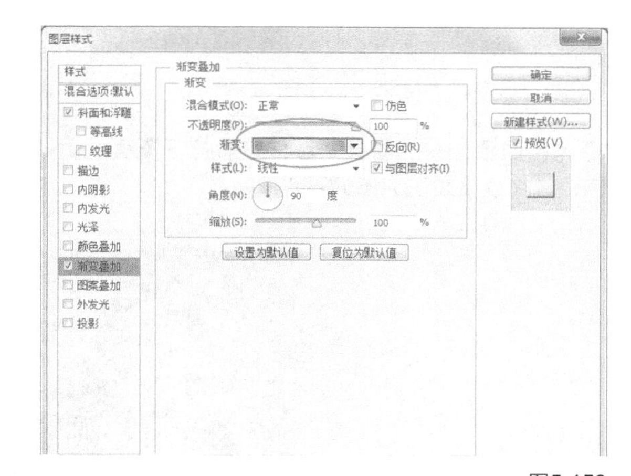

图5-159

07 单击【投影】选项，设置【角度】为133度、【大小】为5像素，如图5-160所示。效果如图5-161所示。

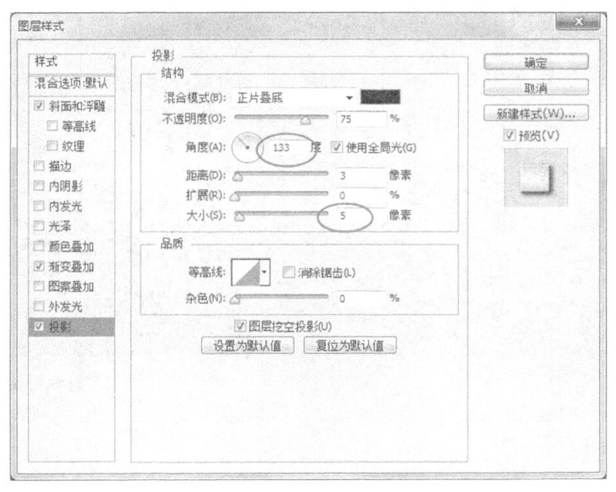

图5-160

图5-161

08 设置前景色为白色，然后使用【横排文字工具】输入其他文字信息，并将文字进行错落有致的摆放，如图5-162所示。

09 新建图层，然后使用【矩形选框工具】绘制出合适的选区，再设置前景色值为（R:255、G:162、B:0）进行填充，如图5-163所示。

图5-162

图5-163

10 为图层添加一个图层蒙版，然后打开渐变编辑器，编辑出如图5-164所示的渐变色，接着为蒙版填充线性渐变色，最终效果如图5-165所示。

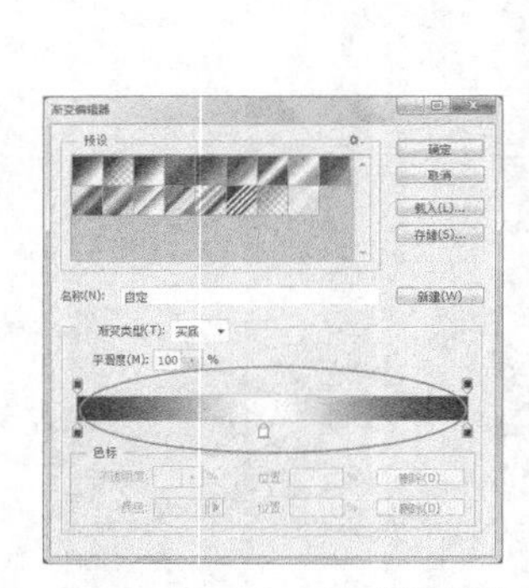

图5-164

图5-165

5.11 手表广告

我们公司是销售高端手表的，现在想做一个尺寸为450像素×410像素的豆腐块广告。我希望广告能够第一时间吸引顾客的眼球，要突出我们这一款手表的特点，我们会提供相关图片，期待你能设计出霸气的广告。

客户彭先生

文件位置：光盘>实例文件>CH05>NO.11.psd　　视频位置：光盘>多媒体教学>CH05>NO.11. flv　　难易指数：★★★☆☆

头脑风暴

分析1，手表是高贵和身份的象征，考虑以黑色作为主色调，体现产品的高端；分析2，选择黑色和黄色的强烈对比使画面具有视觉冲击力，吸引顾客的注意；分析3，使用色块突出手表的特点，精简信息，重点把握。

方案展示

通过提炼和制作，我们提供了以下3种方案供客户选择。

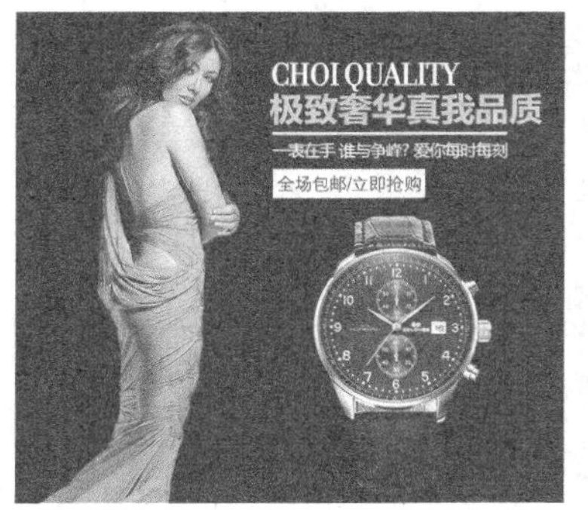

方案一

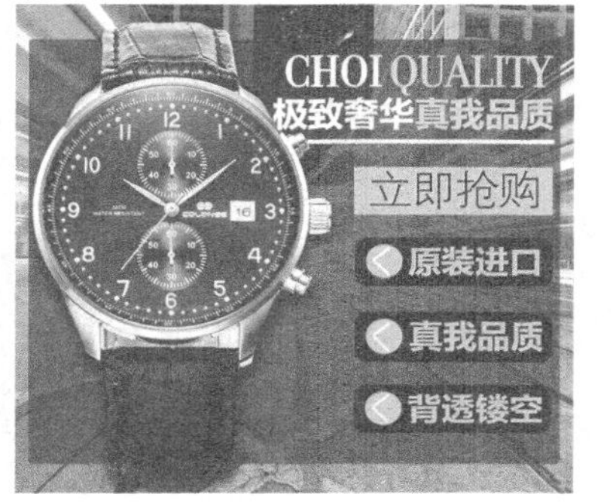

方案二

方案三

客户选择

方案一也太简单了，而且没有什么说服力，不是我想要的效果；而方案三有种高端大气的感觉，但是文字感觉很散，效果也不出彩；方案二我很喜欢，首先画面很炫，能够吸引客户的眼光，信息也表达得比较明确，体现出了我想要的感觉。

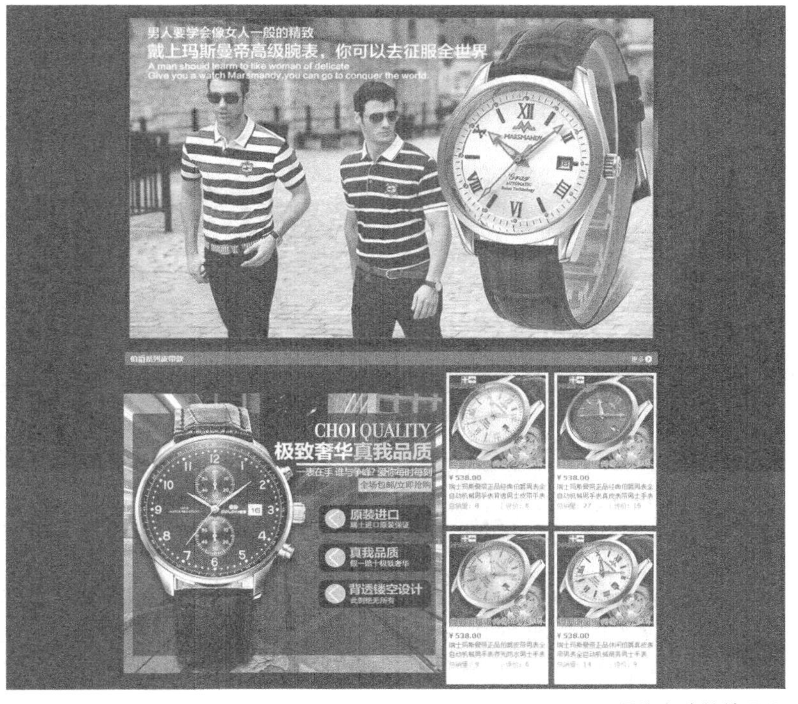

最终定稿的效果图

制作流程

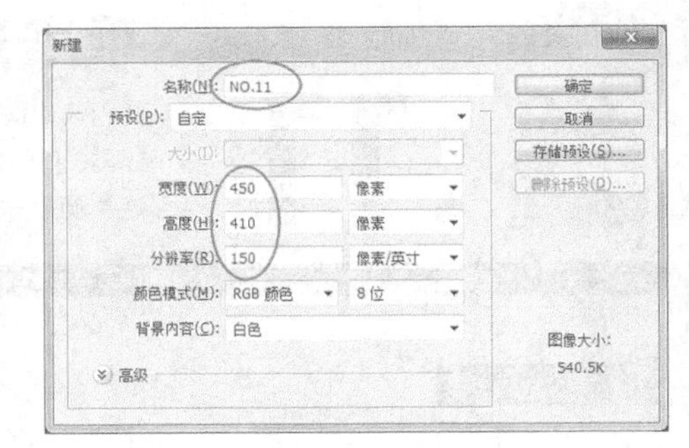

图5-166

01 按快捷键Ctrl+N新建一个“NO.11”文件，具体参数设置如图5-166所示。然后打开选取好的背景图片（素材文件\CH05\素材28.jpg），如图5-167所示。

02 单击【圆角矩形工具】，然后设置绘图模式为【形状】，填充颜色值为（R:31、G:16、B: 5），设置【半径】为5像素，接着绘制出如图5-168所示的图像。

图5-167

图5-168

03 调整图层的【不透明度】为65%，效果如图5-169所示。

04 导入手表图片（素材文件\CH05\素材29.png），然后将其拖曳到合适的位置，如图5-170所示。

图5-169

图5-170

05 执行图层\图层样式\投影命令，设置【距离】为12像素、【大小】为16像素，如图5-171所示。效果如图5-172所示。

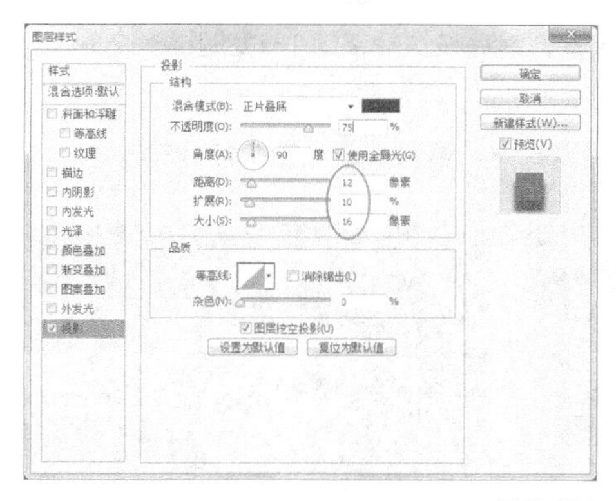

图5-171

图5-172

06 为手表图层添加一个【亮度/对比度】调整图层，然后设置【亮度】为25、【对比度】为10，如图5-173所示。接着添加一个【自然饱和度】调整图层，设置【饱和度】为+30，如图5-174所示。效果如图5-175所示。

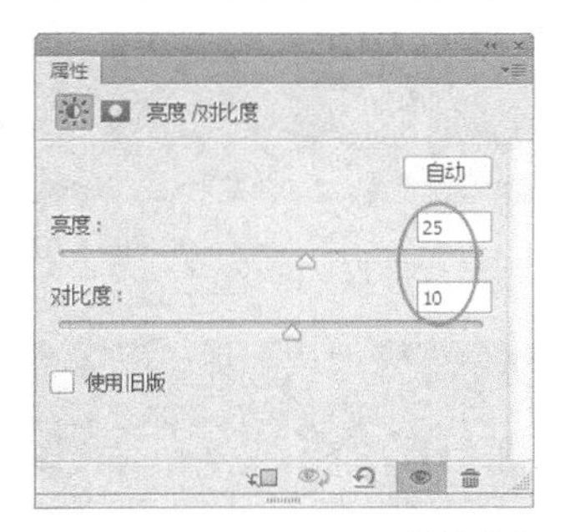

图5-173

图5-174

图5-175

07 使用【横排文字工具】在图像上方输入文字信息，并设置合适的字体和大小，如图5-176所示。

08 使用【矩形选框工具】绘制出合适的选区，并分别填充合适的颜色，效果如图5-177所示。

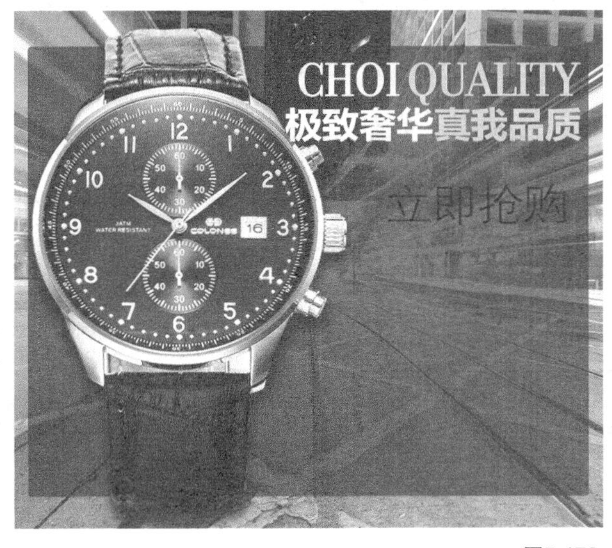

图5-176

图5-177

09 新建一个图层，然后单击【圆角矩形工具】，接着设置绘图模式为【形状】，填充颜色为黑色，设置【半径】为13像素，绘制出如图5-178所示的图像。

10 使用【椭圆工具】绘制出如图5-179所示的圆形图案，然后按快捷键Ctrl+J复制出多个副本图层，将其分别移动到合适的位置，效果如图5-180所示。

11 使用【横排文字工具】在绘图区域内输入相应的文字信息，最终效果如图5-181所示。

图5-178

图5-179

图5-180

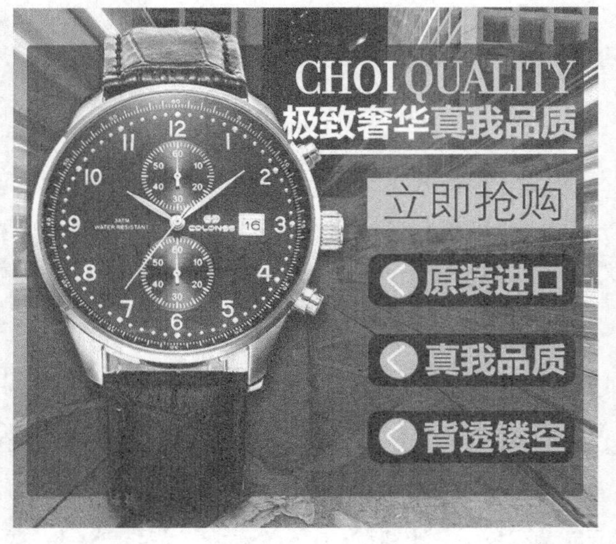

图5-181

举一反三

网页广告的空间一般较小，所以画面的文字不能太小，否则会影响阅读，对于重点突出的文字应选择比较厚重的字体或者设置为较大的字号。

5.12 婴儿奶粉广告

我们公司是销售婴儿奶粉的，现在要做一个产品展示的大图，尺寸是400像素×400像素，产品是没有任何添加剂的，销量一直排行第一，现在活动期间购买产品都有优惠的，内容基本就这些。

客户吴女士

文件位置：光盘>实例文件>CH05>NO.12.psd　视频位置：光盘>多媒体教学>CH05>NO.12. flv　难易指数：★★★★☆

头脑风暴

分析1，因为是婴儿奶粉，应选择粉红色或淡蓝色等比较柔和的颜色进行表现；分析2，可以利用天然养殖场等因素体现产品的无污染和安全性；分析3，产品销量是第一，可以用皇冠等比较闪光的东西进行体现；分析4，客户所要表现的信息相对较多，在制作过程中要对其中的主次关系进行区分。

方案展示

通过提炼和制作，我们提供了以下3种方案供客户选择。

方案一

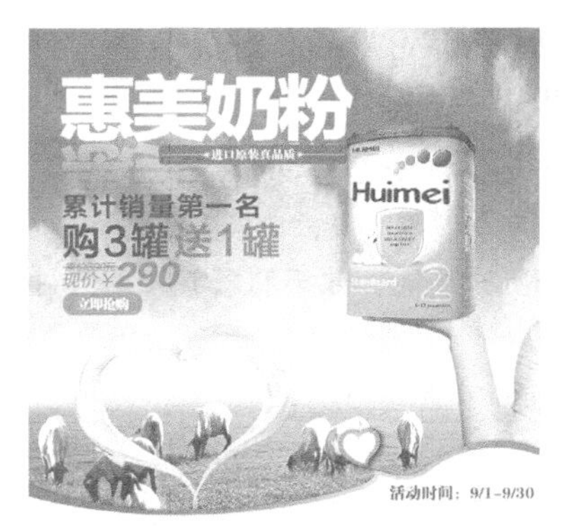

方案二

方案三

客户选择

我比较喜欢方案一。首先方案二没有表达出温馨的感觉，而且显得也不够档次，方案三也不错，但是相比之下我还是更喜欢方案一，它体现出了我们产品的安全性，促销信息很突出，而且画面有新意，色调也很舒服。

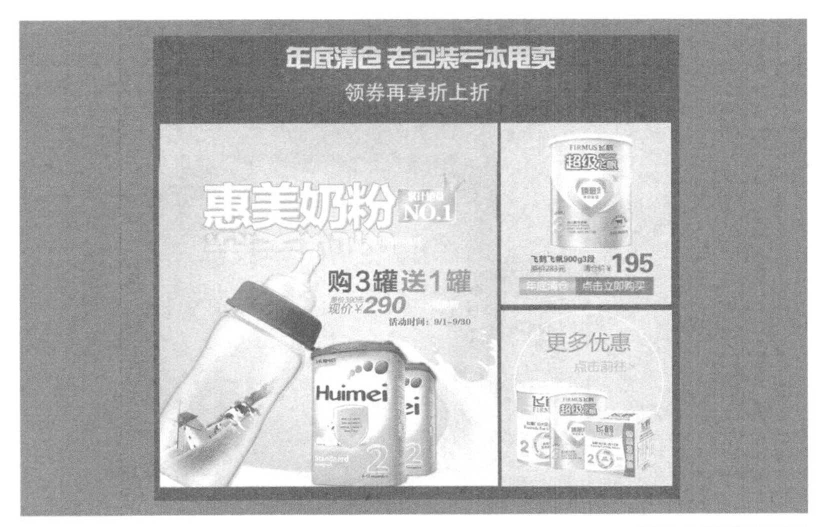

最终定稿的效果图

制作流程

01 按快捷键Ctrl+N新建一个“NO.12”文件，参数设置如图5-182所示。

02 新建一个图层，然后打开渐变编辑器，编辑出如图5-183所示的渐变，接着为选区填充径向渐变，效果如图5-184所示。

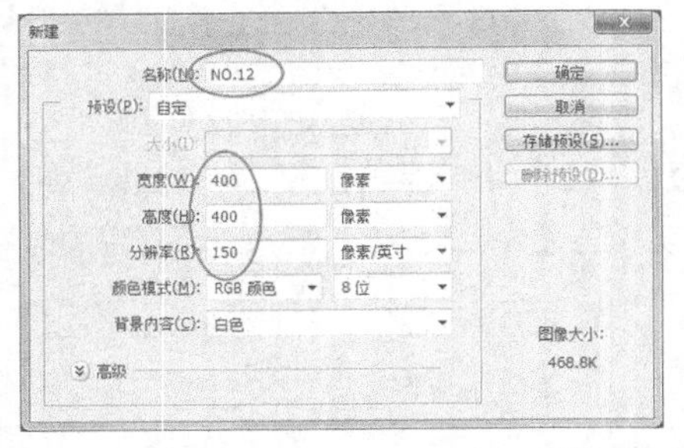

图5-182

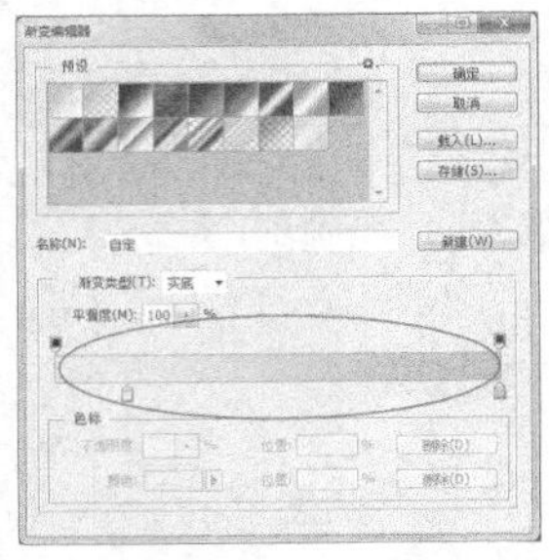
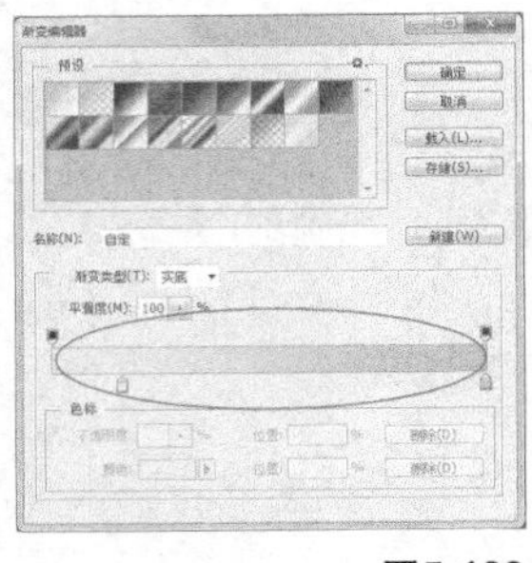

图5-183

图5-184

03 导入两张素材图片（素材文件\CH05\素材30.jpg、素材31.png），然后将其拖曳到合适的位置，效果如图5-185所示。

04 继续导入素材图片（素材文件\CH05\素材32.png），如图5-186所示。然后为素材添加一个【色相/饱和度】调整图层，切换到【洋红】选项，设置【色相】为-66，如图5-187所示。效果如图5-188所示。

举一反三

此处的奶瓶主色调偏洋红，我们要切换到相应的色彩调模式再进行调色。

图5-185

图5-186

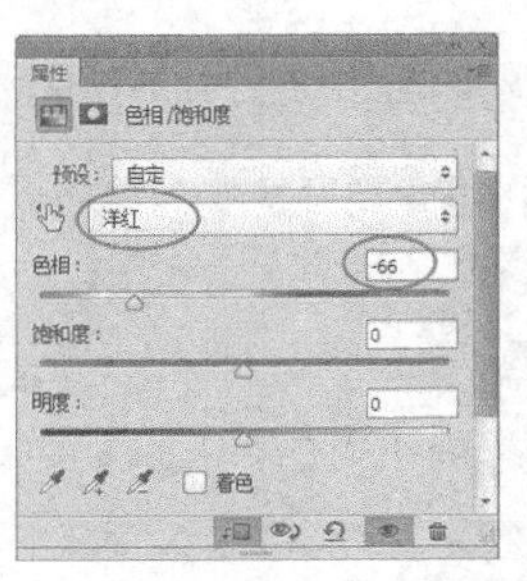

图5-187

图5-188

05 设置前景色为白色，然后使用【横排文字工具】在绘图区域内输入相应的产品文字信息，效果如图5-189所示。

06 执行图层\图层样式\斜面和浮雕命令，然后设置【大小】为4像素、【软化】为6像素，并设置阴影颜色为蓝色，如图5-190所示。接着单击【描边】选项，设置合适的描边颜色，如图5-191所示。效果如图5-192所示。

图5-189

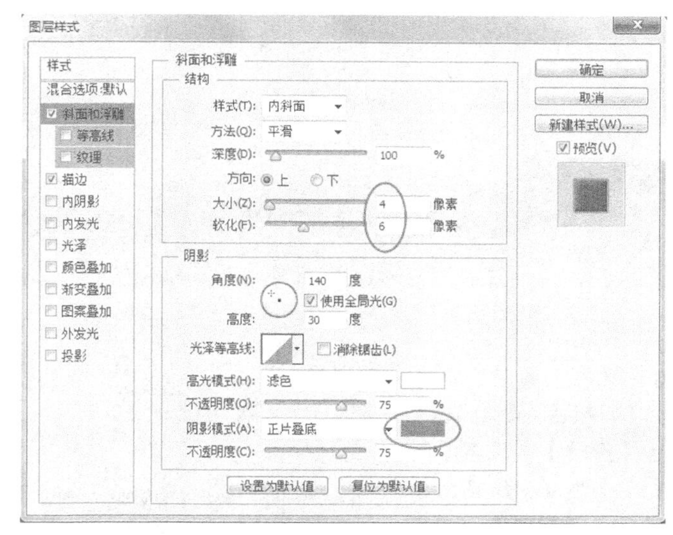

图5-190

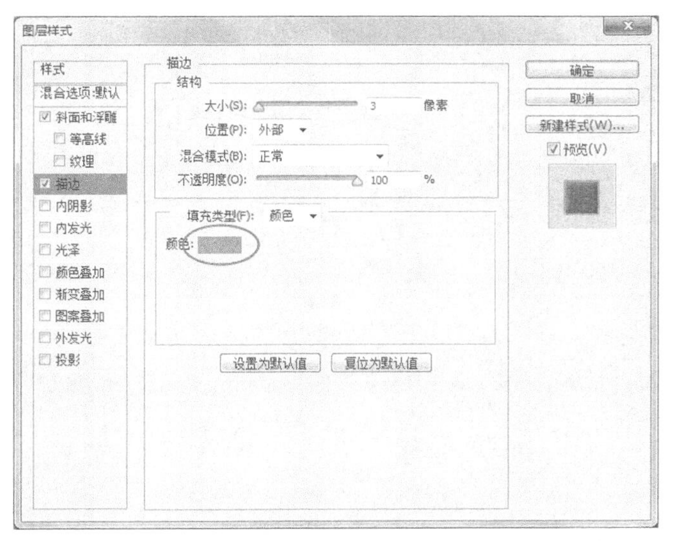

图5-191

图5-192

举一反三

添加斜面和浮雕的样式可以制作出立体感，通过调整大小和软化的数值达到效果，大小用来设置高台的高度，最好和深度配合使用，柔化一般用来对整个效果进行进一步的模糊，使对象的表面更加柔和，减少棱角感。

07复制一个文字副本图层，然后执行编辑\变换\垂直翻转命令，接着为图层添加一个图层蒙版，并为蒙版填充黑白渐变色，制作出如图5-193所示的文字倒影效果。

举一反三

在为蒙版填充渐变色后，可适当降低不透明度，使投影的效果更加自然。

图5-193

08单击【圆角矩形工具】，然后设置绘图模式为【形状】，设置【填充】为渐变，编辑出金属质感的渐变色，如图5-194所示。接着绘制出如图5-195所示的圆角矩形。

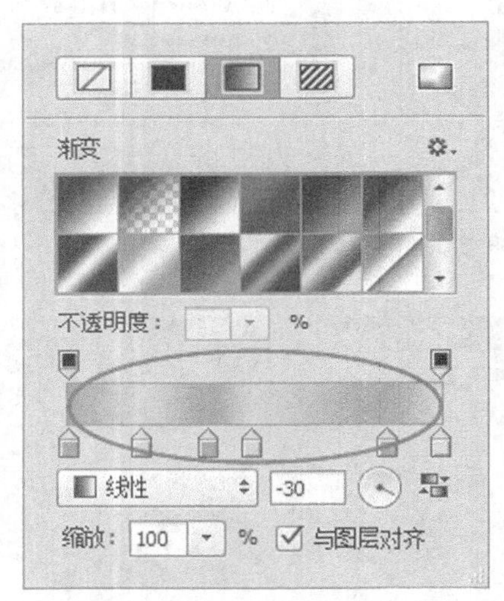

图5-194

图5-195

09使用【钢笔工具】和【椭圆选框工具】绘制皇冠的选区，然后填充合适的渐变色，如图5-196所示。接着使用【横排文字工具】输入文字信息，效果如图5-197所示。

图5-196

图5-197

10 继续使用【圆角矩形工具】绘制出如图5-198所示的效果。

11 使用【横排文字工具】输入产品促销信息，然后设置合适的字体和颜色，如图5-199所示，接着使用柔边缘画笔绘制出星光效果，效果如图5-200所示。应用网页的效果如图5-200所示。

图5-198

图5-199

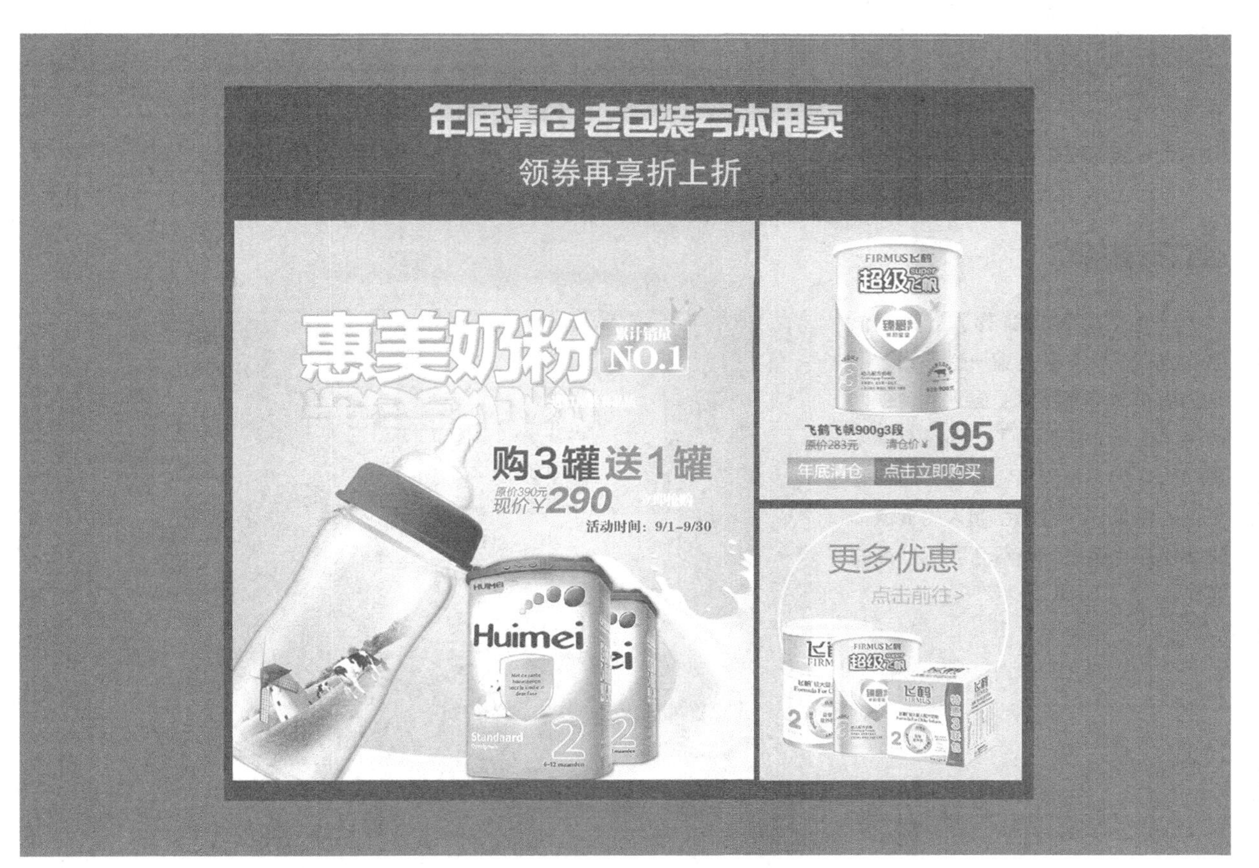

图5-200

5.13 五谷杂粮广告

您好，我们公司是销售五谷杂粮的，现在要做一个尺寸为400像素×400像素的广告图片。我们的产品是走高端路线的，广告要呈现产品的美味还要使画面要显得高端大气，然后要突出文字信息，我的要求基本就这些。

客户李先生

文件位置：光盘>实例文件>CH05>NO.13.psd　视频位置：光盘>多媒体教学>CH05>NO.13. flv　难易指数：★★★☆☆

头脑风暴

分析1，选取近景图片体现出产品的优质；分析2，可以通过烟雾等特效表现产品的美味；　分析3，客户提供的图片不是很好，可以将相关元素合成一张完美的图片。

方案展示

通过提炼和制作，我们提供了以下3种方案供客户选择。

方案一

方案二

方案三

客户选择

这几个方案我都看了下，我很喜欢方案三，其实方案一也不错，但是画面中的产品不能引起人的食欲；而方案二就比较普通了，现在有很多类似的广告，没有独特性；方案三有高端的感觉，而且能引起人的食欲，文字信息也突出了，符合我们产品的定位。

最终定稿的效果图

制作流程

01 按快捷键Ctrl+N新建一个“NO.13”文件，具体参数设置如图5-201所示。然后导入一张素材图片（素材文件\CH05\素材33.jpg），并将其拖曳到合适的位置，如图5-202所示。

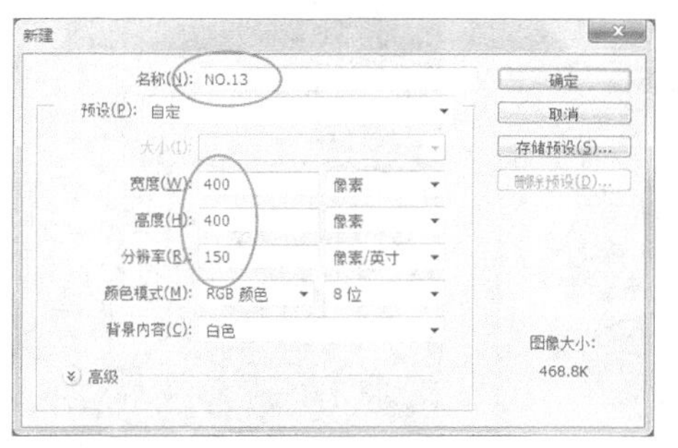

图5-201

图5-202

02 为图层添加一个【色阶】调整图层，拖动滑块如图5-203所示。效果如图5-204所示。

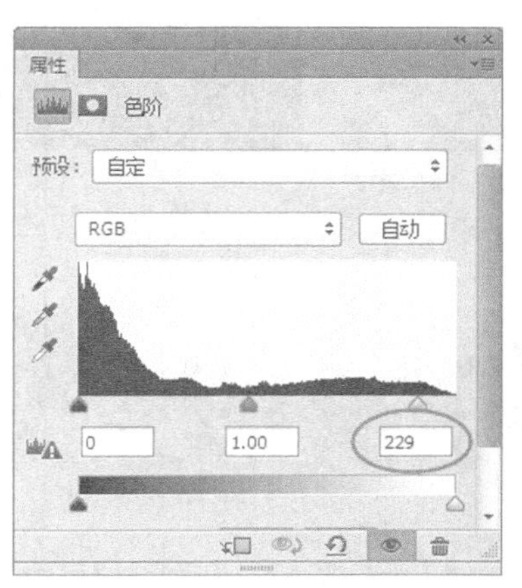

图5-203

图5-204

03 接着导入一张素材图片（素材文件\CH05\素材34.jpg），然后将其拖曳到合适的位置，如图5-205所示。接着为米饭图层添加一个图层蒙版，设置前景色为黑色，再使用柔边缘画笔在蒙版中进行涂抹隐藏背景部分，效果如图5-206所示。

图5-205

图5-206

04 为米饭图层添加一个【自然饱和度】调整图层，设置【自然饱和度】为+45、【饱和度】为+20，如图5-207所示。效果如图5-208所示。

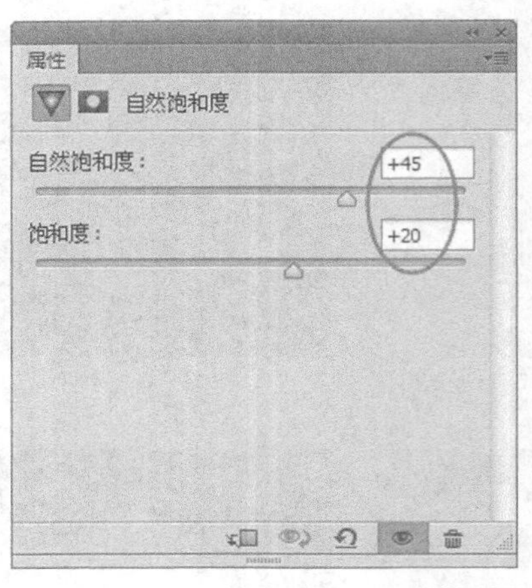

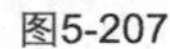
图5-207

图5-208

举一反三

可以用自然饱和度、色阶、曲线等命令来调整图片的亮度，但在调整过程中不能过分提高亮度，否则可能会导致图片失真，失去部分细节。

05 为图片添加一点烟雾效果，载入烟雾画笔文件（素材文件\CH05\素材35. abr），然后设置前景色为白色，再使用载入的画笔绘制出烟雾效果，如图5-209所示。接着使用【涂抹工具】在烟雾边缘涂抹出自然的效果，效果如图5-210所示。

图5-209

图5-210

图5-211

06 导入客户提供的LOGO图片(素材文件\CH05\素材36.png)，然后将其拖曳到合适的位置，如图5-211所示。

07 载入徽章图案的形状（素材文件\CH05\素材37.csh），如图5-212所示。

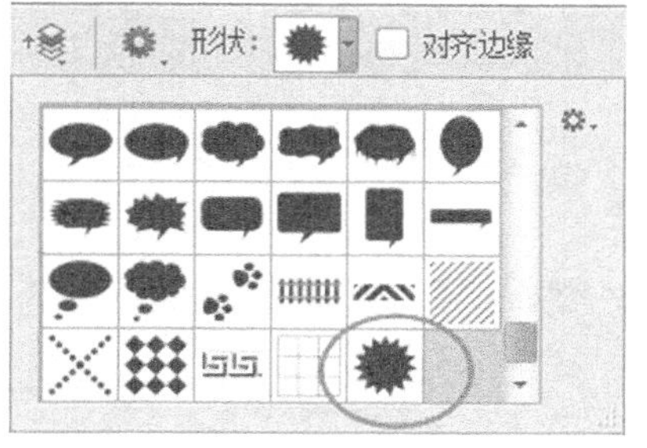

图5-212

08 单击【自定义形状工具】，然后设置绘图模式为【形状】，设置【填充】为渐变，编辑出如图5-213所示的渐变色，接着使用载入的形状绘制出如图5-214所示的徽章图像。

09 使用【横排文字工具】在徽章图像上输入相应的文字信息，效果如图5-215所示。

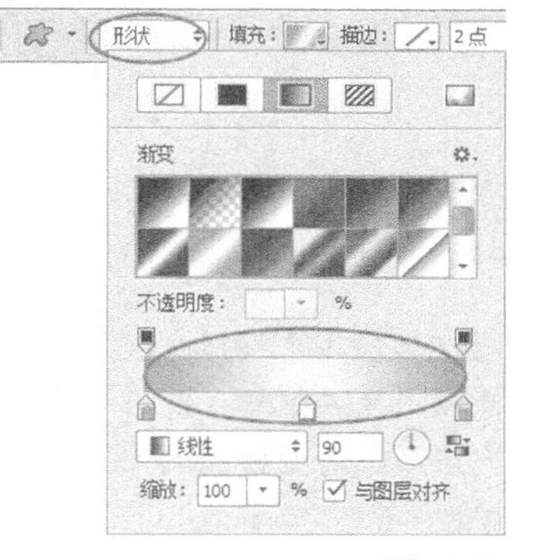

图5-213

图5-214

图5-215

10 在文字图层执行图层\图层样式\渐变叠加命令，编辑出如图5-216所示的渐变效果，效果如图5-217所示。

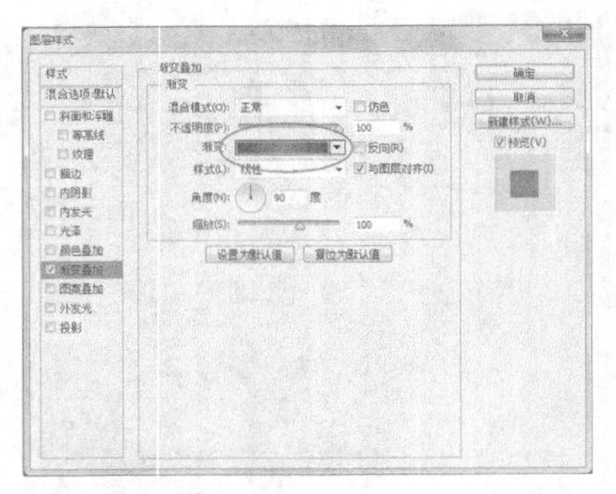

图5-216

图5-217

11 继续使用【横排文字工具】在画面输入文字信息，然后运用相同的方法添加渐变叠加的效果，最终效果如图5-218所示。

图5-218

5.14 摄影写真广告

您好，我们是摄影公司的，现在要做关于艺术写真的豆腐块广告，尺寸为380像素×380像素，我希望画面的效果是与众不同的，还要体现我们的价格优惠信息，画面要大气。

文件位置：光盘>实例文件>CH05>NO.14.psd　视频位置：光盘>多媒体教学>CH05>NO.14. flv　难易指数：★★★☆☆

头脑风暴

分析1，艺术写真一般的效果是比较唯美的，首先将图片调整出唯美或者高雅的效果；分析2，通过稍显夸张的文字大小对比体现画面的与众不同；分析3，将产品的优惠信息作为相对独立的区域进行展示，达到醒目的效果，促进消费者购买。

方案展示

通过提炼和制作，我们提供了以下3种方案供客户选择。

方案一

方案二

方案三

客户选择

方案二很不错，首先图片我很喜欢，色调非常的清新唯美，有种另类的感觉，而且信息也比较集中，整体比较符合写真摄影的定位，我很满意，另外两个方案感觉不是很好，我就不说了。

最终定稿的效果图

制作流程

01 按快捷键Ctrl+N新建一个“NO.14”文件，具体参数设置如图5-219所示。然后导入一张素材图片（素材文件\CH05\素材38.jpg），并将其拖曳到合适的位置，如图5-220所示。

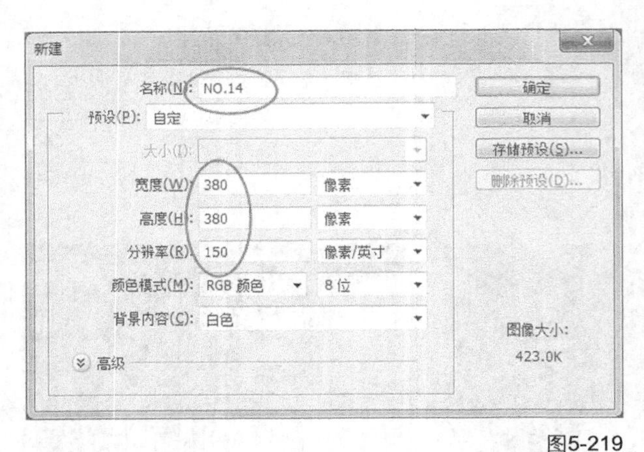

图5-219

图5-220

02 为图层添加一个【照片滤镜】调整图层，然后设置【滤镜】为冷却滤镜（80），如图5-221所示。接着继续添加一个【色阶】调整图层，将滑块拖曳到如图5-222所示的位置，效果如图5-223所示。

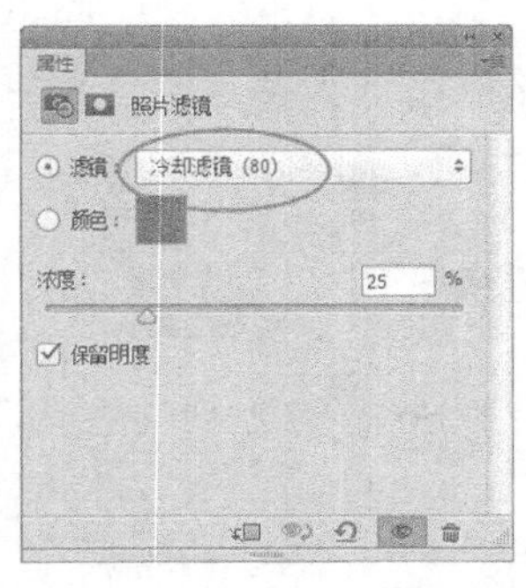

图5-221

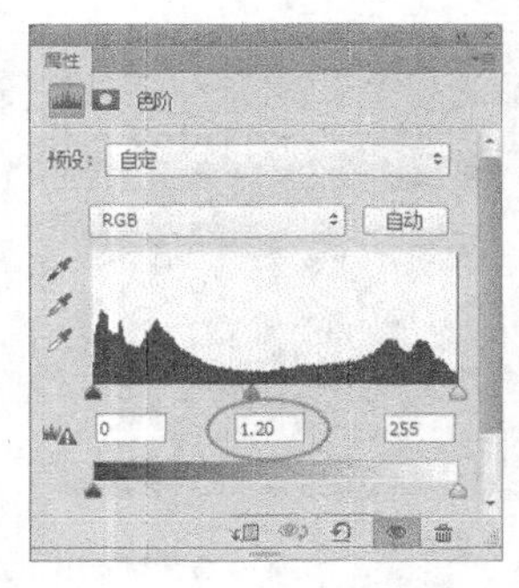

图5-222

图5-223

举一反三

加温滤镜是缓和暖色调，冷却滤镜是给图片色调降温，调成冷色调，也可以手动变换色调，建一个空白图层，然后填充适当颜色，调整图层透明度，或者调整图层混合模式为柔光，能够达到类似的效果。

03 按快捷键Ctrl+Alt+Shift+E盖印可见图层，得到一个新的图层，然后使用【钢笔工具】勾画出背景部分的选区，如图5-224所示。再按快捷键Shift+F6进行适当的羽化，接着执行滤镜\模糊\高斯模糊命令，设置【半径】为10像素，如图5-225所示。效果如图5-226所示。

图5-224

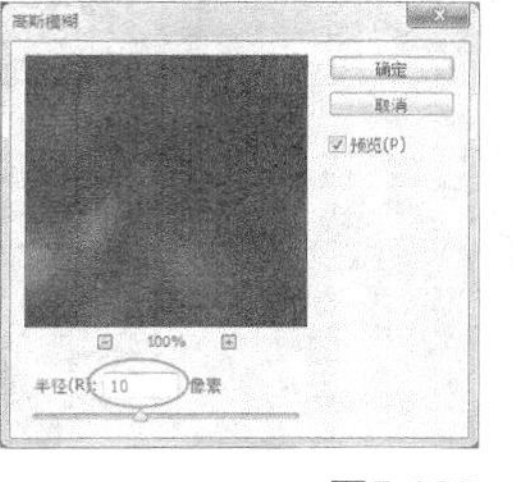

图5-225

图5-226

举一反三

适当模糊背景可以使主体图像更加突出。

04 使用【横排文字工具】在绘图区域内输入文字信息，并为文字设置合适的颜色，效果如图5-227所示。

05 设置文字图层的【混合模式】为【叠加】，效果如图5-228所示。

图5-227

图5-228

举一反三

将图层的混合模式设置为叠加时，能够保持底层图像的高光和暗调，丰富文字效果。

06 继续使用【直排文字工具】输入文字，如图5-229所示。在【诱惑】文字图层执行图层\图层样式\投影命令，设置合适的阴影颜色，再设置【距离】和【大小】为5像素，如图5-230所示。效果如图5-231所示。

07 打开花朵素材图片（素材文件\CH05\素材39.psd），然后将其拖曳到文件中合适的位置，如图5-232所示。

图5-229

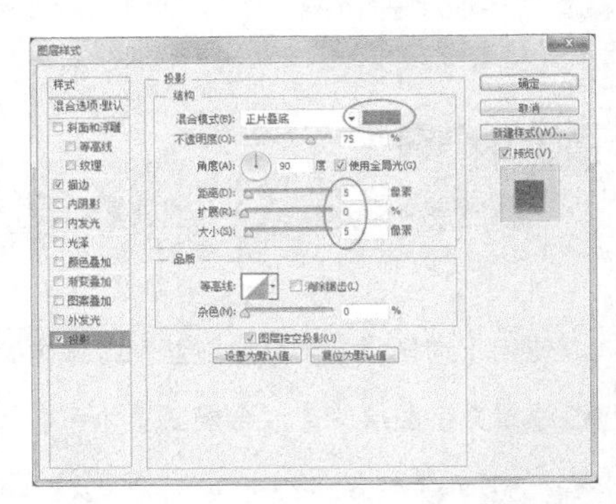

图5-230

图5-231

图5-232

08 设置前景色值为（R:255、G:49、B:101），然后使用【矩形选框工具】绘制出合适的选区，再填充前景色，如图5-233所示。接着添加阴影效果，效果如图5-234所示。

图5-233

图5-234

举一反三

画面的背景色调比较多，如果直接将文字放上去会影响阅读效果，添加底色不仅能突出文字，而且使广告更有说服力，这里的颜色选择画面中较亮的色彩，达到醒目的效果。

09 使用【矩形工具】绘制出其他矩形装饰图案，效果如图5-235所示。

图5-235

10 使用【横排文字工具】在矩形块内输入文字信息，最终效果如图5-236所示。

图5-236

对联广告设计

本章我们将根据客户要求以及广告位置，学会分析访问者心理需求，制作出符合要求的对联广告，并合理布局广告内容，力求达到左右呼应。

对联广告通常使用JPG或者GIF格式的图像文件，也可以使用其他的多媒体，这种广告集动画、声音和文字于一体，富有表现力，具有交互性和娱乐性的特点，多用于游戏、培训和化妆品等产品宣传，为各行各业推销产品和服务，传播企业文化和经营理念。

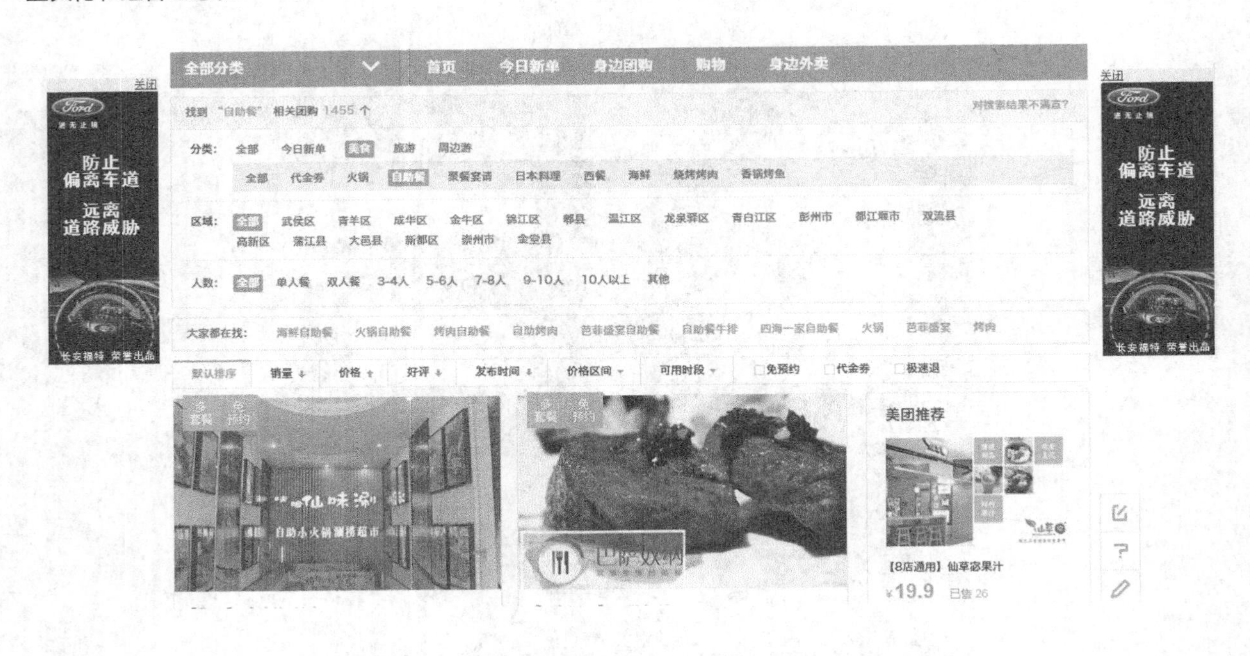

对联广告重视的是呼应宣传，即左右内容一样，或者左右内容承上启下。最常见的对联广告包括纯图片的对称排列、色块文本搭配的对称排列和同样的小动画对称播放形式，相比较来说，两边内容互补的对联广告和特效视频短片广告要更抢眼一些。

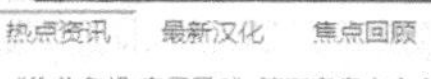

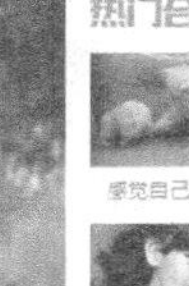

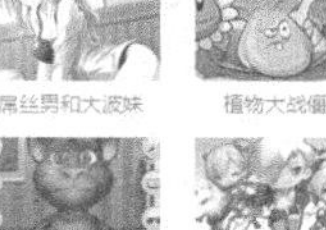

6.1 时尚旅行箱广告

我开的是时尚旅行箱的网店，想做一个210像素×480像素的对联广告，我们提供你一款粉红色的旅行箱照片，要做出旅行的感觉，就是那种说走就走的洒脱感觉。

客户林女士

文件位置：光盘>实例文件>CH06>NO.01.psd　视频位置：光盘>多媒体教学>CH06>NO.01. flv　难易指数：★★☆☆☆

头脑风暴

分析1，客户展示的产品偏向于女性时尚的风格；分析2，为了表达出旅途含义背景上面选择都市夜景、异域城市街景和度假沙滩来表现；分析3，颜色上采取相似颜色体现产品的女性特色。

方案展示

通过提炼和制作，我们提供了以下3种方案供客户选择。

方案一

方案二

方案三

客户选择

方案一颜色很炫，很有都市灯红酒绿的感觉，但是产品上面的文本感觉不好；方案二感觉很不错，颜色统一有女性的时尚的感觉，背景上也有旅行特色；方案三也很不错，但是与方案二相比，效果不突出。就选方案二吧。

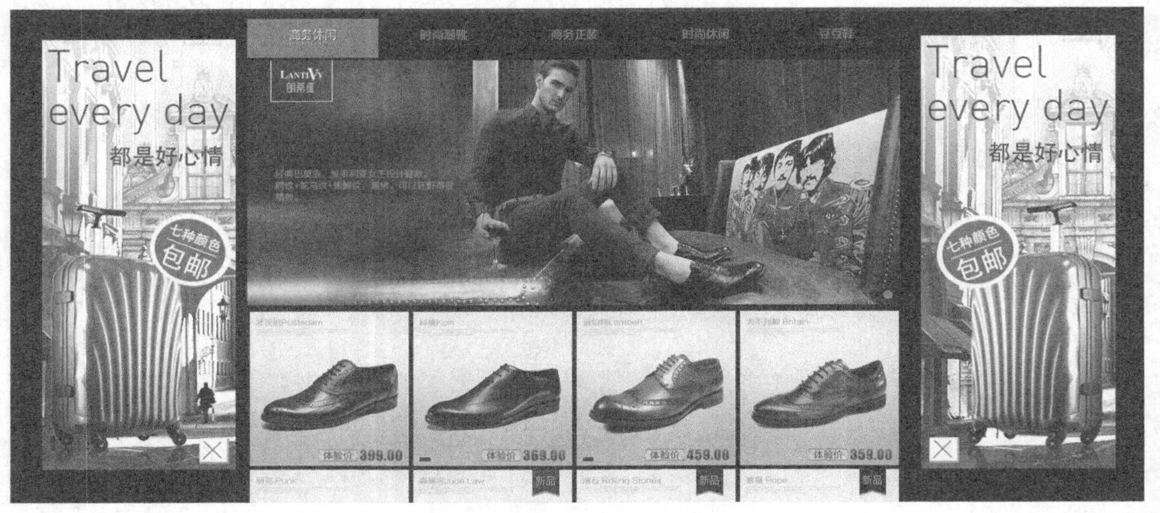

最终定稿的效果图

制作流程

01 按快捷键Ctrl+N新建一个“NO.01”文件，具体参数设置如图6-1所示。

02 导入选择的背景图（素材文件\CH06\素材01.jpg），然后将其拖曳到合适的位置调整大小，效果如图6-2所示。

举一反三

由于对联广告的特殊性，我们在选择背景图的时候必须注意图片垂直方向的精彩程度，保证在垂直区域内能够很好地诠释广告含义，并且在内容上可以起到左右呼应的效果。

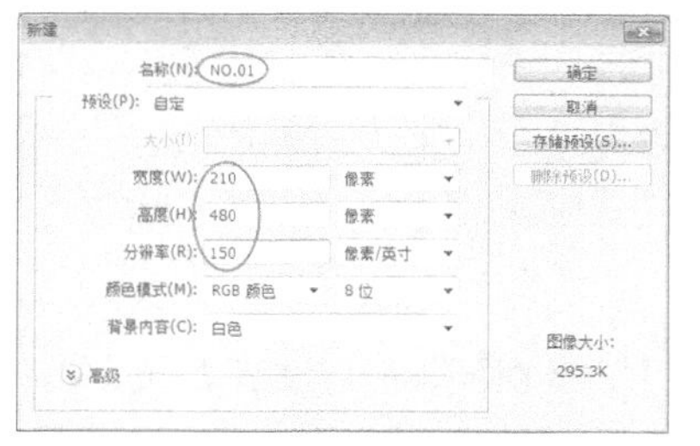

图6-1

图6-2

03 复制背景图层，然后设置图层的【混合模式】为【滤色】，如图6-3所示。接着再复制背景图层，再设置图层的【混合模式】为【柔光】，如图6-4所示。

04 新建图层，然后设置前景色为白色进行填充，接着添加一个图层蒙版，再使用【渐变工具】制作出线性渐变透明效果，如图6-5所示。

图6-3

图6-4

图6-5

05 为背景添加一个【可选颜色】调整图层，参数设置如图6-6~图6-9所示。效果如图6-10所示。

举一反三

灵活地使用同色系进行广告设计，可以体现产品的特性和整个画面的统一。

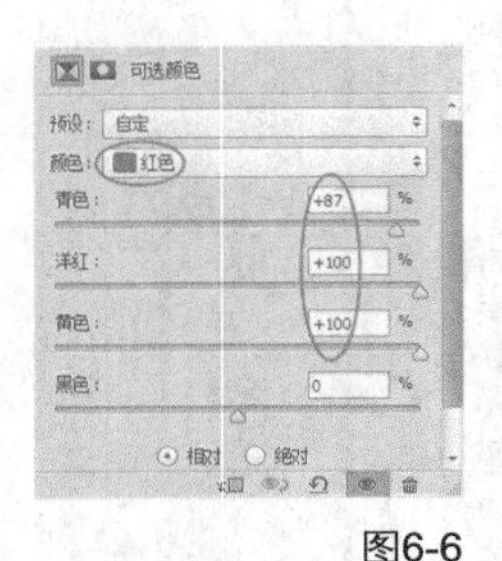
图6-6

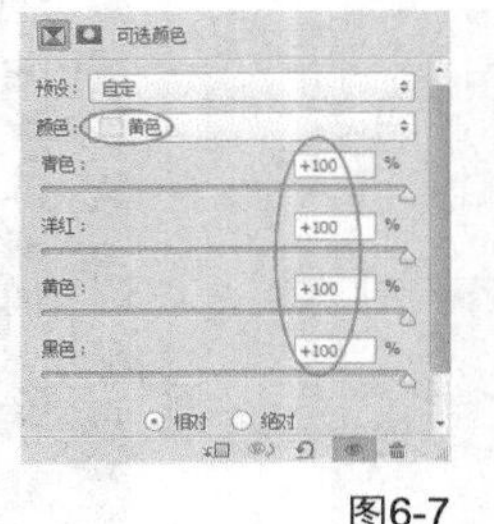
图6-7

图6-8

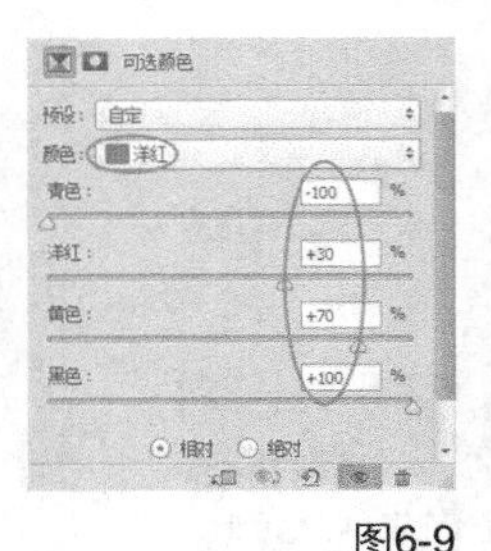
图6-9

图6-10

06 为背景添加一个【自然饱和度】调整图层，然后设置【自然饱和度】为+49、【饱和度】为-36，如图6-11所示。

07 为背景添加一个【亮度/对比度】调整图层，然后设置【亮度】为45、【对比度】为-14，如图6-12所示。效果如图6-13所示。

08 选择合适的产品图片（素材文件\CH06\素材02.jpg）拖曳到软件中，然后使用【多边形套索工具】进行抠图，接着将素材拖曳到广告中，如图6-14所示。

09 复制产品素材，然后调整图层的【混合模式】为【滤色】，接着添加蒙版，再使用【渐变工具】制作出线性渐变透明效果，如图6-15所示。

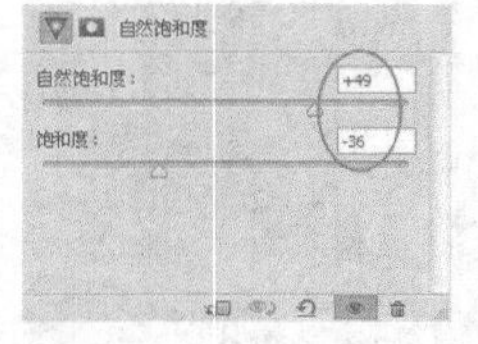
图6-11

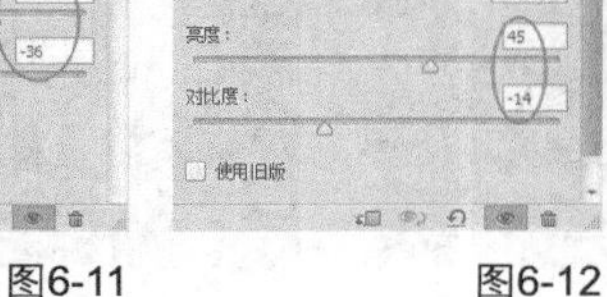
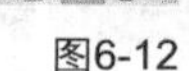
图6-12

图6-13

图6-14

图6-15

10 复制调整过的产品图层，使效果更加强烈，如图6-16所示。然后将产品图层复制进行垂直翻转，再调整位置形成倒影，如图6-17所示。

11 为倒影添加蒙版，然后使用【渐变工具】制作出线性渐变透明效果，如图6-18所示。

12 设置前景色值为（R:59、G:16、B:17），然后使用【横排文字工具】输入文本，接着调整位置和大小，效果如图6-19所示。

图6-16

图6-17

图6-18

图6-19

13 设置前景色为白色，然后使用【椭圆工具】绘制正圆，如图6-20所示。接着复制椭圆图层向内缩放，最后更改椭圆颜色值为（R:187、G:60、B:79），如图6-21所示。

14 使用【横排文字工具】输入文本，然后拖曳到椭圆中旋转角度，再调整位置和大小，效果如图6-22所示。

15 使用【直线工具】在文本中间空位绘制直线，效果如图6-23所示。

图6-20

图6-21

图6-22

图6-23

16 设置前景色为灰色，然后使用【矩形工具】绘制矩形，如图6-24所示。接着复制矩形图层，再更改矩形颜色为白色，最后调整白色矩形位置，效果如图6-25所示。

17 设置前景色为红色，然后使用【直线工具】绘制关闭形状，效果如图6-26所示。

图6-24

图6-25

图6-26

18 将绘制好的广告复制一份，然后将图片和素材水平翻转制作为另一边的广告，最终效果如图6-27所示。

图6-27

6.2 职业培训机构广告

我们是职业教育培训机构的，需要一个200像素×740像素的对联广告，左右两边使用不同的图片，最好做到统一，广告内容含义丰富些、饱满些。

客户欧阳女士

文件位置：光盘>实例文件>CH06>NO.02.psd　　视频位置：光盘>多媒体教学>CH06>NO.02. flv　　难易指数：★★★★☆

头脑风暴

分析1，职业培训讲究的是专业和实力，所以素材上选取相关培训场景图片；分析2，为了达到客户需求，因此，背景图处理上采取相关行业堆积的效果；分析3，为了提高专业和实力感，采取冷色调作为基础进行设计。

方案展示

通过提炼和制作，我们提供了以下3种方案供客户选择。

方案一

方案二

方案三

客户选择

后面两个方案虽然给人的视觉感受不错，但是没有做到我要求的区别，我想要与众不同，就不能左右素材图片相同，只有方案一做到了我的要求，就使用方案一吧。

最终定稿的效果图

01 按快捷键Ctrl+N新建一个“NO.02”文件，具体参数设置如图6-28所示。

02 导入选择的背景图片（素材文件\CH06\素材03.jpg），然后将其拖曳到合适的位置调整大小，效果如图6-29所示。

03 导入选择的素材图片（素材文件\CH06\素材04.jpg），然后将其拖曳到合适的位置调整大小，接着使用【橡皮工具】涂抹边缘，使边缘融合得更自然，效果如图6-30所示。

04 导入选择的素材图片（素材文件\CH06\素材05.jpg），然后将其拖曳到合适的位置调整大小，接着使用【钢笔工具】绘制选区修剪边缘，效果如图6-31所示。

05 新建图层，然后将修剪后的天空载入选区，接着设置前景色为黄色进行填充，最后设置图层的【混合模式】为【色相】，效果如图6-32所示。

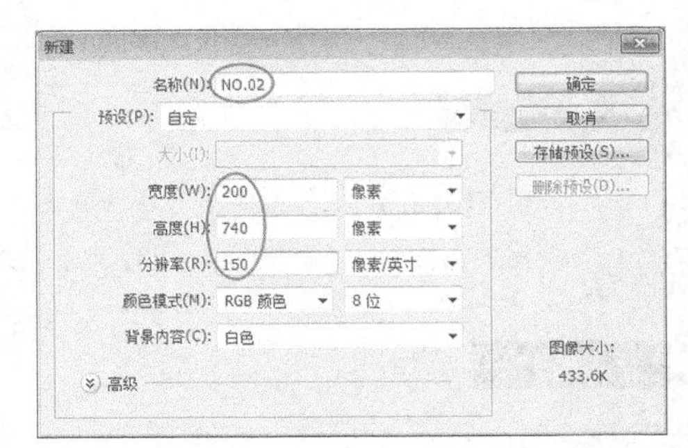

图6-28

图6-29

图6-30

图6-31

图6-32

06 为黄色形状图层添加一个图层蒙版，然后使用【渐变工具】制作出线性渐变透明效果，如图6-33所示。

07 设置前景色为黑色，然后使用【矩形工具】绘制矩形，如图6-34所示。

08 设置前景色为白色，然后使用【矩形工具】绘制矩形，接着设置图层的【混合模式】为【滤色】、【不透明度】为50%，如图6-35所示。

09 导入标志图片（素材文件\CH06\素材06.jpg），然后使用【魔棒工具】进行抠图，接着将素材拖曳到矩形中调整大小，最后设置图层的【混合模式】为【线性加深】、【不透明度】为80%，效果如图6-36所示。

图6-33

图6-34

图6-35

图6-36

10 设置前景色值为（R:52、G:255、B:248），然后使用【横排文字工具】输入文本，接着调整角度和大小，效果如图6-37所示。

11 设置前景色为黑色，然后使用【矩形工具】绘制形状，再旋转到合适的角度，如图6-38所示。

12 设置前景色值为（R:183、G:8、B:49），然后使用【横排文字工具】输入文本，接着调整角度和大小，效果如图6-39所示。

13 设置前景色值为（R:37、G:90、B:159），然后使用【横排文字工具】输入文本，接着调整位置和大小，效果如图6-40所示。

图6-37

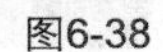
图6-38

图6-39

图6-40

14 使用我们之前学过的方法绘制关闭按钮，然后拖曳到广告左下角，如图6-41所示。

15 将做好的广告复制一份，然后将文本和关闭按钮水平翻转，接着导入选择的素材图（素材文件\CH06\素材07.jpg）替换原来的素材，最终效果如图6-42所示。

图6-41

图6-42

举一反三

左右不同的对联广告，在制作时还要考虑到内容和素材的呼应，人物素材应该做到面对面。

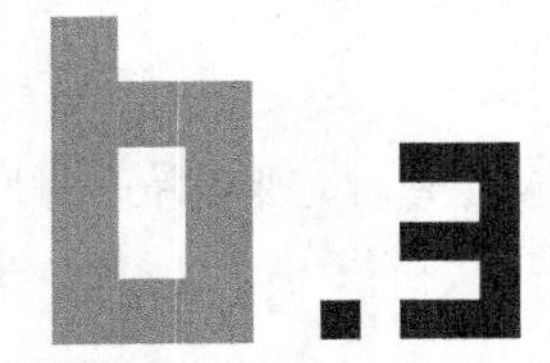

花店促销广告

情人节快到了，我们想做一个204像素×500像素的对联广告，必须突出情人节和玫瑰花的特色，颜色上面尽可能的亮丽浪漫，最好能第一时间吸引到人气，名称就定义为“誓言”。

客户袁先生

文件位置：光盘>实例文件>CH06>NO.03.psd　视频位置：光盘>多媒体教学>CH06>NO.03. flv　难易指数：★★★★☆

头脑风暴

分析1，根据客户要求，选取颜色鲜艳的红色玫瑰作为背景素材；分析2，为了达到亮丽浪漫的需求，在颜色上尽量还原玫瑰独特的气质；分析3，在文本版式上采取分区规划来突显主题。

方案展示

通过提炼和制作，我们提供了以下3种方案供客户选择。

方案一

方案二

方案三

客户选择

3个方案感觉都很好，都满足我的要求，放在一起对比的话，方案二的感觉会更好，颜色上面更加饱满，那就选择方案二吧。

最终定稿的效果图

制作流程

01 按快捷键Ctrl+N新建一个“NO.03”文件，具体参数设置如图6-43所示。

02 导入选择的背景图（素材文件\CH06\素材08.jpg），然后将其拖曳到合适的位置调整大小，如图6-44所示。接着复制图层向下进行移动，如图6-45所示。

03 设置前景色为白色，然后使用【横排文字工具】输入文本，接着调整位置和大小，效果如图6-46所示。

04 导入选择的素材（素材文件\CH06\素材09.psd），然后将其拖曳到文本下方调整大小，效果如图6-47所示。

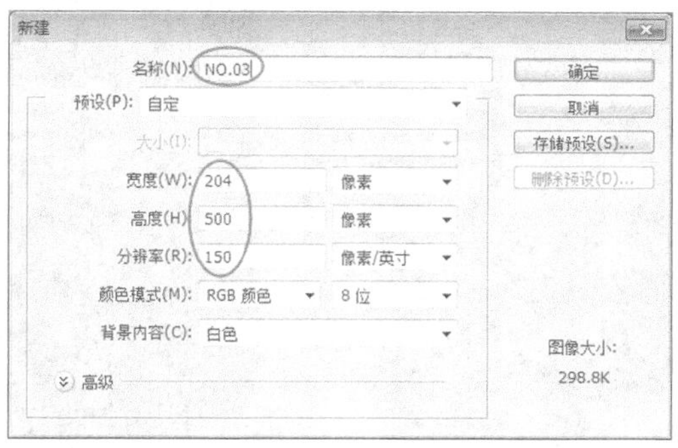

图6-43

图6-44

图6-45

图6-46

图6-47

举一反三

在制作标题的时候，适当地将标题和背景素材进行融合，可以令广告产生一种灵动感。

05 导入选择的背景图片（素材文件\CH06\素材10.jpg），然后将其拖曳到合适的位置调整大小，接着使用【橡皮工具】涂抹边缘效果，如图6-48所示。

06 设置前景色为白色，然后使用【横排文字工具】输入文本，接着调整位置和大小，效果如图6-49所示。

07 使用【椭圆工具】绘制白色正圆，如图6-50所示。然后设置前景色为红色，接着使用【横排文字工具】在椭圆内输入文本，如图6-51所示。

图6-48

图6-49

图6-50

图6-51

08 下面分割一下上下文本。使用【直线工具】在文本的中间位置绘制直线，效果如图6-52所示。

09 设置前景色为白色，然后使用【圆角矩形工具】绘制矩形，接着调整【不透明度】为50%，效果如图6-53所示。

10 设置前景色为红色，然后使用【横排文字工具】输入文本，接着调整位置和大小，效果如图6-54所示。

图6-52

图6-53

图6-54

11 和前面一样分割一下上下文本。使用【直线工具】在文本的中间位置绘制直线，效果如图6-55所示。

12 使用我们之前学过的方法绘制关闭按钮，然后将其拖曳到广告右下角，如图6-56所示。

图6-55

图6-56

13 将绘制好的广告复制一份，然后将关闭图标移动到另一边，最终效果如图6-57所示。

图6-57

6.4

战地游戏广告

客户余先生

我这边出了一款战地游戏，需要做网页两边的对联广告，尺寸为100像素×300像素的广告，必须突出游戏的特色，可以不在广告上标出游戏名称，吸引人就可以了。

文件位置：光盘>实例文件>CH06>NO.04.psd　视频位置：光盘>多媒体教学>CH06>NO.04. flv　难易指数：★★☆☆☆

头脑风暴

分析1，游戏类广告特别多，要做到足够有吸引力，我们可以从广告颜色上进行提升；分析2，战地游戏一般是男性比较喜欢，所以选取突出英雄气概的广告词；分析3，素材上的选取可以分为两种，战争场景和孤胆英雄。

方案展示

通过提炼和制作，我们提供了以下3种方案供客户选择。

方案一

方案二

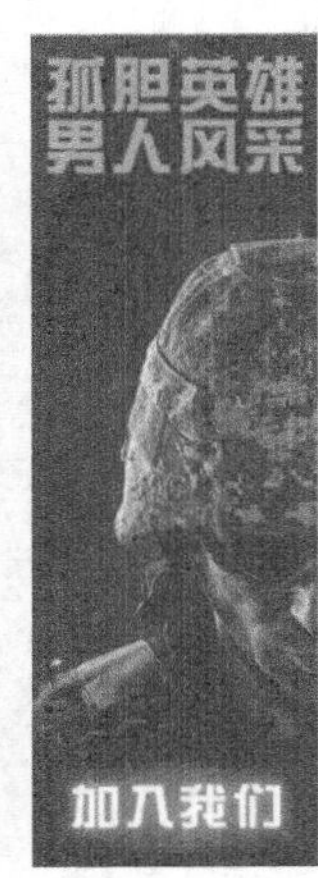

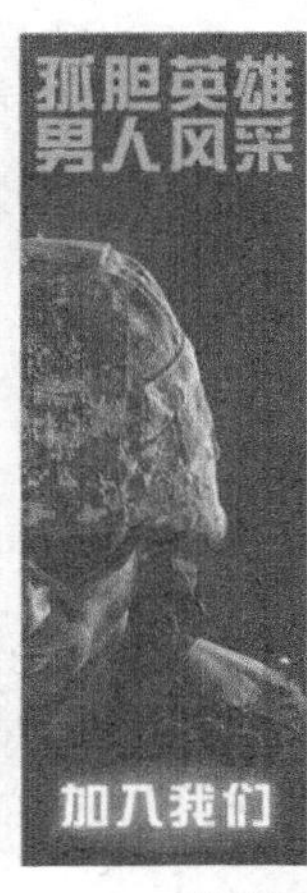

方案三

客户选择

方案一颜色方面偏亮，战争激烈的时候不是应该硝烟弥漫战火连天吗？气氛上面没达到激烈的程度；方案二感觉很不错，背景有硝烟弥漫的感觉，人物半边身子被火焰沾染还在勇猛的行走，很有英雄气概，我很喜欢；方案三也很不错，但是与方案二相比，效果不突出。就在方案二上进行改动吧。

最终定稿的效果图

制作流程

01 按快捷键Ctrl+N新建一个“NO.04”文件，具体参数设置如图6-58所示。

02 设置前景色颜色为黑色，然后新建图层进行填充，如图6-59所示。

03 导入选择的人物素材图（素材文件\CH06\素材11.jpg），然后将其拖曳到合适的位置调整大小，接着使用【橡皮工具】涂抹边缘，效果如图6-60所示。

04 设置前景色为白色，然后使用【横排文字工具】输入文本，接着调整位置和大小，如图6-61所示。

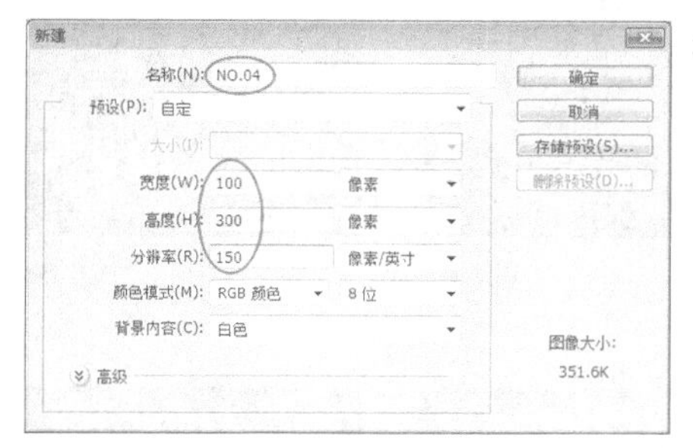

图6-58

图6-59

图6-60

图6-61

05 选中文本图层，然后执行图层\图层样式\描边命令，参数设置如图6-62所示。效果如图6-63所示。

06 设置前景色值为（R:244、G:0、B:230），然后使用【矩形工具】绘制矩形，接着设置【不透明度】为65%，如图6-64所示。

07 为矩形添加一个图层蒙版，然后使用【渐变工具】制作出线性渐变透明效果，如图6-65所示。

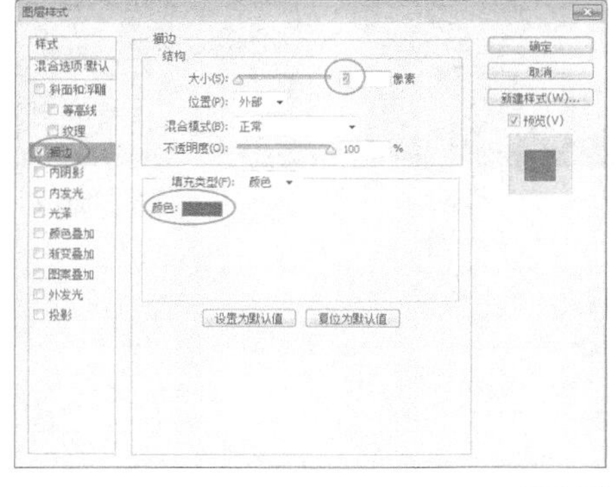

图6-62

图6-63

图6-64

图6-65

08 设置前景色值为（R:255、G:0、B:96），然后使用【矩形工具】绘制矩形，接着设置【不透明度】为79%，如图6-66所示。

09 为红色矩形添加一个图层蒙版，然后使用【渐变工具】制作出线性渐变透明效果，如图6-67所示。

10 设置前景色为白色，然后使用【横排文字工具】输入文本，接着调整位置和大小，如图6-68所示。

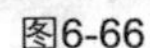
图6-66

图6-67

图6-68

11 选中文本图层，然后执行图层\图层样式\外发光命令，参数设置如图6-69所示。效果如图6-70所示。

12 将绘制好的广告复制一份，然后将图片和素材水平翻转制作出另一边的广告，最终效果如图6-71所示。

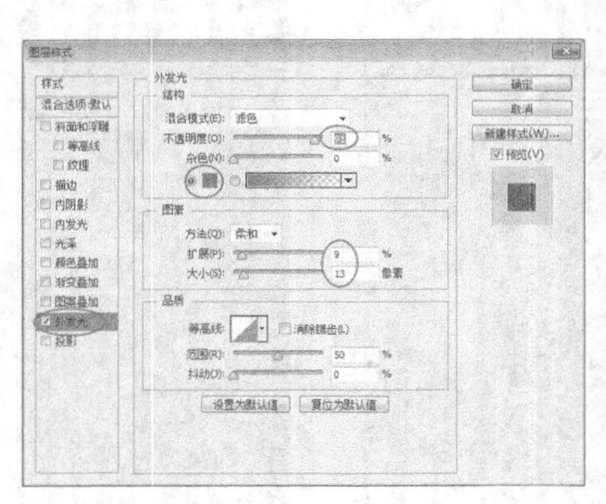

图6-69

图6-70

图6-71

翻卷广告设计

本章我们将通过客户诉说，学会通过分析客户心理、要求和需求，做出符合客户需求的翻卷广告，力求在较短时间内充分展示广告内容且不影响网页的整体视觉效果。

翻卷广告大多放置在页面的顶部，利用翻卷样式展示广告效果，形式新颖，内容丰富，具有强烈的视觉冲击力，再配合声音效果，观赏度极佳，它属于组合文件形式，大翻页文件不超过全屏广告规格，小图标文件不超过移动图标规格。

如果说Banner广告是最抢眼的，那么翻卷广告可以算是短时间霸占住访问者眼睛的广告，利用短时间的自动播放快速直观地传递给访问者信息，大翻页文件几乎可以说是播放中的Banner，可以在同一时间段超越Banner的抢眼度。

位于网页角落的小型翻卷广告，需要注意在收起来时给访问者的视觉感受，好的效果可以促使访问者再次打开网页进行浏览。

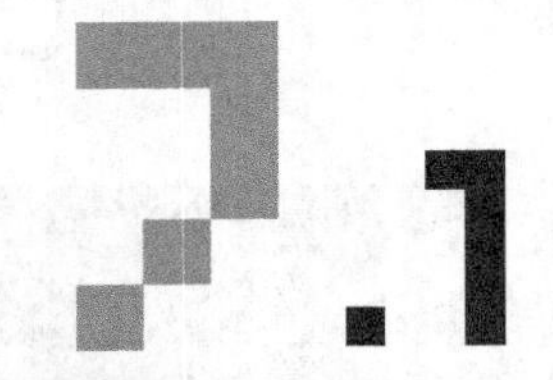

女性购物广告

您好，我们是做女性用品的购物网站，现在要做一个主题是“520”的翻卷广告，尺寸是1100像素×553像素，位置是在网页的顶部，效果要突出，文字信息都提供给您了，期待您的作品。

文件位置：光盘>实例文件>CH07>NO.01.psd　视频位置：光盘>多媒体教学>CH07>NO.01. flv　难易指数：★★★★☆

头脑风暴

分析1，因为主题是“520”，所以要体现出爱情中浪漫或者梦幻的感觉；分析2，画面中可以使用桃心、玫瑰和巧克力来体现浪漫气息；分析3，客户没有提供图片，需要我们找一些相关素材来体现购物网站的性质；分析4，尽量使用比较鲜艳的颜色在短时间内吸引消费者的注意。

方案展示

通过提炼和制作，我们提供了以下3种方案供客户选择。

方案一

方案二

方案三

客户选择

我比较喜欢方案二，有一种梦幻的味道，画面很好看，比较吸引人的眼球；方案一感觉也不错，但是缺少了一点浪漫的感觉，效果也不突出；方案三的整体颜色有点俗气，没有一种时尚潮流的感觉，我不喜欢。

最终定稿的效果图

制作流程

01 按快捷键Ctrl+N新建一个“NO.01”文件，具体参数设置如图7-1所示。

02 绘制一个透明背景，设置前景色值为（R:253、G:107、B:124），然后使用【矩形工具】绘制出矩形图形，接着调整图层的【不透明度】为45%，最后使用同样的工具绘制出其他矩形条，效果如图7-2所示。

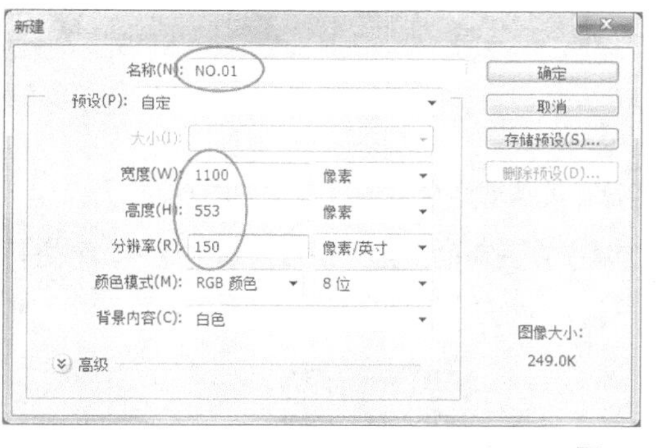

图7-1

图7-2

举一反三

这里调整背景图层的不透明度是为了使广告的效果更加突出，同时不影响整个网页的视觉效果。

03 单击【自定义形状工具】，然后设置绘图模式为【形状】，设置【填充】颜色值为（R:250、G:51、B:116），设置【描边】为无，接着选择如图7-3所示的桃心形状，在画面中绘制出桃心图形，如图7-4所示。

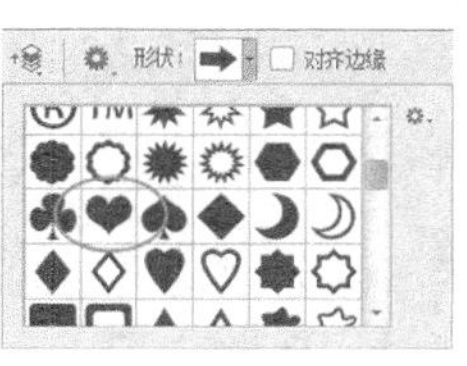

图7-3

图7-4

04 运用以上的方法绘制出另一个颜色相对较深的桃心图形，呈现出立体的效果，如图7-5所示。

05 单击【钢笔工具】，然后设置绘图模式为【形状】、【填充】为无、【描边】为白色，接着绘制出如图7-6所示的线条效果。

图7-5

图7-6

06 执行滤镜\模糊\高斯模糊命令，设置【半径】为10像素，如图7-7所示。然后为图层添加一个黑白渐变的图层蒙版，使线条两边的效果更加自然，效果如图7-8所示。

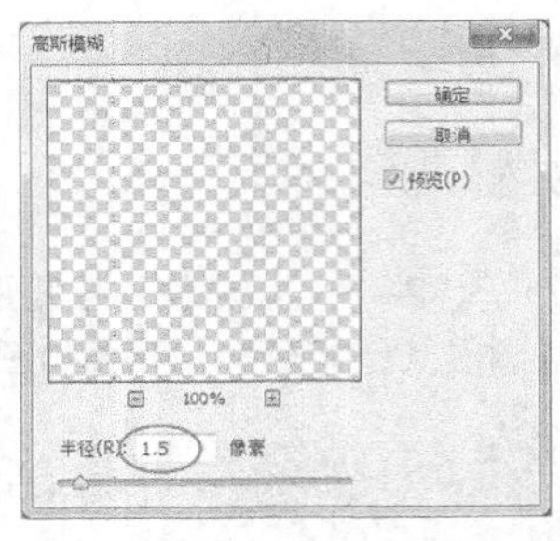

图7-7

图7-8

07 复制一个线条的副本图层，然后执行编辑\变换\垂直翻转命令，接着将其移动到合适的位置，如图7-9所示。

08 设置前景色值为（R:240、G:19、B:71），然后使用【横排文字工具】在画面的上方分别输入单个数字，并进行适当的旋转，效果如图7-10所示。

图7-9

图7-10

09 将文字分别复制出一个副本图层，然后设置相对较深的文字颜色，适当调整文字大小和位置，绘制出一个立体的效果，如图7-11所示。接着为其添加适当的阴影效果，如图7-12所示。

图7-11

图7-12

10 新建图层，然后设置前景色为白色，使用低流量的柔边缘画笔绘制出文字的高光部分，效果如图7-13所示。

图7-13

11 新建图层，然后使用【钢笔工具】绘制出选区，接着单击【渐变工具】，编辑出如图7-14所示的渐变，最后为选区填充线性渐变色，效果如图7-15所示。

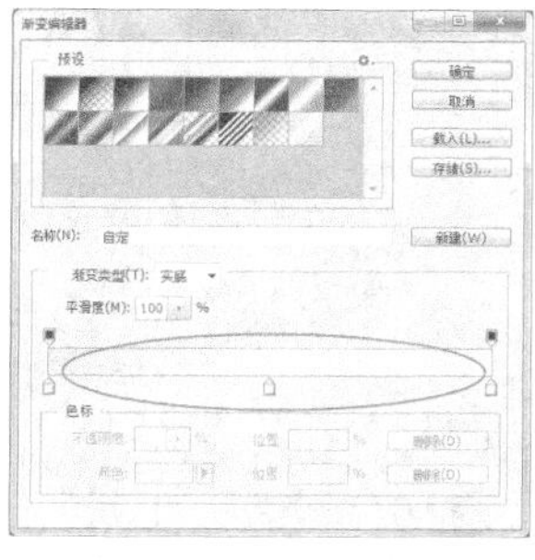

图7-14

图7-15

12 打开选取好的玫瑰素材（素材文件\CH07\素材01.png），然后将素材拖曳到文件中合适的位置，如图7-16所示。接着添加一个图层蒙版，使用黑色的画笔在蒙版中涂抹，隐藏横幅下面的玫瑰，效果如图7-17所示。

图7-16

图7-17

13 继续导入两张素材（素材文件\CH07\素材02.png、素材03.png），然后调整到合适的位置，接着调整素材03的【不透明度】为70%，使其与背景相融合，效果如图7-18所示。

举一反三

用玫瑰体现爱情甜蜜的感觉，隐藏下面部分玫瑰使得效果更加的自然，加上横幅形成簇拥的视觉效果。

图7-18

14 打开选取好的装饰素材（素材文件\CH07\素材04.psd），然后将其拖曳到文件中合适的位置，如图7-19所示。接着使用【横排文字工具】在绘图区域内输入促销信息，效果如图7-20所示。

图7-19

图7-20

15选择横幅上的文字，然后单击【创建文字变形】，设置【样式】为【旗帜】、【弯曲】为35%，如图7-21所示。效果如图7-22所示。

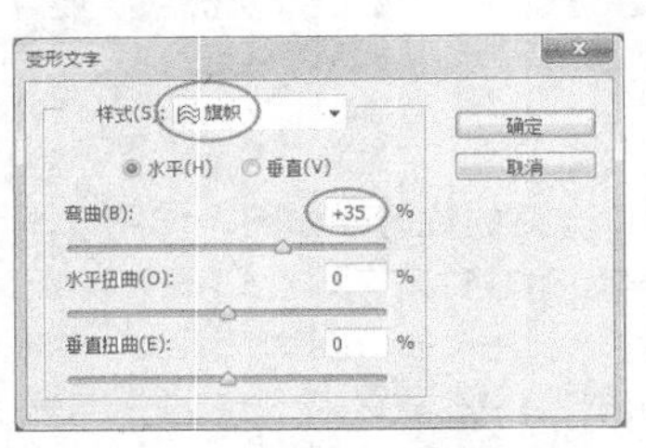

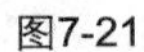

图7-21

图7-22

16单击【圆角矩形工具】，然后设置【填充】为如图7-23所示的渐变，设置【半径】为10像素，接着绘制出圆角矩形，并为其添加合适的阴影，效果如图7-23所示。

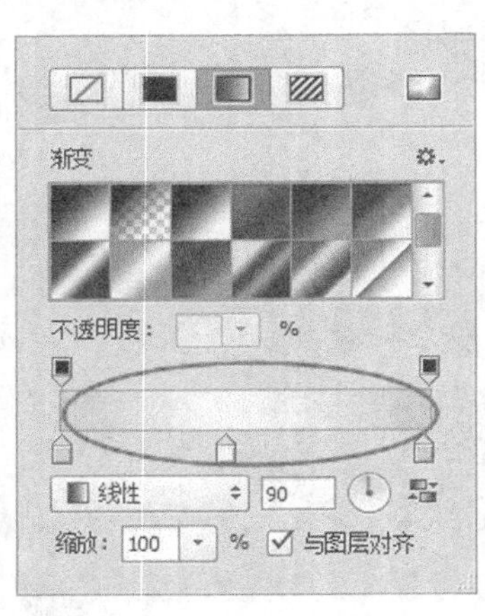

图7-23

图7-24

17使用【矩形工具】绘制出多个矩形条，然后进行适当的旋转，并调整位置，如图7-25所示。接着使用【横排文字工具】在矩形条内输入价格信息，同样进行适当的旋转，效果如图7-26所示。

图7-25

图7-26

18 新建图层，然后设置前景色为白色，接着单击【画笔工具】，选择气泡画笔，在画面中绘制出多个大小不一的气泡，效果如图7-27所示。

图7-27

举一反三

如果需要一次性绘制出多个气泡图形，单击【切换画笔面板】，在面板中勾选【形状动态】和【散步】选项，调整合适的参数，如图7-28所示。然后使用画笔绘制出多个气泡图形。

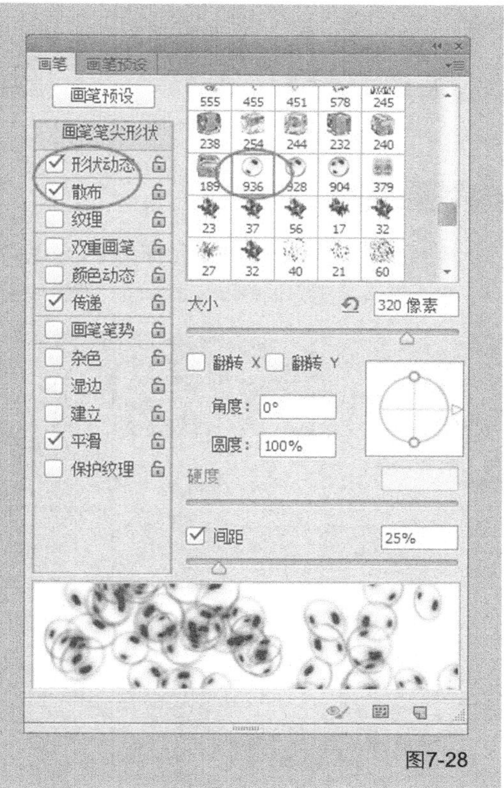

图7-28

7.2 滑雪比赛广告

您好，我们公司主要做一些体育运动方面的活动，现在有一个滑雪的比赛项目，要做一个300像素×250像素的翻卷广告，画面不要太复杂，把主要信息表达明确就可以了。

客户孟先生

文件位置：光盘>实例文件>CH07>NO.02.psd　视频位置：光盘>多媒体教学>CH07>NO.02. flv　难易指数：★★★☆☆

头脑风暴

分析1，通过制作冰雪质感的文字体现主题；分析2，选择具有视觉冲击力的图片提升此项运动的乐趣，吸引相关爱好者参与比赛；分析3，此类广告不是促销广告，而且客户要求画面不要太复杂，所以尽量选择比较规范的版式。

方案展示

通过提炼和制作，我们提供了以下3种方案供客户选择。

方案一

方案二

方案三

客户选择

我感觉方案一和方案二的画面都不是很好看，特别是方案二太过于简单了，显得很单调，方案三的画面并不复杂，但是整个感觉都很舒服，图片也比较有吸引力，不错不错。

最终定稿的效果图

制作流程

01 按快捷键Ctrl+N新建一个“NO.02”文件，具体参数设置如图7-29所示。

02 导入选取好的背景图片（素材文件\CH07\素材05.jpg），然后将其拖曳到合适的位置，如图7-30所示。

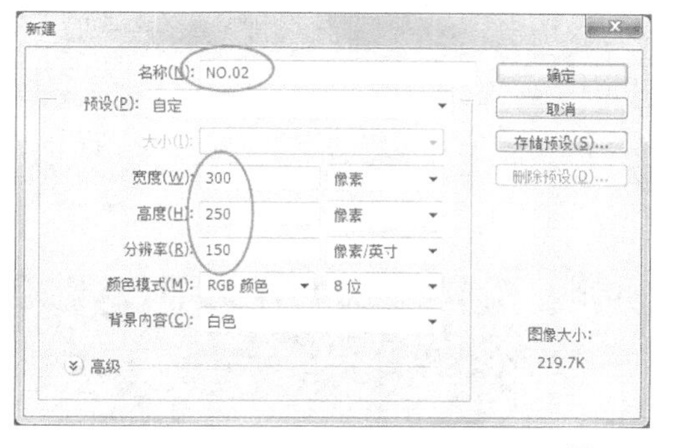

图7-29

图7-30

03 使用【横排文字工具】在绘图区域内输入主题文字，然后将文字栅格化，如图7-31所示。接着执行编辑\变换\透视命令，将文字调整出如图7-32所示的透视效果。

图7-31

图7-32

04 导入素材图片（素材文件\CH07\素材06.jpg），然后将图片置于文字图层上面，按住Ctrl键同时单击文字缩略图载入文字的选区，如图7-33所示。接着按快捷键Ctrl+J复制出选区内的内容，隐藏素材图片，效果如图7-34所示。

图7-33

图7-34

05 执行图层\图层样式\斜面和浮雕命令，然后设置【方法】为【雕刻清晰】，勾选【等高线】和【纹理】选项，如图7-35所示。接着单击【外发光】选项，设置【混合模式】为【颜色减淡】，如图7-36所示。

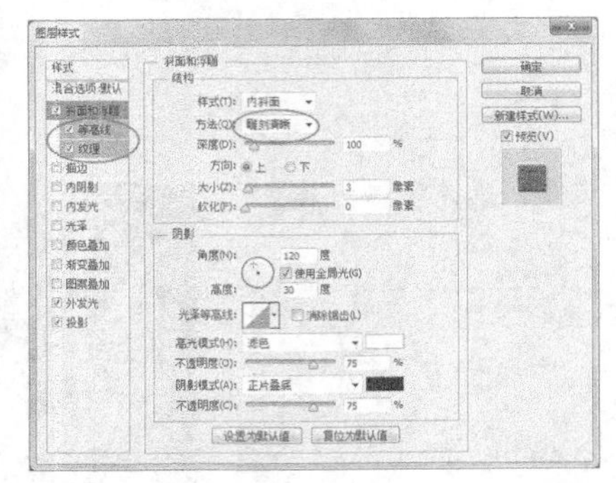

图7-35

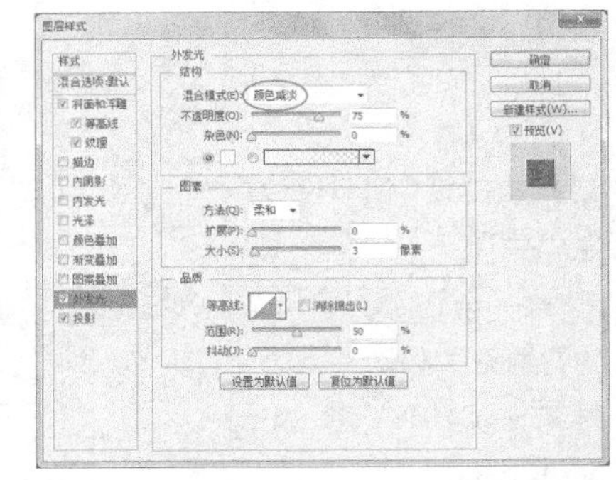

图7-36

06 执行图层\图层样式\投影命令，参数设置如图7-37所示。效果如图7-38所示。

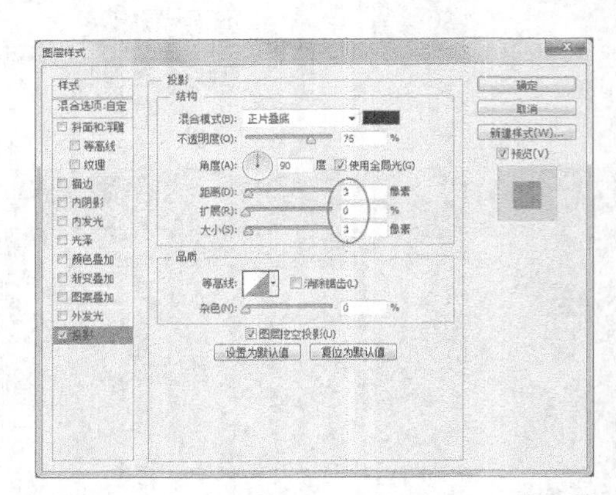

图7-37

图7-38

07 单击栅格化的【冰雪世界】文字图层，然后执行滤镜\风格化\风命令，设置【方向】为【向左】，如图7-39所示。效果如图7-40所示。

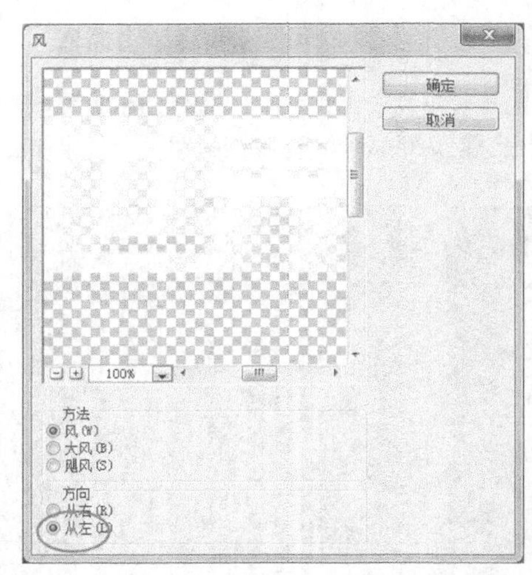

图7-39

图7-40

举一反三

添加风的滤镜能够更加突出文字效果，并与主题相符合。

08 在图层的最上方添加一个【亮度/对比度】调整图层，然后设置【亮度】为5、【对比度】为20，如图7-41所示。效果如图7-42所示。

09 导入两张素材图片（素材文件\CH07\素材07.png、素材08.png），然后将其拖曳到合适的位置，效果如图7-43所示。

图7-41

图7-42

图7-43

10 设置前景色为白色，然后使用云朵画笔绘制出图像，接着执行滤镜\模糊\动感模糊命令，设置【半径】为15像素，如图7-44所示。效果如图7-45所示。

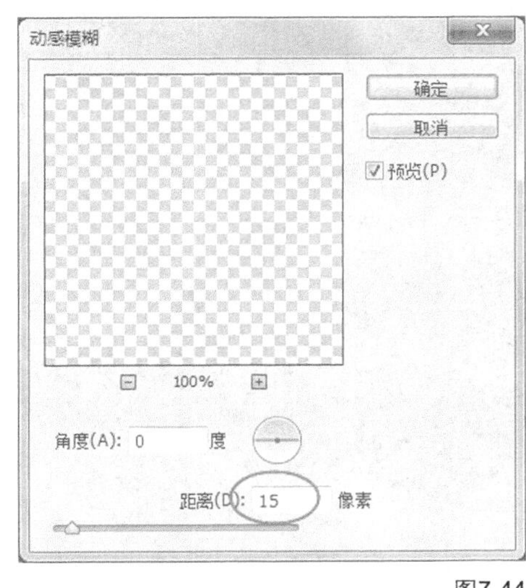

图7-44

图7-45

11 设置前景色值为（R:60、G:174、B:254），然后使用【矩形工具】绘制出合适的图形，如图7-46所示。接着设置图层的【混合模式】为【正片叠底】，最后使用【横排文字工具】在矩形条内输入相关信息，效果如图7-47所示。

图7-46

图7-47

12 继续使用【横排文字工具】输入文字，然后为个别文字添加底色，接着调整相关元素的位置，最终效果如图7-48所示。

图7-48

弹跳式广告设计

本章我们将通过客户诉说，学会通过分析客户心理、要求和需求，做出符合客户需求的弹跳式广告，提升视觉美感，能够在引起访问者注意的同时不会对广告产生厌恶情绪。

弹跳式广告是在访问网页时主动弹出的窗口，广告商们之所以对这种新颖的广告方式情有独钟，是因为它可以迫使广大网民不得不浏览其广告内容，从而获得较好的广告效果。弹出式广告的内容大到汽车、小到口香糖，庞大的互联网网络广告能够容纳难以计量的内容和信息，它的广告信息面之广、量之大，是报纸和电视无法比拟的。

弹跳式广告同时利用了两项针对用户行为的模式而设计，一是弹出式广告必定是浏览器最前方的窗口，所以不论用户想不想看，都必须手动去把它关闭；二是人类天生对移动的物件较为关注，弹出式广告能有效吸引用户的眼球。基于这两个原因，广告商声称弹出式广告比传统的广告更为有效，因为它们较难被忽略，而结果也显示，弹出式广告的点击率亦比传统广告高。

除了打开网页时自动弹出的广告，在观看视频暂停时也会弹出广告，可以说是无处不在，所以弹出广告是商家进行产品宣传的良好方式。

弹出广告的内容多种多样，其形式也很独特，能够快速吸引访问者的注意，但由于网络广告的泛滥，有很多垃圾广告充斥着页面，而且有的广告弹出关闭后又会自动显示，使很多访问者对这样的广告感到厌烦，所以商家在投放广告时千万不要放置不相关的信息，影响访问者的阅读。

8.1 品牌彩妆广告

您好，我们公司主要销售各个品牌的彩妆用品，现在要做一个425像素×320像素的弹出广告，效果要醒目，我们有相关的图片，但是需要处理一下，您看着做吧。

客户王先生

文件位置：光盘>实例文件>CH08>NO.01.psd　　视频位置：光盘>多媒体教学>CH08>NO.01. flv　　难易指数：★★☆☆☆

头脑风暴

分析1，从客户提供的图片中选择了有时尚感而且最能体现彩妆特点的人物图片；分析2，因为是彩妆品牌，整个画面色彩要丰富，颜色对比要强烈；分析3，画面中最好能够体现一种端庄或者魅惑的感觉。

方案展示

通过提炼和制作，我们提供了三种方案供客户选择。

方案一

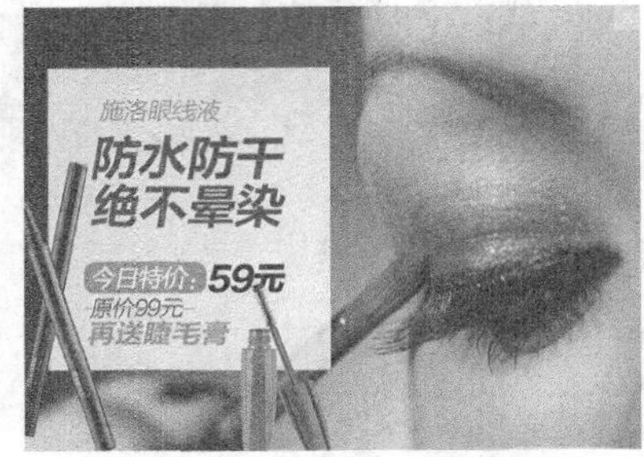

方案二

方案三

客户选择

方案一感觉不错，比较高端大气，挺有感觉的；方案二的效果不是很好，虽然图片明确表达了主题，但是图片不好看，整个画面没有一个突出的视觉点；方案三看了就很惊艳，整体感觉比较符合我们品牌的定位，画面比较吸引人，就选这个方案了。

最终定稿的效果图

制作流程

01 按快捷键Ctrl+N新建一个“NO.01”文件，具体参数设置如图8-1所示。

02 导入一张素材图片（素材文件\CH08\素材01.jpg），然后将其拖曳到合适的位置，如图8-2所示。

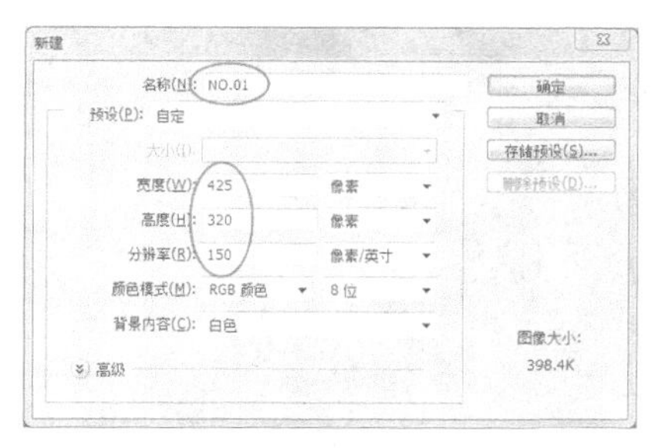

图8-1

图8-2

03 添加一个【色阶】调整图层，然后将滑块拖曳到如图8-3所示的位置，效果如图8-4所示。

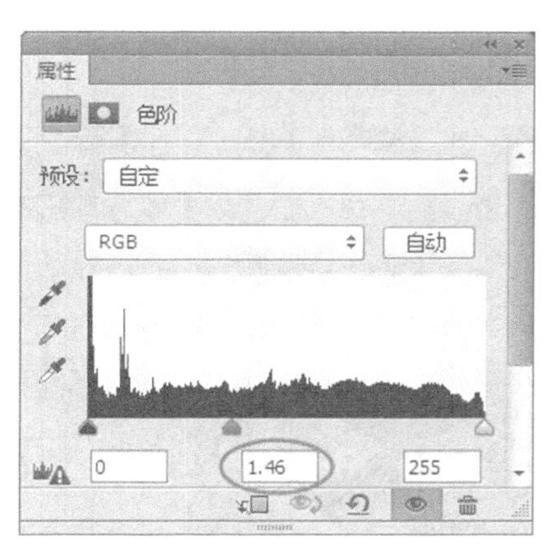

图8-3

图8-4

04 按快捷键Ctrl+Alt+Shift+E盖印可见图层，然后得到一个新的图层，移动该图层的位置，接着使用【矩形选框工具】框选出边缘区域，如图8-5所示。最后按快捷键Ctrl+T自由变换，拉伸出如图8-6所示的效果。

图8-5

图8-6

05 使用【矩形工具】绘制出白色的矩形，然后调整【不透明度】为85%，效果如图8-7所示。

06 导入两张素材图片（素材文件\CH08\素材02.png、素材03.png），然后将其拖曳到文件中合适的位置，如图8-8所示。

图8-7

图8-8

07 复制一个眼线笔的副本图层，然后添加一个黑白渐变图层蒙版，绘制出自然的倒影效果，如图8-9所示。

08 使用【横排文字工具】在绘图区域内输入产品促销信息，如图8-10所示。

图8-9

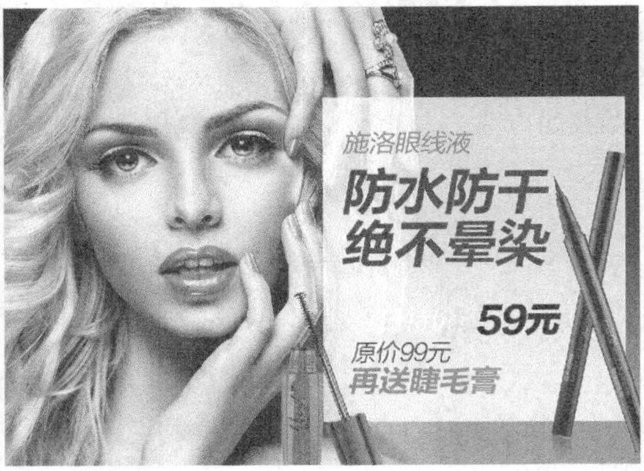

施洛眼线液
防水防干
绝不晕染
59元
原价99元
再送睫毛膏

图8-10

09 使用【圆角矩形工具】绘制底色突出重点文字，效果如图8-11所示。

10 使用【钢笔工具】绘制出皇冠形状的选区，然后填充黄色，效果如图8-12所示。

图8-11

图8-12

11 执行图层\图层样式\描边命令，设置【大小】为2像素，设置合适的描边颜色，如图8-13所示。效果如图8-14所示。

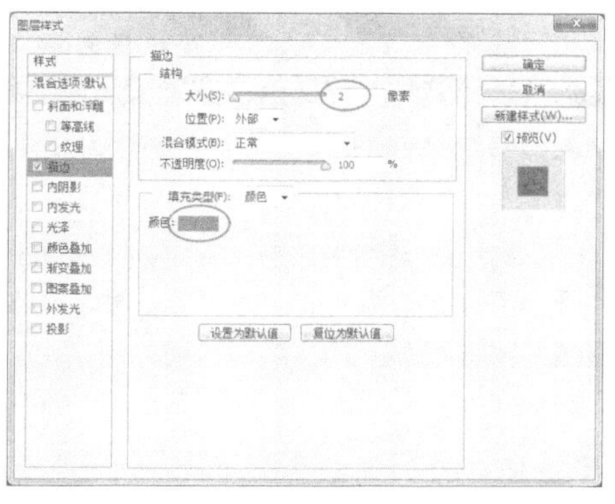

图8-13

图8-14

12 使用【横排文字工具】在皇冠上输入文字信息，最终效果如图8-15所示。

图8-15

8.2 啤酒广告

您好，我们要在网站上做一个啤酒的弹出广告，最好是比较符合潮流的，画面不能太老土，文字效果要好，尺寸是450像素×417像素，要求基本就这些了。

客户肖先生

文件位置：光盘>实例文件>CH08>NO.02.psd　视频位置：光盘>多媒体教学>CH08>NO.02. flv　难易指数：★★★☆☆

头脑风暴

分析1，客户要求符合潮流，可以将当下热门的相关体育运动结合到画面中；分析2，画面中加入一些冰块等元素体现啤酒的酷爽；分析3，画面采用对比色，同时选择比较震撼的字体，突出文字效果。

方案展示

通过提炼和制作，我们提供了以下3种方案供客户选择。

方案一

方案二

方案三

客户选择

这些方案我看了下，方案一感觉太花了，不能说好看，也不能说不好看，只能说将就；方案二有一种酷爽的感觉，还不错；而方案三很符合当下潮流的感觉，整体的效果也很突出，就要方案三吧。

最终定稿的效果图

制作流程

01 按快捷键Ctrl+N新建一个“NO.02”文件，具体参数设置如图8-16所示。

02 导入两张素材图片（素材文件\CH08\素材04.jpg、素材05.jpg），然后将其拖曳到合适的位置，如图8-17所示。

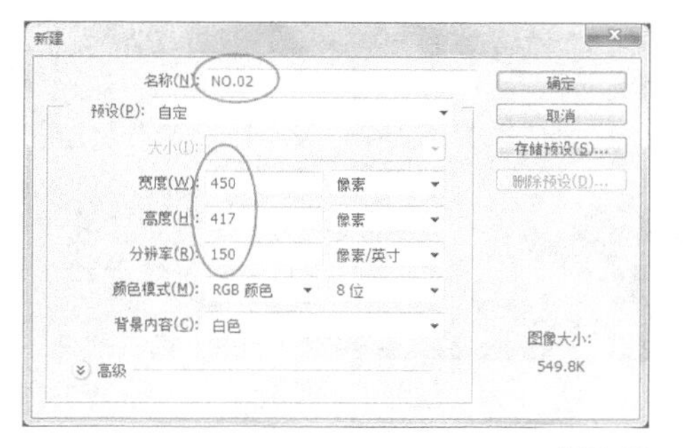

图8-16

图8-17

03 为上面的图层添加一个黑白渐变的图层蒙版，显示出下面图层的部分图像，如图8-18所示。效果如图8-19所示。

图8-18

图8-19

举一反三

当一张图片的效果不够丰富时，可以加入另一张图片合成新的场景。

04 导入两张素材图片（素材文件\CH08\素材06.png、素材07.png），然后调整素材的位置，效果如图8-20所示。

05 为枝蔓图层添加一个图层蒙版，然后使用黑色的画笔在蒙版中涂抹，隐藏部分图像，效果如图8-21所示。

图8-20

图8-21

06 打开素材图片（素材文件\CH08\素材08.psd），将啤酒和桃花素材拖曳到文件中，如图8-22所示。然后为桃花图层添加一个图层蒙版，使用黑色的画笔在蒙版中涂抹，隐藏背景图像，效果如图8-23所示。

图8-22

图8-23

举一反三

单纯的产品图片会使画面显得很单调，添加树叶和枝蔓能够丰富画面，而且也体现出啤酒的可口和天然性。

07 使用【钢笔工具】绘制出色块区域，分别填充合适的颜色，如图8-24所示。

08 单击【钢笔工具】，然后设置绘图模式为【形状】，设置【形状描边类型】为虚线，选择合适的描边颜色，绘制出如图8-25所示的虚线效果。

图8-24

图8-25

举一反三

这里色块填充的颜色都是从画面主体物中吸取而来的。

09 使用【横排文字工具】在绘图区域内输入产品信息，然后设置不同的文字颜色，效果如图8-26所示。

10 使用【钢笔工具】绘制出文字旁边的图标，最终效果如图8-27所示。

图8-26

图8-27

8.3 高端墨镜广告

您好，我们公司是销售高端眼镜的，现在要推广一个系列的墨镜，需要一个弹出窗口的广告，尺寸是420像素×310像素，主要体现我们企业的品质感，各种风格都可以尝试，我们会提供相关的图片和文案。

客户李先生

文件位置：光盘>实例文件>CH08>NO.03.psd　视频位置：光盘>多媒体教学>CH08>NO.03. flv　难易指数：★★★☆☆

头脑风暴

分析1，企业主要是走高端路线，所以画面的感觉要和企业形象相符合；分析2，根据客户提供的图片可以尝试复古或时尚等画面风格；分析3，客户没有要求画面有促销信息，相对更注重品质感。

方案展示

通过提炼和制作，我们提供了以下3种方案供客户选择。

方案一

方案二

方案三

客户选择

方案二很符合我们的要求，产品和文字都很突出；方案一有一种古典的感觉，本身的感觉是对的，但是不太符合我们品牌的定位；方案三的颜色我不喜欢，感觉画面有点轻浮不够沉稳。

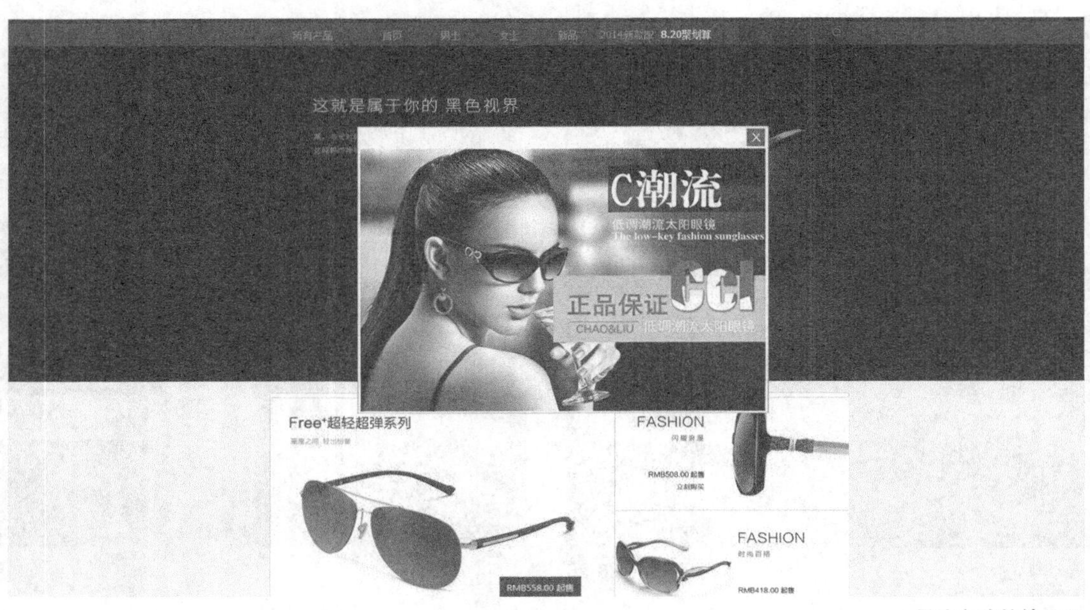

最终定稿的效果图

制作流程

01 按快捷键Ctrl+N新建一个“NO.03”文件，具体参数设置如图8-28所示。

02 使用【矩形工具】绘制出矩形图形，将大概的区域进行区分，如图8-29所示。

03 导入选取好的背景图片（素材文件\CH08\素材09.jpg），然后将其拖曳到合适的位置，如图8-30所示。

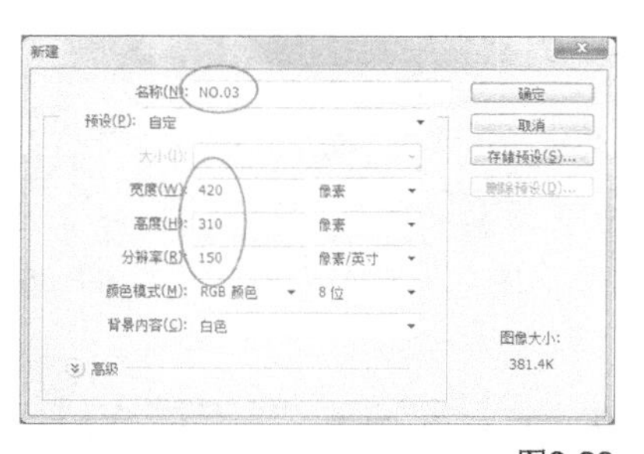

图8-28

图8-29

图8-30

04 为图层添加一个【色相/饱和度】调整图层，设置【色相】为-8、【饱和度】为+20，如图8-31所示。效果如图8-32所示。

图8-31

图8-32

05 设置前景色值为（R:71、G:229、B:164），然后使用【矩形工具】绘制出合适的矩形，如图8-33所示。接着使用【横排文字工具】在绘图区域内输入文字信息，效果如图8-34所示。

图8-33

图8-34

06 单击品牌文字图层，然后执行图层\图层样式\图案叠加命令，设置如图8-35所示的图案，接着单击【投影】选项，设置【距离】为2像素、【大小】为5像素，如图8-36所示，效果如图8-37所示。

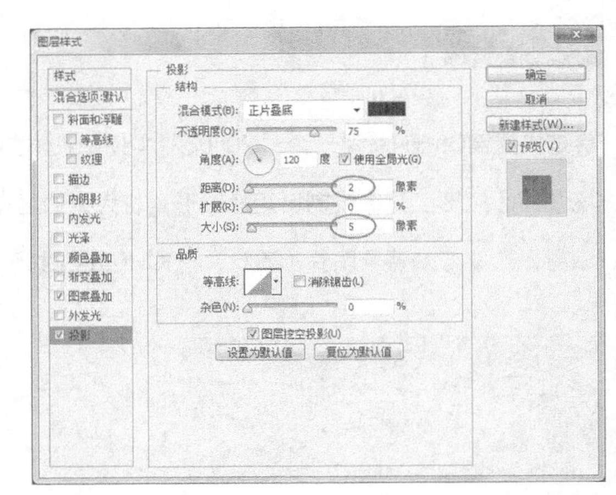

图8-35

举一反三

这里是先绘制了一个标签的图形，然后将图形自定义图案，在实际操作中可根据画面要求自定义各种图案。

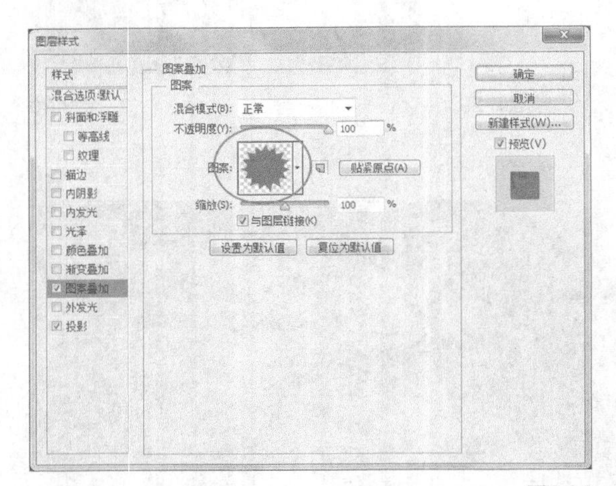

图8-36

图8-37

07 将文字的图层样式进行栅格化，然后添加一个【色相/饱和度】调整图层，切换到【洋红】选项，设置【色相】为-33、【饱和度】为-19，如图8-38所示。最终效果如图8-39所示。

图8-38

图8-39

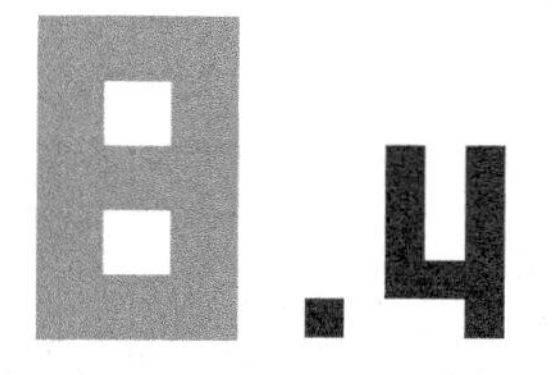

玉器广告

我们公司是销售玉器的，想做一个420像素×325像素的弹出广告，总体感觉要大气点，让消费者看了就想买，我们有产品图片。

客户郑先生

文件位置：光盘>实例文件>CH08>NO.04.psd　视频位置：光盘>多媒体教学>CH08>NO.04. flv　难易指数：★★★☆☆

头脑风暴

分析1，选择旗袍、古扇和荷花等元素与手镯相配；分析2，突出主题文字与价格信息，体现商业感；分析3，背景可采用较暗色调，突出产品的通透质感。

方案展示

通过提炼和制作，我们提供了以下3种方案供客户选择。

方案一

方案二

方案三

客户选择

方案一没有什么特点，很难吸引消费者；方案二背景图片不好看，显得我们的产品也没档次；方案三看着要有档次一点，背景图片也比较有韵味，产品的质感也展示出来了，这个不错。

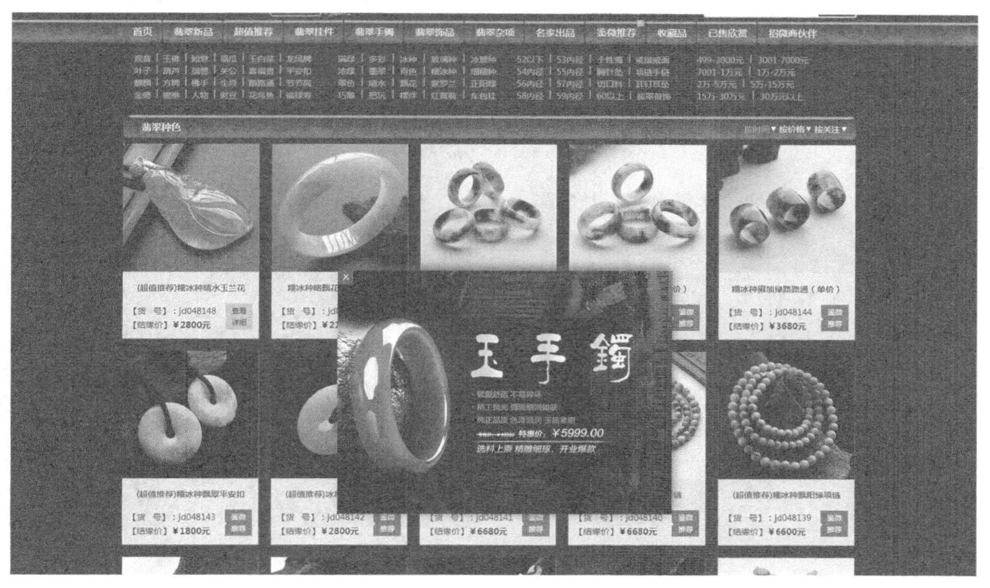

最终定稿的效果图

制作流程

01按快捷键Ctrl+N新建一个“NO.04”文件，具体参数设置如图8-40所示。

02新建图层，然后填充黑色，接着导入一张图片（素材文件\CH08\素材10.jpg），调整【不透明度】为80%，效果如图8-41所示。

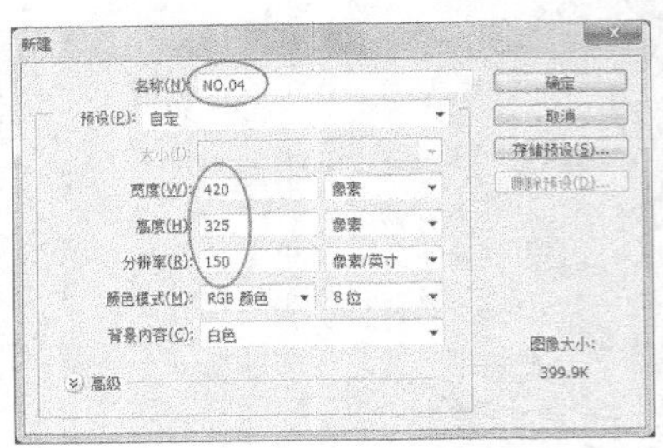

图8-40

图8-41

03为图层添加一个【色阶】调整图层，将滑块拖曳到如图8-42所示的位置，效果如图8-43所示。

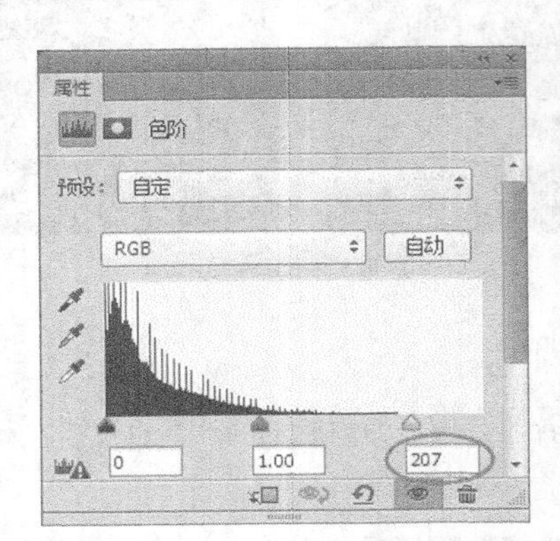

图8-42

图8-43

04为图层添加一个【照片滤镜】调整图层，然后设置【滤镜】为冷却滤镜（80）、【浓度】为25%，如图8-44所示。效果如图8-45所示。

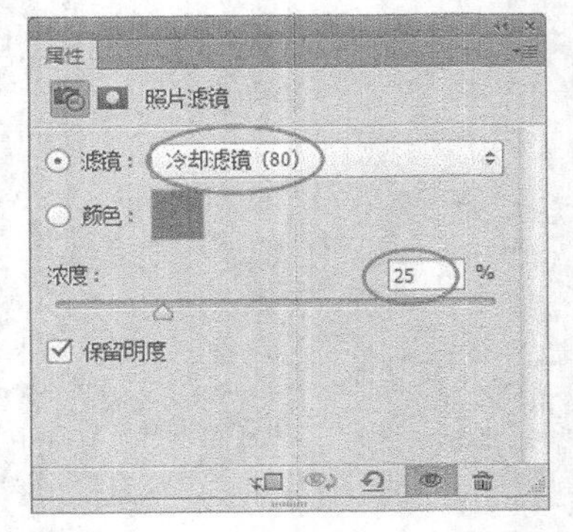

图8-44

图8-45

05 新建图层，然后设置前景色值为（R:58、G:103、B:60），接着调整图层的【混合模式】为【正片叠底】、【不透明度】为70%，效果如图8-46所示。

图8-46

举一反三

这里添加的绿色图层能够降低画面的饱和度，使画面呈现冷色调，同样的效果也可以通过添加冷却滤镜来实现。

06 导入手镯素材图片（素材文件\CH08\素材11.jpg），然后将其调整到合适的位置，如图8-47所示。接着添加图层蒙版，使用黑色的柔边缘画笔进行涂抹隐藏背景部分，效果如图8-48所示。

图8-47

图8-48

07 复制一个手镯副本图层，然后调整大小和角度，放置在人物的手腕位置，接着使用【橡皮擦工具】擦除多余的部分，效果如图8-49所示。

图8-49

举一反三

调整手上的镯子效果时，可以为其添加一个图层蒙版，然后使用黑色画笔涂抹多余的部分，最后要将手镯图层调整至人物图层的上方，与背景色调一致。

08 使用【矩形工具】绘制出矩形，然后调整【不透明度】为70%，如图8-50所示。接着为矩形添加一个黑白渐变的图层蒙版，制作出自然的透明渐变效果，如图8-51所示。

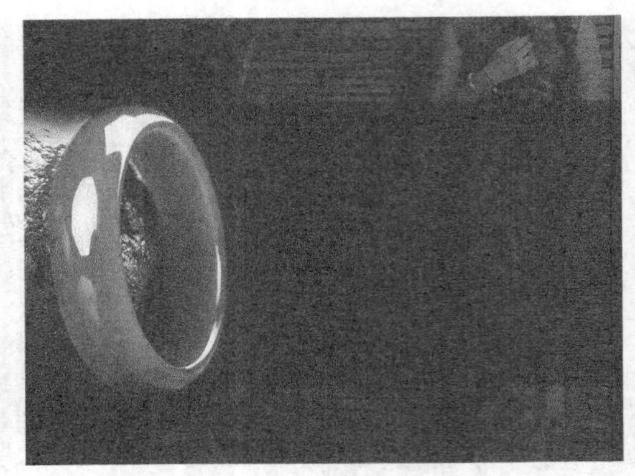

图8-50

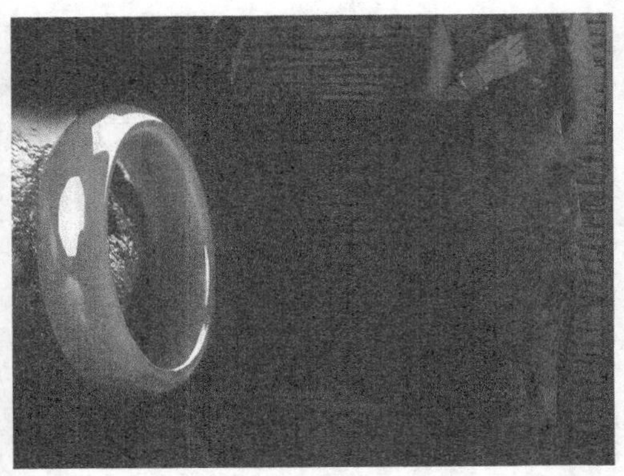

图8-51

09 用【横排文字工具】在绘图区域内输入产品信息，然后设置合适的字体和大小，效果如图8-52所示。

10 使用【矩形工具】绘制出两个较窄的矩形，然后分别设置合适的颜色，如图8-53所示。

图8-52

图8-53

举一反三

画面本身偏暗，所以要设置较亮的文字颜色，同时选择有样式的字体突出画面效果。

11 选择黄色矩形，然后执行滤镜\模糊\动感模糊命令，设置【半径】为50像素，如图8-54所示。接着执行滤镜\模糊\高斯模糊命令，设置【半径】为0.8像素，如图8-55所示。最终效果如图8-56所示。

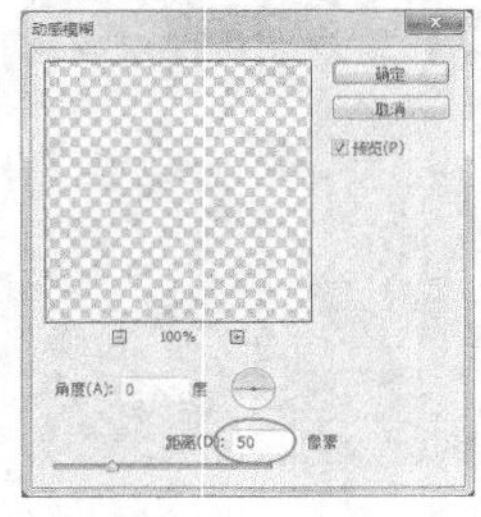

图8-54

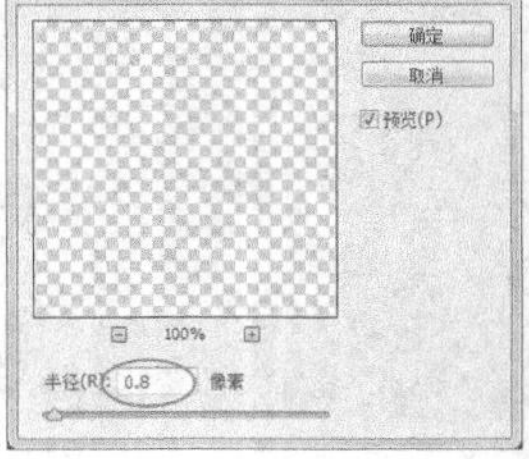

图8-55

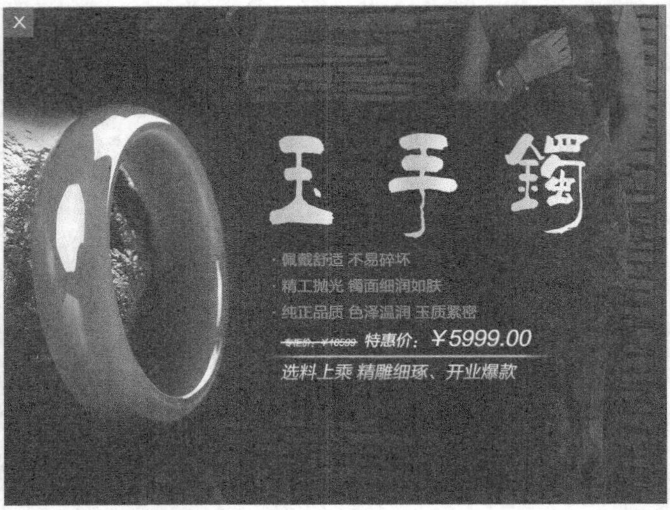

图8-56

页面悬浮广告设计

本章我们将通过客户诉说，学会通过分析客户心理、要求和需求，做出符合客户需求的悬浮广告，力求在网页中突出悬浮广告效果，有效地展示广告内容。

页面悬浮广告是页面中沿一定轨迹浮动或沿某一规定的曲线飘动的广告形式，巧妙的设计既不影响访问者浏览，又满足了广告主增加曝光率的需求，这类广告能够快速吸引住访问者的眼球，并产生作用。

传统的页面悬浮广告多为规则的四边形，随着技术的提高和产品的多样化，也诞生出其他异形的悬浮广告，这类广告在视觉上更具有表现力，也更容易吸引访问者。

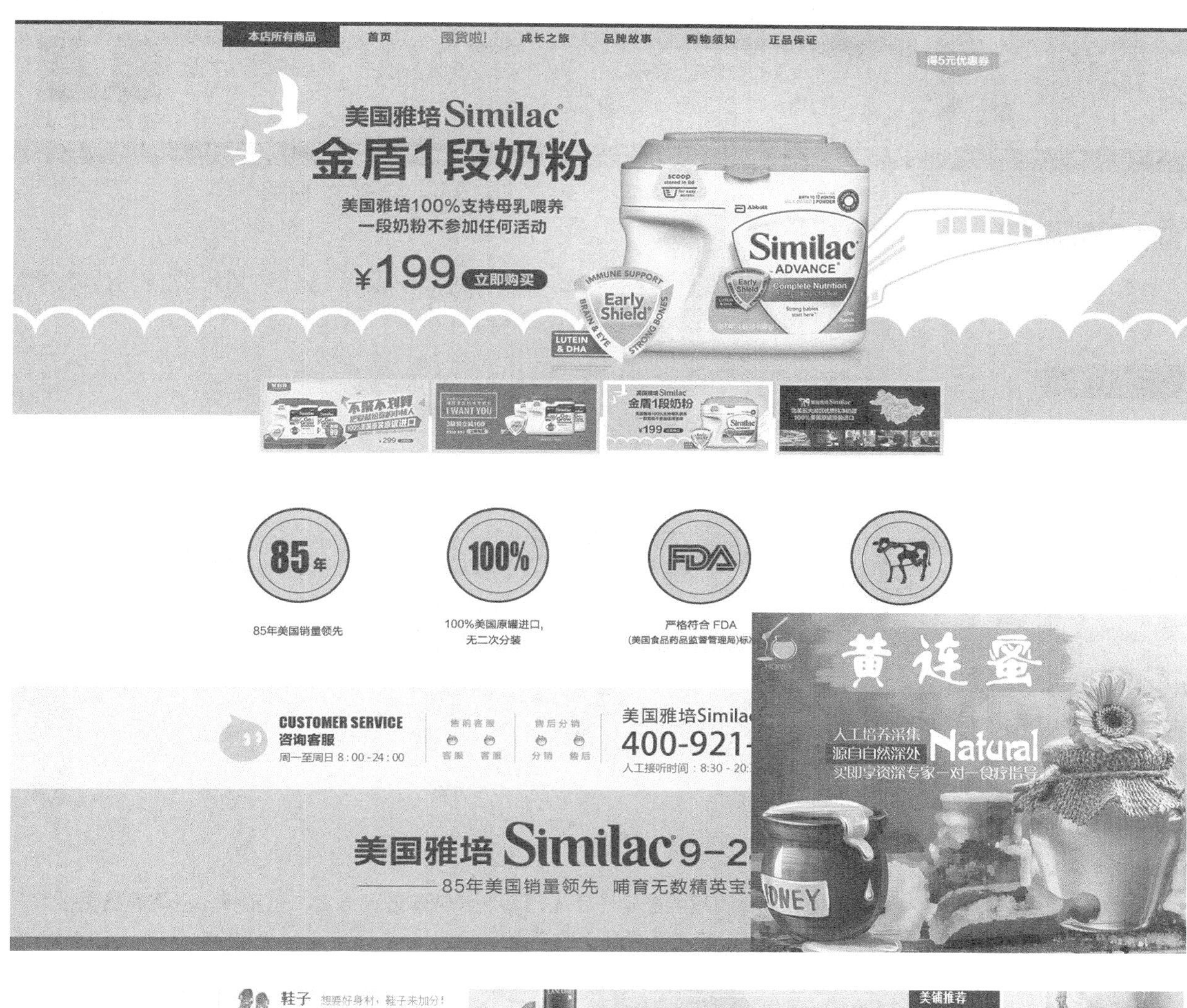

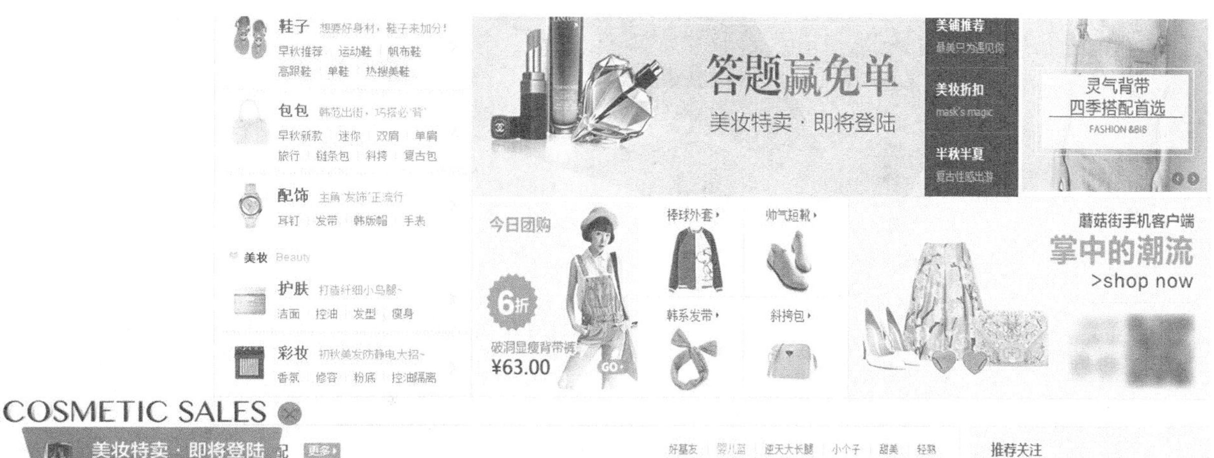

9.1 天然蜂蜜广告

您好，我们公司是生产天然蜂蜜的，现在推广一款产品，需要做一个300像素×250像素的悬浮广告。我们的产品是纯天然的，味道很好，广告要好看，希望您能做出优秀的作品。

客户何女士

文件位置：光盘>实例文件>CH09>NO.01.psd　视频位置：光盘>多媒体教学>CH09>NO.01. flv　难易指数：★★☆☆☆

头脑风暴

分析1，蜂蜜是香甜的食物，可以选择橙色等色调体现蜂蜜的口感；分析2，可以采用插画、素描或水彩等风格体现画面的独特性；分析3，选择一些与大自然相关的元素体现产品纯天然的属性。

方案展示

通过提炼和制作，我们提供了以下3种方案供客户选择。

方案一

方案二

方案三

客户选择

方案一不错，很吸引人，看了就有一种甜甜的感觉，让人想马上尝尝味道；方案二也不错，色调的感觉很好，但是相比之下我更喜欢方案一；方案三就很一般了，没什么吸引力。

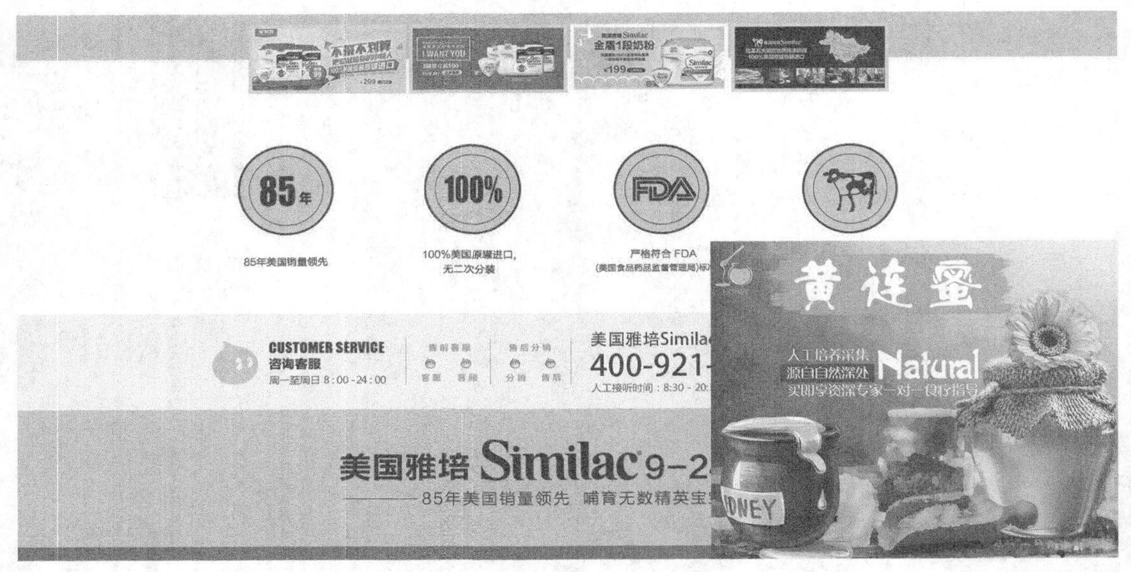

最终定稿的效果图

制作流程

01 按快捷键Ctrl+N新建一个“NO.01”文件，具体参数设置如图9-1所示。

02 打开选取好的背景图片（素材文件\CH09\素材01.jpg），然后将其拖曳到文件中合适的位置，如图9-2所示。

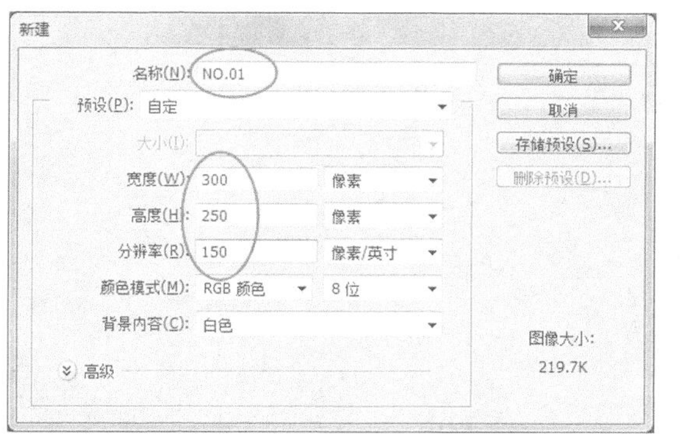

图9-1

图9-2

03 为图层添加一个【色阶】调整图层，参数设置如图9-3所示。效果如图9-4所示。

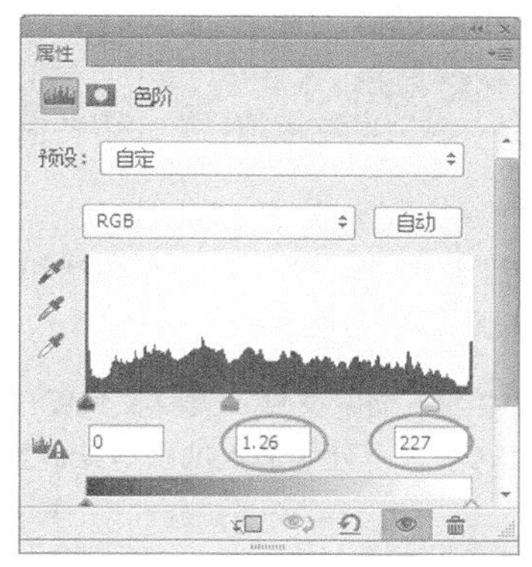

图9-3

04 使用【套索工具】选中蜂蜜罐子的部分，然后进行适当的羽化，如图9-5所示。按快捷键Ctrl+J复制出选区内的内容。

图9-4

图9-5

05 选择背景图片，执行滤镜\滤镜库命令，然后选择【艺术效果】里的【调色刀】，参数设置如图9-6所示。效果如图9-7所示。

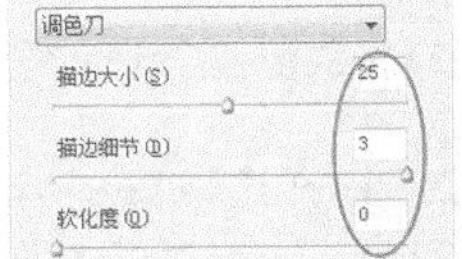

图9-6

举一反三

这样的滤镜可以产生晕染的效果，滤镜库提供素描、纹理和风格化等样式，可快速达到效果。

06 导入一张蜂蜜罐子素材图片（素材文件\CH09\素材02.png），然后将其拖曳到合适的位置，如图9-8所示。

图9-7

图9-8

07 为素材添加一个【色相/饱和度】调整图层，设置【色相】为-8，如图9-9所示。效果如图9-10所示。

08 载入画笔文件（素材文件\CH09\素材03.abr），然后设置前景色值为（R:255、G:138、B:0），再使用载入的画笔绘制出晕染效果，效果如图9-11所示。

图9-9

图9-10

图9-11

09 使用【横排文字工具】在绘图区域内输入文字信息，如图9-12所示。

举一反三

背景图片处理成了晕染效果，画面中的其他元素也尽量与其相统一，所以这里选择了同样风格的画笔绘制底色图案。

10 设置前景色值为（R:81、G:34、B:24），然后使用【矩形工具】为文字添加一个底色，如图9-13所示。

图9-12

图9-13

11 导入客户提供的LOGO图片(素材文件\CH09\素材04.png)，然后将其拖曳到合适的位置，如图9-14所示。最终效果如图9-15所示。

图9-14

图9-15

9.2 女士牛仔裤广告

您好，我们公司要做一个女士牛仔裤的悬浮广告，尺寸是200像素×270像素，这一款牛仔裤是很修身的，而且冬天穿也不会冷，希望你能表现出这些特点，画面最好能够独特一点。

客户孟先生

文件位置：光盘>实例文件>CH09>NO.02.psd　视频位置：光盘>多媒体教学>CH09>NO.02. flv　难易指数：★★★☆☆

头脑风暴

分析1，因为是女士牛仔裤所以要体现女性的曲线和柔美；分析2，市面上大部分广告内容比较丰富，可采用简洁的版式突出画面的独特性；分析3，融入冬天寒冷的元素，体现牛仔裤的特点。

方案展示

通过提炼和制作，我们提供了以下3种方案供客户选择。

方案一

方案二

方案三

客户选择

方案一感觉比较另类，不过感觉有点复古了，偏离了我们产品的定位；方案二的感觉不错，时尚感出来了，色调我也比较喜欢，表达出了我想要的感觉，看着挺商业的；方案三感觉比较单调，色彩不是很丰富，很难让消费者购买。

最终定稿的效果图

制作流程

01 按快捷键Ctrl+N新建一个“NO.02”文件，具体参数设置如图9-16所示。

02 导入选取好的背景图片（素材文件\CH09\素材05.jpg），然后将其拖曳到合适的位置，如图9-17所示。

03 复制一个副本图层，然后将图片往上移动，如图9-18所示。接着添加一个图层蒙版，为蒙版填充黑白渐变色，将两张图片自然融合，效果如图9-19所示。

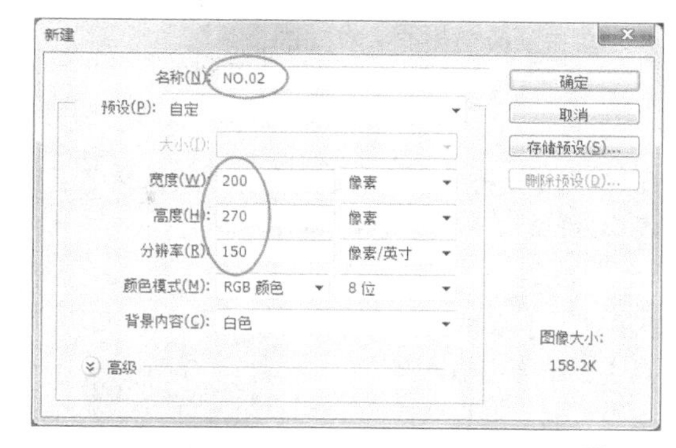

图9-16

图9-17

图9-18

图9-19

04 打开牛仔裤素材图片（素材文件\CH09\素材06.jpg），如图9-20所示。然后使用【魔棒工具】单击画面中的背景，将背景部分载入选区，接着按Delete键删除选区内的内容，效果如图9-21所示。

05 将素材拖曳到制作文件中，然后将其调整到合适的位置，如图9-22所示。

图9-20

图9-21

图9-22

06 为素材添加一个【亮度/对比度】调整图层，设置【亮度】为45、【对比度】为20，如图9-23所示。效果如图9-24所示。

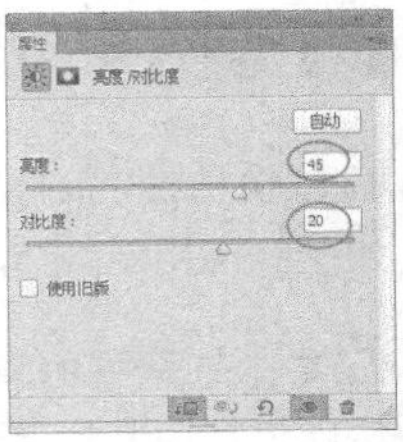

07 使用【横排文字工具】在画面中输入文字信息，如图9-25所示。然后使用【矩形工具】绘制出分割线，效果如图9-26所示。

图9-23

08 使用【横排文字工具】在画面中输入文字信息，然后选择合适的字体，如图9-27所示。

图9-24

图9-25

图9-26

图9-27

举一反三

添加分割线不仅有装饰效果，而且能够将文字进行区分，提高阅读力。

09 选择黄色文字图层，然后执行图层\图层样式\投影命令，参数设置如图9-28所示。效果如图9-29所示。

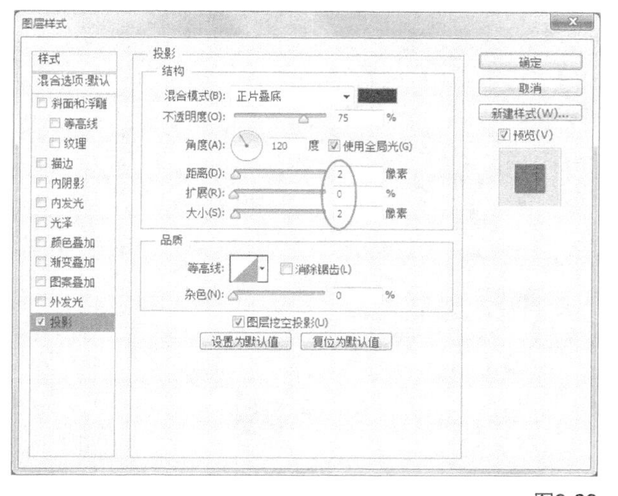

图9-28

图9-29

10 运用同样的方式为白色文字添加投影样式，效果如图9-30所示。

11 使用【矩形工具】绘制出矩形条，填充任意的颜色，如图9-31所示。

图9-30

图9-31

12 执行图层\图层样式\渐变叠加命令，编辑出如图9-32所示的渐变，最终效果如图9-33所示。

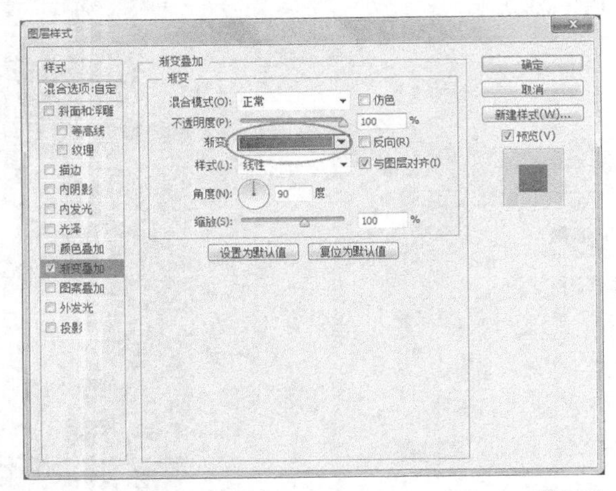

图9-32

图9-33

赞助式广告设计

本章我们将通过客户诉说，学会通过分析客户心理、要求和需求，做出符合客户需求的赞助式广告，不仅要提高广告点击率而且在保证商业性的同时突出赞助商的相关信息。

赞助式广告一般放置时间较长而且无需和其他广告轮流滚动，有利于扩大页面的知名度。广告主若有明确的品牌宣传目标，赞助式广告将是一种低廉而颇有成效的选择，赞助式广告的形式多种多样，在传统的网络广告之外，给予广告主更多的选择。广告主通过对某一热点栏目活动命名，如XXX专题、XXX比赛等获得广告宣传的效果，通常和Banner广告、按钮广告、悬浮广告等多种广告形式一起使用，使广告无处不在，效果深刻而持久，充分显示企业的实力。目前，在互联网上应用广泛，浏览这些栏目的多为忠诚度比较高的访问者。

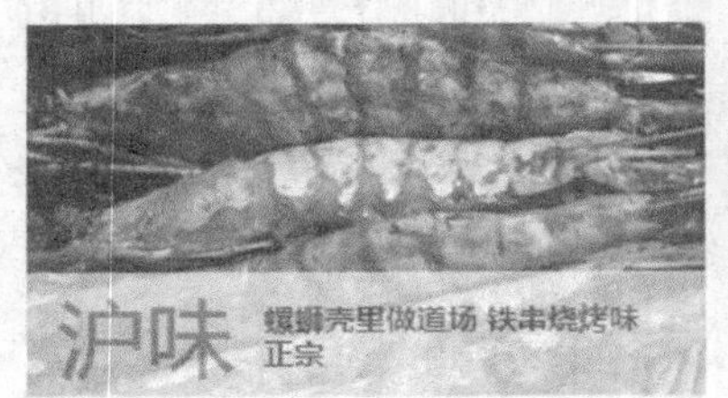

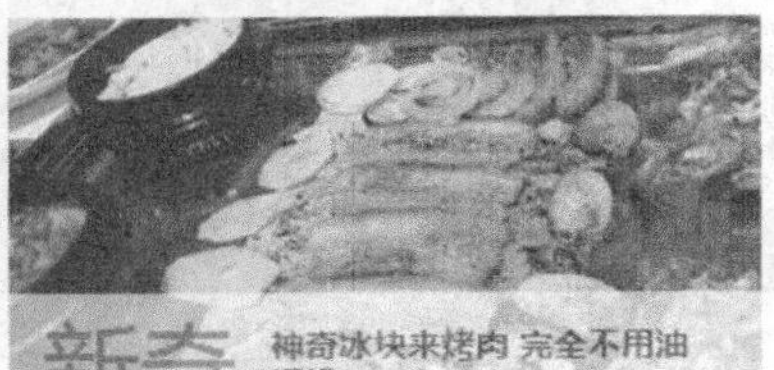

咱们结婚吧
WE GET MARRIED
瑞信家具赞助剧中全套家具
看国民女神选家具
剧中同款"文艺青年"四门衣柜
看国民女神的选择
别跟我说恋爱，虚伪，有本事咱们结婚吧
点击了解
我不是花痴
我压根就没有看上你

10.1 汉堡公益广告

您好，我们公司是做西式快餐的，最近推出一款新的汉堡，消费这款产品就会给贫困的孩子捐助一些食物，需要做赞助广告来进行推广，赞助广告商的相关信息我们会提供给您，尺寸是900像素×560像素。

客户杨先生

文件位置：光盘>实例文件>CH10>NO.01.psd　视频位置：光盘>多媒体教学>CH10>NO.01. flv　难易指数：★★★★☆

头脑风暴

分析1，因为是结合公益活动，所以画面不能仅是体现商业性，还要具有一定的公益性质；分析2，可以将汉堡与家、孩子等比较温暖的元素相结合，体现广告的内涵；分析3，合理安排两个企业品牌的对比，不能抢了主题。

方案展示

通过提炼和制作，我们提供了以下3种方案供客户选择。

方案一

方案二

方案三

客户选择

从视觉上来看，方案三的效果是最好的，但是它太商业了，没有传递出公益广告温暖的感觉；方案二太花了，文字的部分太乱，新品上市的效果没有突出，赞助的信息也不明显；方案一的感觉比较温暖一点，赞助商的信息也很明确，视觉效果也还不错，就选方案一吧。

最终定稿的效果图

制作流程

01 按快捷键Ctrl+N新建一个“NO.01”文件，具体参数设置如图10-1所示。

02 新建图层，然后单击【渐变工具】，打开渐变编辑器，接着编辑出如图10-2所示的渐变，最后为图层填充径向渐变色，效果如图10-3所示。

03 打开选取好的产品图片（素材文件\CH10\素材01.jpg），然后将其拖曳到文件中合适的位置，如图10-4所示。

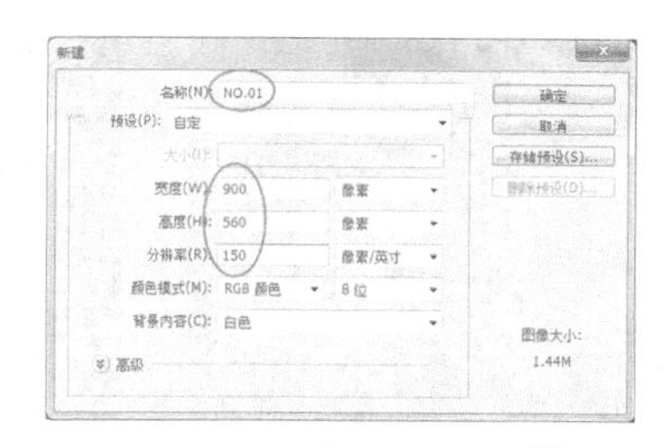

图10-1

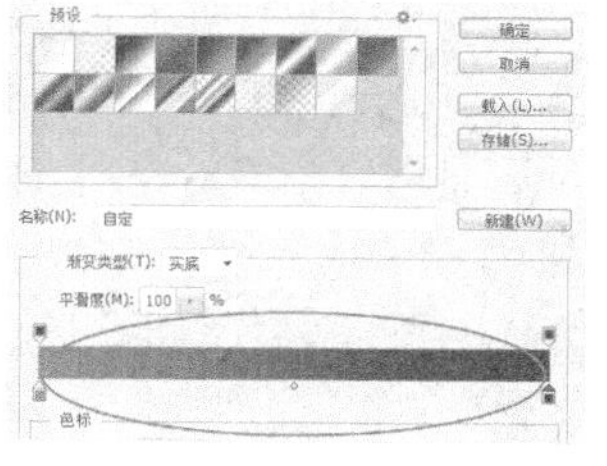

图10-2

图10-3

图10-4

04 执行选择\色彩范围命令，然后使用吸管单击画面中白色的部分，如图10-5所示。接着使用【矩形选框工具】减去汉堡的部分，如图10-6所示。最后删除选区内白色的背景，效果如图10-7所示。

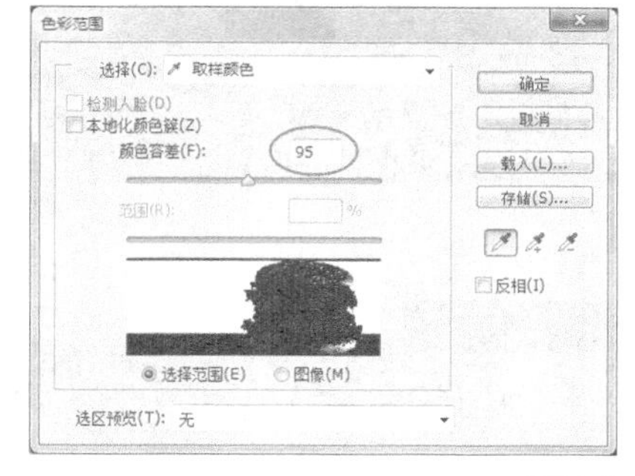

图10-5

图10-6

图10-7

05 使用【矩形选框工具】绘制出合适的选区，然后填充黑色，如图10-8所示。接着执行滤镜\模糊\高斯模糊命令，设置【半径】为10像素，调整图层顺序，效果如图10-9所示。

图10-8

图10-9

06 运用同样的方法绘制出黑色矩形，然后调整【不透明度】为50%，如图10-10所示。接着添加一个图层蒙版，使用黑色的画笔涂抹蒙版中遮挡汉堡的部分，效果如图10-11所示。

图10-10

图10-11

举一反三

添加阴影和降低部分暗部效果，能够暗化背景，更加突出产品。

07 在图层最上方添加一个【亮度/对比度】调整图层，设置【亮度】为20、【对比度】为25，如图10-12所示。效果如图10-13所示。

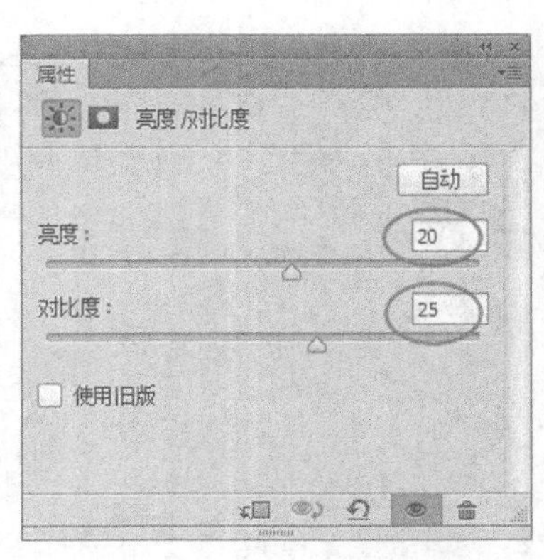

图10-12

图10-13

08 导入面包素材（素材文件\CH10\素材02.png），然后将其拖曳到合适的位置，效果如图10-14所示。

09 使用【横排文字工具】在绘图区域内输入文字信息，然后绘制合适的底色突出文字，效果如图10-15所示。

图10-14

图10-15

10 导入标志和文字素材（素材文件\CH10\素材03.png、素材04.png），然后将其拖曳到合适的位置，最终效果如图10-16所示。

图10-16

举一反三

这里的主题文字是经过精心设计的，在草稿上画出大概形态，然后绘制出选区填充颜色。

10.2 美发产品广告

我们公司是做美发产品的，现在要大力宣传一款产品，需要你们做一个尺寸是500像素×360像素的赞助广告，广告要做得有吸引力，能够让消费者来买我们的产品，基本上就这些要求了。

客户张女士

文件位置：光盘>实例文件>CH10>NO.02.psd　　视频位置：光盘>多媒体教学>CH10>NO.02. flv　　难易指数：★★★☆☆

头脑风暴

分析1，虽然是赞助广告，但是以主推产品为主，商业性比较强；分析2，选择比较好看的美发或者美女图片体现美发广告的特点；分析3，客户提供的产品主色调为绿色，可以选择绿色作为主色调或者点缀。

方案展示

通过提炼和制作，我们提供了以下3种方案供客户选择。

方案一

方案二

方案三

客户选择

我比较喜欢方案三。方案一的画面没有吸引力，完全没有体现我们产品的特点；方案二的感觉将就，但是效果不是特别突出，显得有点小气，选的人物我也不喜欢；我选择方案三的原因是它感觉很高端大气，有一种我们产品的内涵在里面，看着也特别舒服。

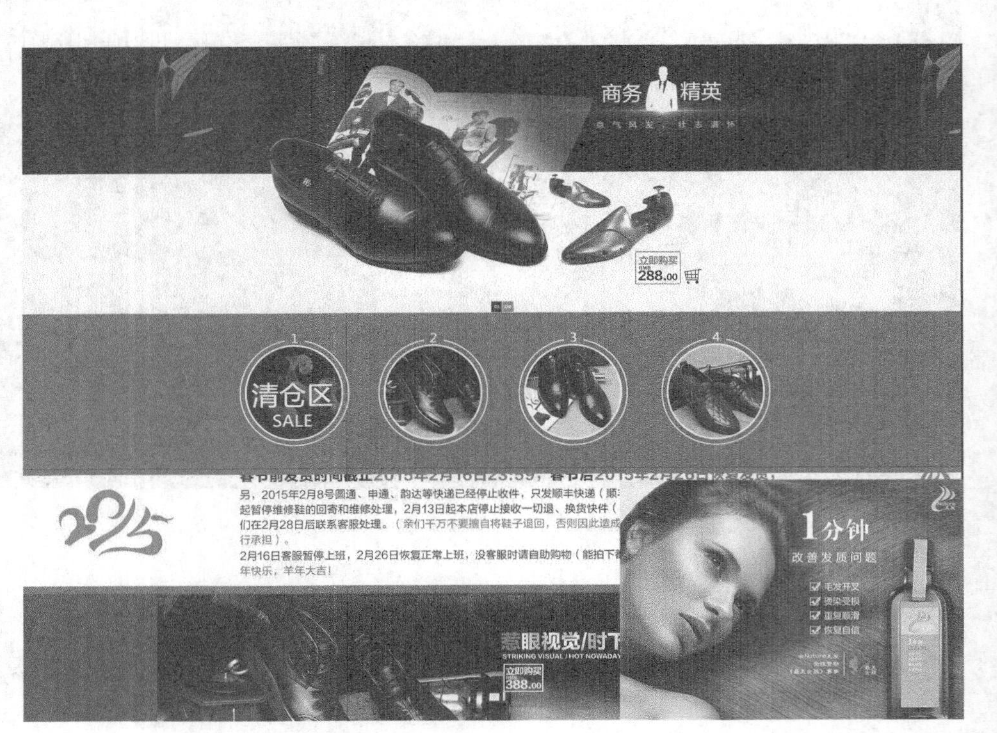

最终定稿的效果图

制作流程

01 按快捷键Ctrl+N新建一个“NO.02”文件，具体参数设置如图10-17所示。然后打开选取好的背景图片（素材文件\CH10\素材05.jpg），并将其拖曳到文件中合适的位置，如图10-18所示。

02 使用【套索工具】勾选出头发的部分，然后进行适当的羽化，如图10-19所示。

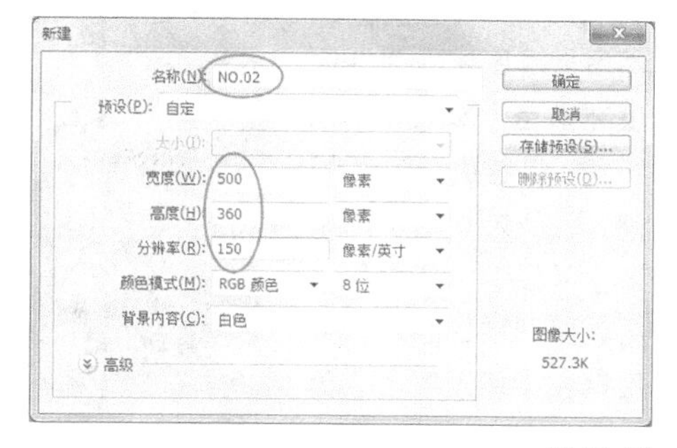

图10-17

图10-18

图10-19

03 为图层添加一个【色彩平衡】调整图层，然后设置【中间调】的青色到红色值为【+10】、黄色到蓝色值为【-34】，如图10-20所示。效果如图10-21所示。

04 导入美发产品图片（素材文件\CH10\素材06.png），然后将其调整到合适的位置，如图10-22所示。

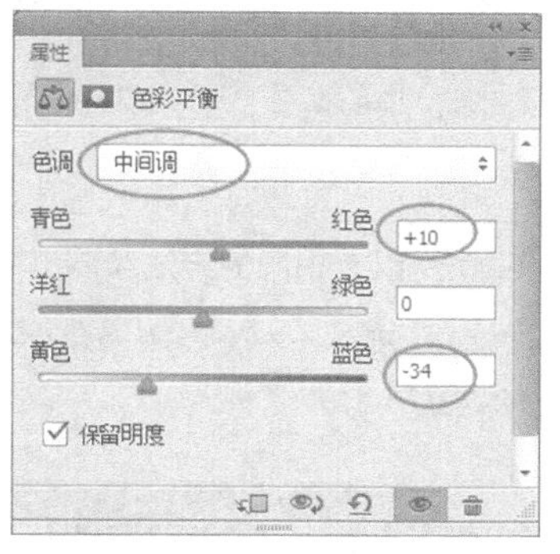

图10-20

举一反三

改变头发颜色不仅提亮了画面的整体色调，而且与产品颜色相呼应。

图10-21

图10-22

05 载入产品的选区，然后新建图层，为选区填充黑色，如图10-23所示。接着执行滤镜\模糊\高斯模糊命令，设置【半径】为10像素，再调整图层的顺序，最后调整【不透明度】为80%，效果如图10-24所示。

图10-23

图10-24

06 使用【横排文字工具】在绘图区域内输入促销文字，效果如图10-25所示。

07 设置填充颜色值为（R:200、G:213、B:0），然后单击【自定义形状工具】，选择如图10-26所示的形状，接着绘制出图形，最后使用【矩形工具】绘制出矩形线框，效果如图10-27所示。

图10-25

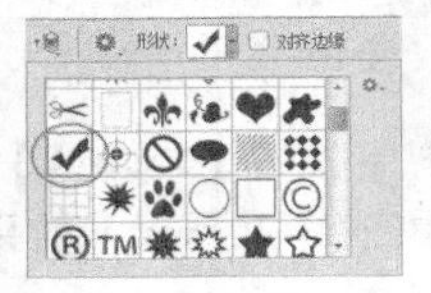

图10-26

图10-27

08 使用以上相同的方法绘制出多个图形，效果如图10-28所示。

09 导入两个标志素材（素材文件\CH10\素材07.png、素材08.png），然后将其拖曳到合适的位置，最终效果如图10-29所示。

图10-28

图10-29

竞赛促销广告设计

本章通过客户要求，学会分析访问者心理需求，制作出符合要求的竞赛促销广告，能够吸引访问者积极参与到比赛或者促销活动中，达到广告的目的。

竞赛促销是基于利用人的好胜、竞争和追求刺激等心理，通过举办竞赛、抽奖等富有趣味和游戏色彩的促销活动，吸引消费者、经销商或销售人员参与的兴趣，提高点击率，推动和增加销售。例如，利用全民健身活动的开展和目标公众的体育兴趣，举办具有游戏色彩的大众化体育竞赛活动，以此为载体，开展促销活动，同时围绕商品，组织商品操作技能竞赛活动，实现商品与品牌形象的宣传目的，这样的广告在网页中也是数不胜数。

在制作竞赛和促销广告时，选图和宣传文本必须要紧扣竞赛主题，然后竞赛和促销的标题要明显直观地传达给访问者，省略不必要的信息，防止造成信息干扰，选择的用色和设计感也比其他种类的效果好，这样才能在第一时间吸引访问者查看内容甚至参加竞赛与促销。

11.1 游泳比赛宣传广告

您好，我们想在三亚这边举办一场游泳比赛，名称定为“三亚首届踏浪杯800米自由式游泳比赛”，我们这边没有素材你得自己找，尺寸是606像素×306像素。

客户单先生

文件位置：光盘>实例文件>CH11>NO.01.psd　　视频位置：光盘>多媒体教学>CH11>NO.01. flv　　难易指数：★★☆☆☆

头脑风暴

分析1，游泳比赛是公平和健康的，因此在选图的时候就要注意；分析2，根据广告的主题，选择以蓝色为主；分析3，广告采取简单直接的方法进行设计，直观清楚地传递信息。

方案展示

通过提炼和制作，我们提供了以下3种方案供客户选择。

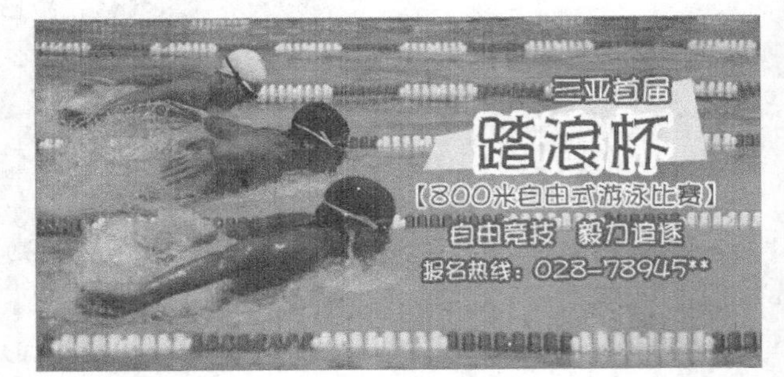

方案一

方案二

方案三

客户选择

方案一有比赛的感觉，但是很平常，缺乏美观大气的感觉；我比较喜欢方案二，有一种独特的国际范，画面张力也很好，具有游泳竞技的感觉；方案三的感觉虽然和方案二相同，但是人物的动态选择太柔美，竞技比赛的紧张感激烈感不足。

最终定稿的效果图

制作流程

01 按快捷键Ctrl+N新建名为“NO.01”的文件，具体参数设置如图11-1所示。

02 导入选择的背景图（素材文件\CH11\素材01.jpg），然后将其拖曳到合适的位置并调整大小，效果如图11-2所示。

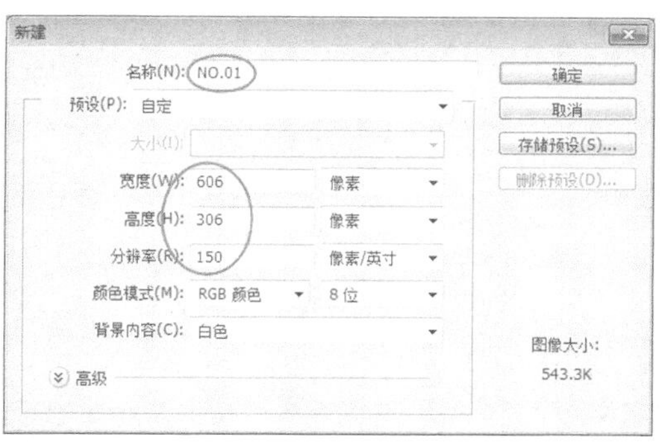

图11-1

图11-2

03 使用【多边形套索工具】绘制选区，然后设置前景色为黄色进行填充，如图11-3所示。

04 设置前景色值为（R:0、G:39、B:64），然后使用【横排文字工具】输入文本，接着调整位置和大小，效果如图11-4所示。

图11-3

图11-4

05 选中文本图层，然后执行图层\图层样式\描边命令，参数设置如图11-5所示。效果如图11-6所示。

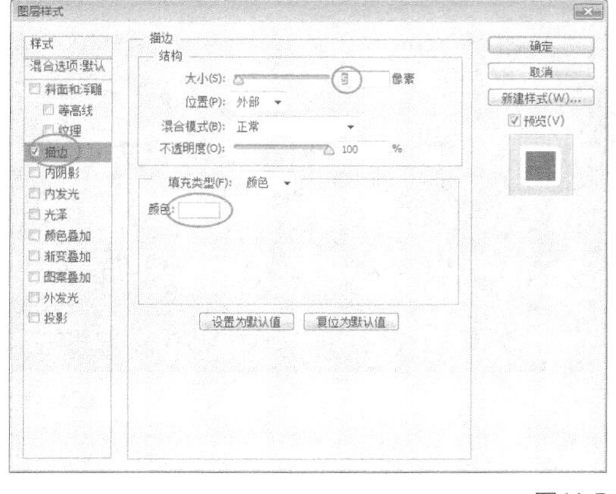

图11-5

图11-6

06 继续使用【横排文字工具】输入文本，如图11-7所示。然后执行图层\图层样式\描边命令，参数设置如图11-8所示。效果如图11-9所示。

07 设置前景色值为（R:255、G:245、B:159），然后使用【横排文字工具】输入文本，接着调整位置和大小，效果如图11-10所示。

图11-7

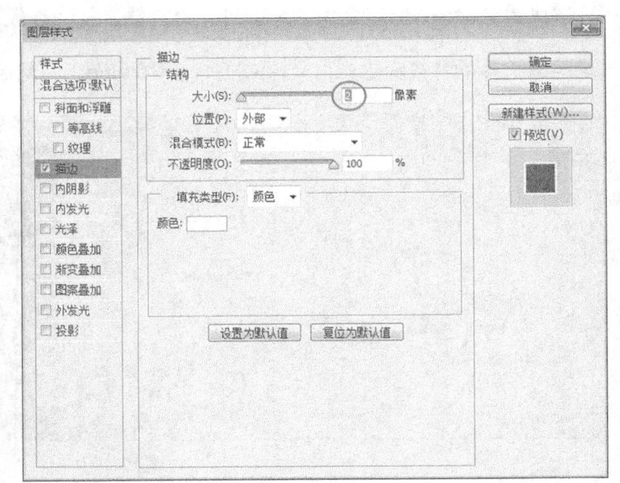

图11-8

图11-9

图11-10

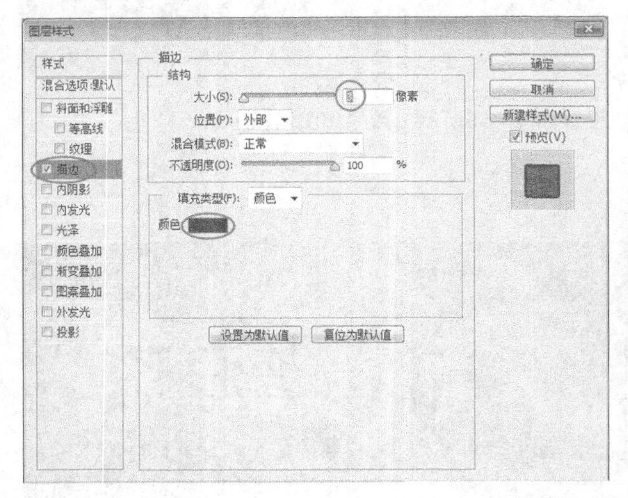

图11-11

08 选中文本图层，然后执行图层\图层样式\描边命令，参数设置如图11-11所示。效果如图11-12所示。

图11-12

04继续使用【横排文字工具】输入文本，如图11-13所示。然后将前面设置的图层样式复制到文本图层上，最终效果如图11-14所示。

图11-13

图11-14

11.2 犬舍促销宣传广告

您好，我们宠物店要举行纯种犬特价销售活动，促销活动主题为“寻找我的唯一”，尺寸是900像素×563像素，要突出狗狗等待它生命中唯一主人的感觉。

客户葛女士

文件位置：光盘>实例文件>CH11>NO.02.psd　视频位置：光盘>多媒体教学>CH11>NO.02. flv　难易指数：★★★★☆

头脑风暴

分析1，狗的眼神可以传递感情，选择的素材必须要有丰富的感情；分析2，颜色方面可以选取温馨的颜色；分析3，使用一些可爱亲切的广告语来渲染气氛。

方案展示

通过提炼和制作，我们提供了以下3种方案供客户选择。

方案一

方案二

方案三

客户选择

方案一具有很强的趣味性，狗狗的那种撒娇感配合着广告词很好地诠释了情感；方案二颜色鲜亮，最抢眼，并且狗狗的表情与画面同样取得很好的效果；方案三的整体感偏悲伤，风格和前两个相比更加小清新一些，宠物与广告词的配合并没有前两个好。三个方案总的来说，还是方案二在颜色和含义上结合最为完美，就是用方案二吧。

最终定稿的效果图

制作流程

01按快捷键Ctrl+N新建名为“NO.02”的文件，具体参数设置如图11-15所示。

02导入选择的背景图（素材文件\CH11\素材02.jpg），然后将其拖曳到合适的位置并调整大小，效果如图11-16所示。

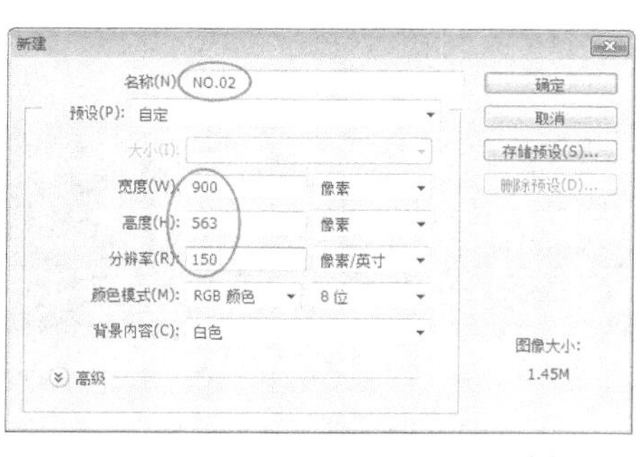

图11-15

图11-16

03设置前景色值为（R:255、G:157、B:0），然后使用【矩形工具】绘制矩形，接着设置图层的【混合模式】为【线性加深】，如图11-17所示。

04为背景图层添加一个图层蒙版，然后使用【渐变工具】制作出线性渐变透明效果，如图11-18所示。

图11-17

图11-18

05新建图层，然后使用【多边形套索工具】绘制选区，如图11-19所示。接着设置前景色为黄色进行填充，如图11-20所示。

图11-19

图11-20

06 复制黄色形状图层，然后设置前景色值为（R:255、G:157、B:0）进行填充，如图11-21所示。

07 为背景图层添加一个图层蒙版，然后使用【渐变工具】制作出线性渐变透明效果，如图11-22所示。

图11-21

图11-22

08 新建图层，然后使用【多边形套索工具】绘制选区，如图11-23所示。接着设置前景色值为（R:41、G:4、B:73）进行填充，如图11-24所示。

图11-23

图11-24

09 复制紫色剪影图层，然后调整倾斜度，如图11-25所示。接着执行滤镜\模糊\高斯模糊命令，设置【半径】为25像素，如图11-26和图11-27所示。

图11-25

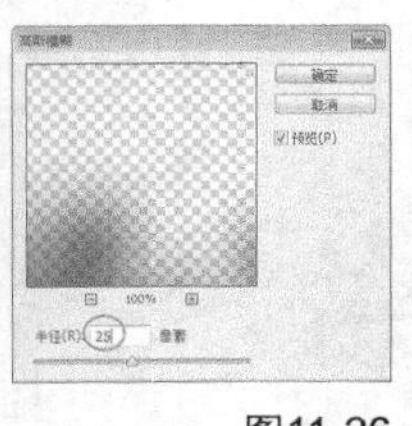

图11-26

图11-27

10 将剪影载入选区，然后删除选区内的模糊化阴影，如图11-28和图11-29所示。

图11-28

图11-29

11 设置前景色为黑色，然后使用【矩形工具】绘制矩形，如图11-30所示。

12 设置前景色为白色，然后单击【自定形状工具】，再选择【形状】为【会话1】，接着在狗狗上方绘制形状，如图11-31所示。

图11-30

图11-31

13 设置前景色值为（R:230、G:95、B:5），然后使用【横排文字工具】输入文本，接着调整位置和大小，效果如图11-32所示。

14 导入选择的素材图片（素材文件\CH11\素材03.jpg），然后抠出素材，再将其拖曳到合适的位置调整大小，效果如图11-33所示。

图11-32

图11-33

15 选中木板素材图层，然后执行图层\图层样式\投影命令，参数设置如图11-34所示。效果如图11-35所示。

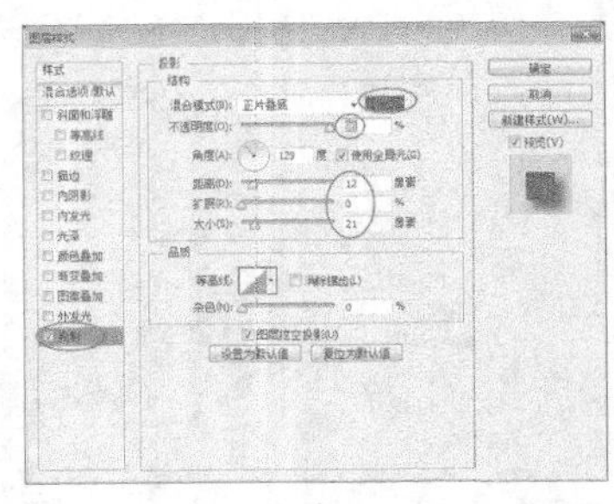

图11-34

图11-35

16 设置前景色值为（R:230、G:95、B:5），然后使用【横排文字工具】输入文本，接着设置图层的【混合模式】为【正片叠底】，效果如图11-36所示。

17 设置前景色值为（R:140、G:56、B:11），然后使用【横排文字工具】输入文本，效果如图11-37所示。

图11-36

图11-37

18 设置前景色值为（R:140、G:56、B:11），然后使用【横排文字工具】输入文本，接着调整位置和大小，最终效果如图11-38所示。

图11-38

11.3 山地直降赛宣传广告

我们公司要在南山这边举行一场山地自行车直降赛，文本内容我们这边有，图片素材没有，你可以自己收集一下，要做出山地直降赛的激情与动感，尺寸是1024像素×320像素。

客户肖先生

文件位置：光盘>实例文件>CH11>NO.03.psd　视频位置：光盘>多媒体教学>CH11>NO.03. flv　难易指数：★★★☆☆

头脑风暴

分析1，赛车比赛是一项激情的运动，需要采取一些鲜艳饱满的动感颜色；分析2，考虑到广告含义的体现，画面中必须有与之相呼应的人物形象；分析3，使用动静结合的方式进行设计。

方案展示

通过提炼和制作，我们提供了以下3种方案供客户选择。

方案一

方案二

方案三

客户选择

3个方案感觉都挺好，方案一比较暗，方案三比较柔和，相对来说方案二结合了两者的特色，明暗有序，看上去颜色更加饱满，文本样式三个方案都差不多，我比较喜欢方案二。

最终定稿的效果图

制作流程

01 按快捷键Ctrl+N新建名为“NO.03”的文件，具体参数设置如图11-39所示。

02 导入选择的背景图（素材文件\CH11\素材04.jpg），然后将其拖曳到合适的位置调整大小，效果如图11-40所示。

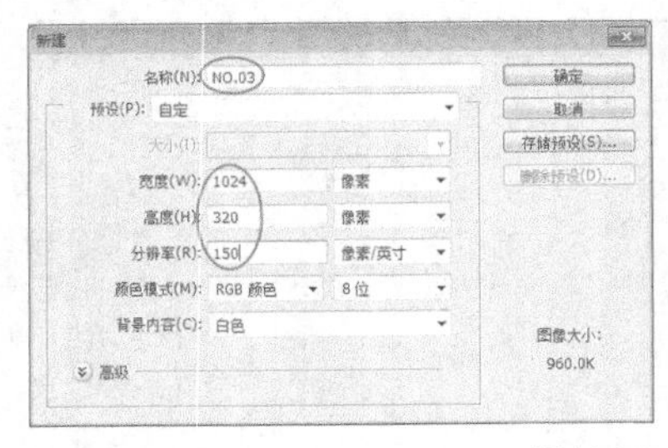

图11-39

图11-40

03 导入选择的人物素材图（素材文件\CH11\素材05.jpg），然后抠出人物，再将其拖曳到合适的位置调整大小，效果如图11-41所示。

图11-41

04 复制人物图层，然后设置图层的【混合模式】为【正片叠底】，接着添加一个图层蒙版，最后使用【渐变工具】制作出线性渐变透明效果，如图11-42所示。

图11-42

05 设置前景色为白色，然后使用【横排文字工具】输入文本，接着调整位置和大小，效果如图11-43所示。

图11-43

06 设置前景色为黑色，然后使用【矩形工具】绘制矩形，如图11-44所示。接着设置前景色为白色，再使用【横排文字工具】输入文本，如图11-45所示。

图11-44

图11-45

07 设置前景色为黄色，然后使用【矩形工具】绘制矩形，如图11-46所示。接着设置前景色为黑色，再使用【横排文字工具】输入文本，如图11-47所示。

图11-46

图11-47

08 设置前景色为白色，然后使用【横排文字工具】输入地址文本，如图11-48所示。

图11-48

09 设置前景色为红色，然后使用【横排文字工具】输入文本，如图11-49所示。

图11-49

10 选中文本图层，然后执行图层\图层样式\外发光命令，最终效果如图11-50所示。

图11-50

11.4 创意比赛宣传广告

您好，我想要一个网络竞赛广告，内容是“创意眼界——创意设计大赛”，尽量选择一些有创意的图片进行制作，尺寸是900像素×500像素，整体感觉要大气。

客户向女士

文件位置：光盘>实例文件>CH11>NO.04.psd　视频位置：光盘>多媒体教学>CH11>NO.04. flv　难易指数：★★★★☆

头脑风暴

分析1，广告的主题为创意设计大赛，所以背景选择设计感很强的素材；分析2，采取独特的文本版式来修饰广告；分析3，广告颜色采取高档的中性色来装饰画面。

方案展示

通过提炼和制作，我们提供了以下3种方案供客户选择。

方案一

方案二

方案三

客户选择

就视觉感来说还是方案一比较好，颜色所显示出来的艺术底蕴很足，相比之下另外两个就黯淡了，就选择方案一吧。

最终定稿的效果图

制作流程

01 按快捷键Ctrl+N新建名为“NO.04”的文件，具体参数设置如图11-51所示。

02 导入选择的背景图（素材文件\CH11\素材06.jpg），然后将其拖曳到合适的位置调整大小，效果如图11-52所示。

03 使用【矩形选框工具】绘制区域，然后复制区域内的对象，接着水平方向进行缩放补全背景图，效果如图11-53所示。

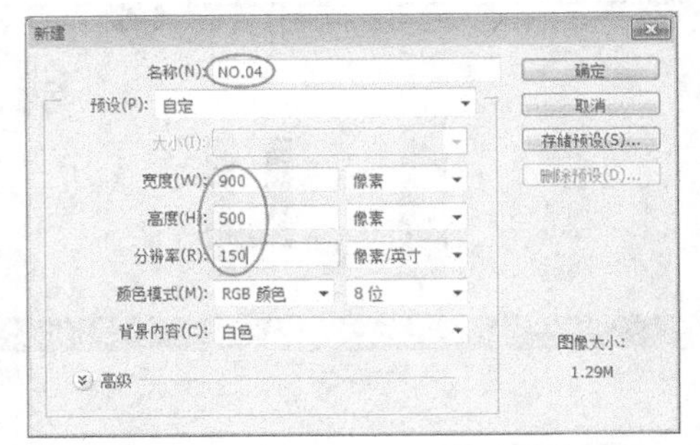

图11-51

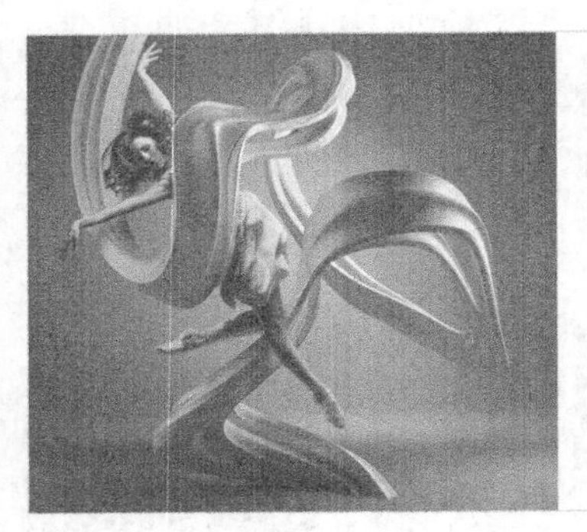

图11-52

图11-53

04 新建图层，然后使用【画笔工具】涂抹背景，使背景变化更加丰富，效果如图11-54所示。

05 设置前景色值为（R:1、G:26、B:42），然后使用【横排文字工具】输入文本，接着调整角度和大小，效果如图11-55所示。

图11-54

图11-55

06 新建图层，然后使用【多边形套索工具】绘制选区，然后填充前景色，效果如图11-56所示。

图11-56

举一反三

针对不同内容的广告，在文本的表达方式上也要有所不同，如设计类比赛的广告，它的文本就需要进行一些设计来统一广告风格。

07 使用【矩形工具】绘制矩形，然后调整大小和角度，接着将其拖曳到文本下方，效果如图11-57所示。

图11-57

08 使用【横排文字工具】输入文本，然后调整角度和大小，接着将文本拖曳到矩形下方进行调整，效果如图11-58所示。

图11-58

09 设置前景色值为（R:0、G:255、B:245），然后使用【横排文字工具】输入文本，接着调整角度和大小，效果如图11-59所示。

图11-59

10 设置前景色值为（R:255、G:251、B:136），然后使用【横排文字工具】输入文本，接着调整位置和大小，最终效果如图11-60所示。

图11-60

举一反三

这里选择的广告图片比较动感，所以我们可以将文本往相反的方向旋转，最终达到一种动态的呼应和风格的统一。

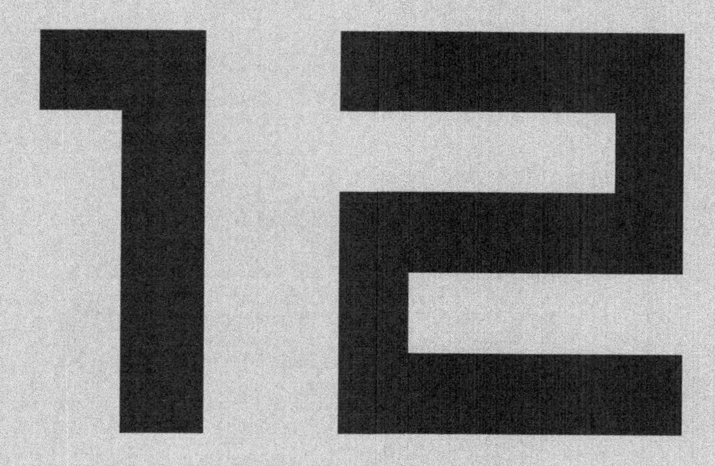

直邮广告设计

本章制作的是直邮广告，需要注意直邮广告的位置和内容的设定，保证在邮寄到受众邮箱中可以被观看和接受，需要在第一时间表达出广告的内容，并达到宣传目的。

互联网的发展使大部分人都有一个电子邮箱，因此使用电子邮箱进行网上营销是目前国际上很流行的一种网络营销方式，它成本低廉、效率高、范围广、速度快，内容主要是网页广告或者网页链接，多用于各大网站的促销活动，可以在短时间内把产品信息投放到海量的客户邮件地址内，而且接触互联网的也都是思维非常活跃的群体，整体素质很高，并且具有很强的购买力和商业意识。越来越多的调查也表明，直邮广告是网络营销中最常用也是最实用的方法。

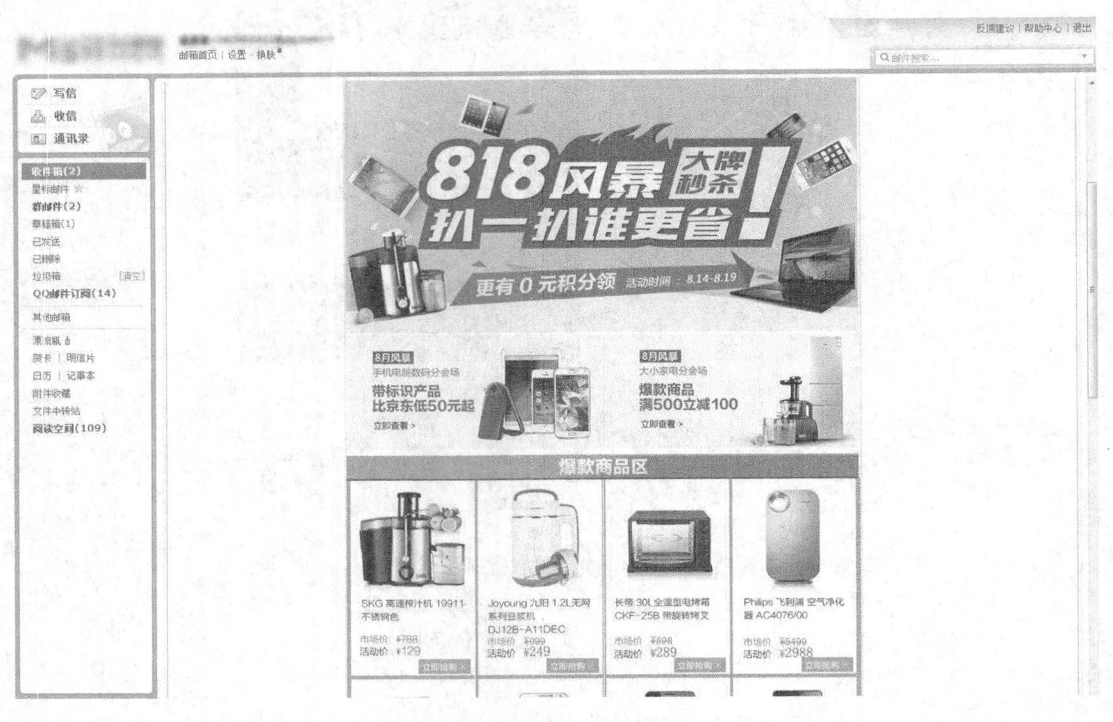

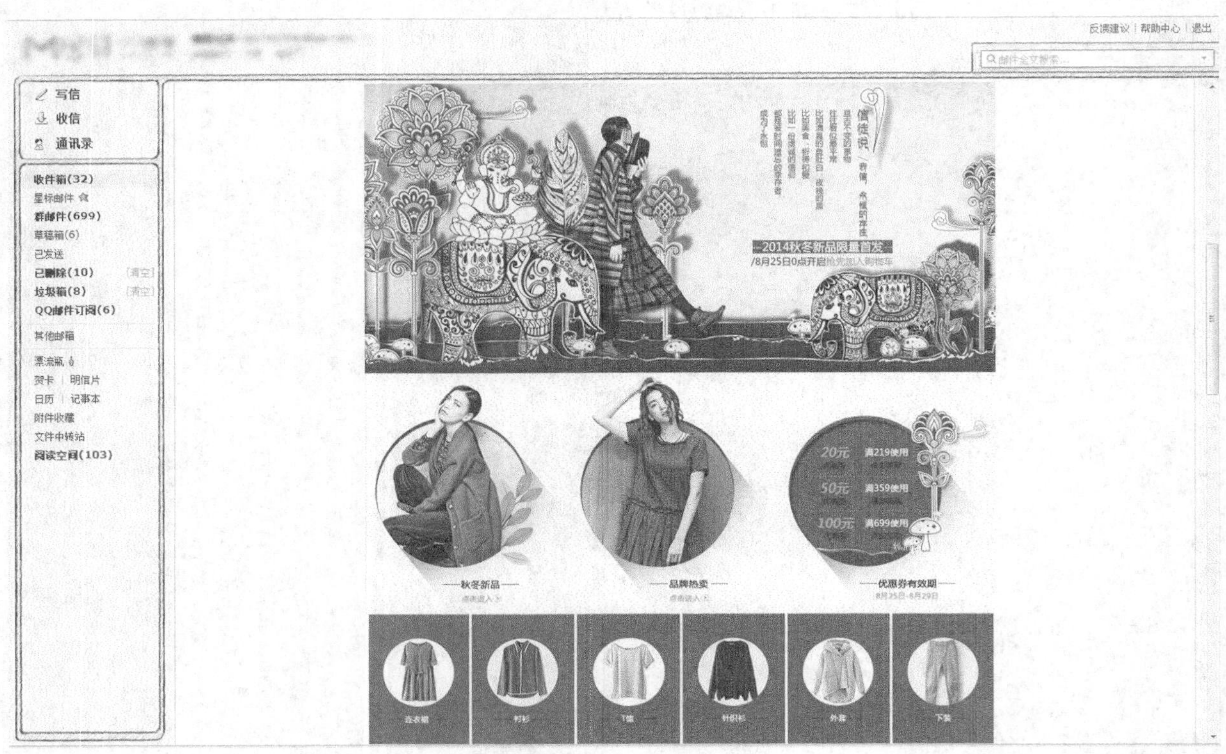

直邮广告除了以完整广告的形式发放到用户邮箱中之外，还可以用单页海报直接进行展示，在一定尺寸内将需要传递的信息直观表达出来，吸引访问者单击。

12.1 红酒宣传直邮广告

客户单先生

您好，我想做一个红酒的创意广告，然后以邮件的形式发放给网络用户，希望在效果上面有创意，并且能够吸引大众来注册购买，我们可以提供创意照片，尺寸是1024像素×1086像素。

文件位置：光盘>实例文件>CH12>NO.01.psd　视频位置：光盘>多媒体教学>CH12>NO.01. flv　难易指数：★★★☆☆

头脑风暴

分析1，客户提供的照片是很有创意的摄影素材，选取了其中3张作为素材；分析2，根据广告的宣传主题，将“点击注册”用明显的颜色标出；分析3，广告采取简单直接的方法进行设计，直观清楚地传递信息。

方案展示

通过提炼和制作，我们提供了以下3种方案供客户选择。

方案一

方案二

方案三

客户选择

方案一人物的感觉压过了红酒，没有突出表现酒的气质；方案二很好地表达了酒的诱惑，同时也突出了这是一款女士红酒，我比较满意；方案三的感觉虽然和方案二相同，但是人物的动态选择太暧昧，盖过了红酒的诱惑，更突出了女性的诱惑，不太好，就使用方案二吧。

经过修改的最终定稿

制作流程

01 按快捷键Ctrl+N新建名为“NO.01”的文件，具体参数设置如图12-1所示。

02 设置前景色为黑色，然后复制背景图层进行填充，如图12-2所示。

03 导入选择的背景图（素材文件\CH12\素材01.jpg），然后将其拖曳到合适的位置调整大小，效果如图12-3所示。

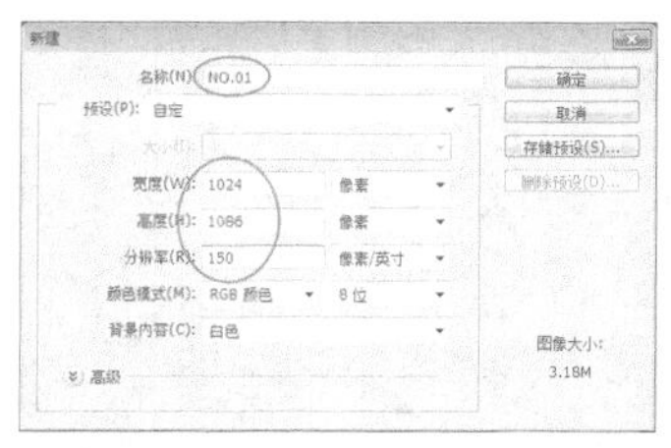

图12-1

图12-2

图12-3

04 单击【橡皮擦工具】，然后调整橡皮擦画笔的【不透明度】为15%，接着涂抹边缘，使边缘柔化，最后拖入酒瓶素材（素材文件\CH12\素材02.psd）进行调整，效果如图12-4所示。

05 设置前景色为白色，然后使用【横排文字工具】输入文本，接着调整位置和大小，效果如图12-5所示。

图12-4

图12-5

06 设置前景色为红色，然后使用【矩形工具】绘制矩形，接着设置【不透明度】为50%，如图12-6所示。

07 设置前景色为白色，然后使用【横排文字工具】输入文本，接着调整位置和大小，再将其拖曳到红色矩形上，效果如图12-7所示。

图12-6

图12-7

08 设置前景色值为（R:110、G:36、B:4），然后使用【圆角矩形工具】绘制矩形，效果如图12-8所示。

09 设置前景色值为（R:255、G:186、B:0），然后使用【圆角矩形工具】绘制矩形，效果如图12-9所示。

图12-8

图12-9

10 设置前景色为黑色，然后使用【横排文字工具】输入文本，接着调整位置和大小，最终效果如图12-10所示。

图12-10

举一反三

橡皮擦工具除了可以在背景图上柔化边缘之外，也可以处理出梦幻般的烟雾效果，灵活运用才能将广告图处理得符合含义。

12.2 果蔬园宣传直邮广告

我们果蔬园想在网上进行团购销售，希望你们做一个宣传广告，以邮件的形式发给网络邮箱使用者，广告必须突出表现高营养食材，高端大气些，尺寸是1024像素×1086像素。

客户苗先生

文件位置：光盘>实例文件>CH12>NO.02.psd　视频位置：光盘>多媒体教学>CH12>NO.02. flv　难易指数：★★★★☆

头脑风暴

分析1，客户要求表现出食材的品质优良，那么选取高端厨艺类型作为素材；分析2，颜色方面以红色、绿色、黄色为主突显健康和优质；分析3，考虑到受众的全面性，广告采取简单直接的方法进行设计，直观清楚地传递信息。

方案展示

通过提炼和制作，我们提供了以下3种方案供客户选择。

方案一

方案二

方案三

客户选择

方案一看上去既有健康的感觉也很小资，给人闲适的感觉，是很不错的；方案二红色用得很好，顶级厨师专用食材的感觉也突显出来了，很大程度表达了我们食材的品质优越，适用于顶级菜品；方案三的感觉就不如前面两个，相对而言我更喜欢方案二。

经过修改的最终定稿

制作流程

01 按快捷键Ctrl+N新建名为“NO.02”的文件，具体参数设置如图12-11所示。

02 导入选择的背景图（素材文件\CH12\素材03.jpg），然后将其拖曳到合适的位置调整大小，效果如图12-12所示。

03 导入选择的素材图片（素材文件\CH12\素材04.psd），然后将其拖曳到左下角调整大小和角度，效果如图12-13所示。

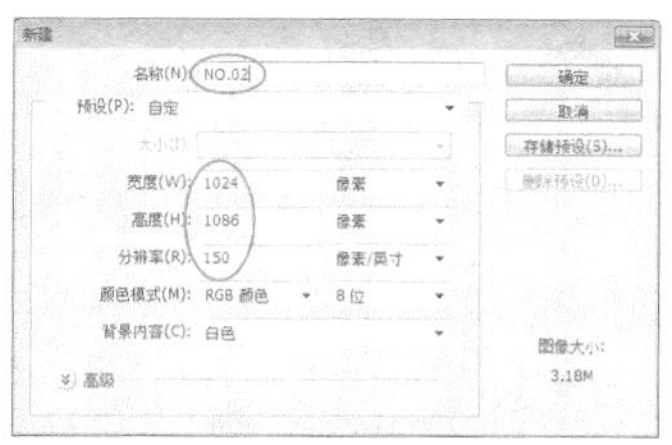

图12-11

图12-12

图12-13

04 导入选择的素材图片（素材文件\CH12\素材05.psd），然后将其拖曳到右下角调整大小和角度，效果如图12-14所示。

05 在人物背景图层上方新建图层，然后使用【画笔工具】吸取相近颜色涂抹空白位置，尽量使涂抹出的效果和图片本身的背景相同，效果如图12-15所示。

图12-14

图12-15

06 在左边蔬菜图层上方新建图层，然后涂抹边缘，柔化边缘与背景的结合处，效果如图12-16所示。

07 导入选择的素材图片（素材文件\CH12\素材06.jpg），然后使用【多边形套索工具】进行抠图，如图12-17所示。

08 将抠出的素材拖曳到右边蔬菜图层的下面，然后调整位置和大小，如图12-18所示。

图12-16

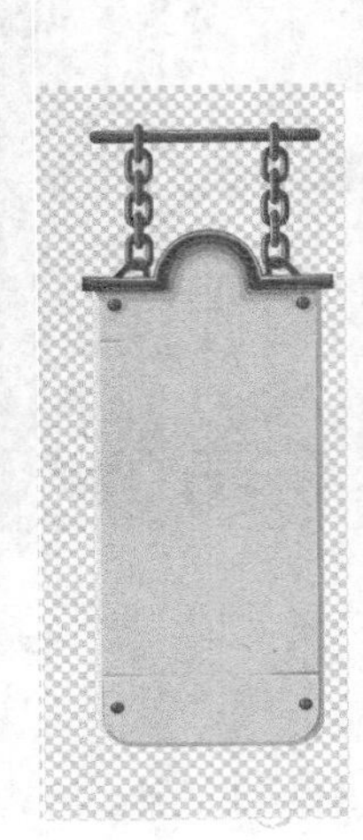

图12-17

图12-18

09 选中素材图层，然后执行图层\图层样式\投影命令，参数设置如图12-19所示。效果如图12-20所示。

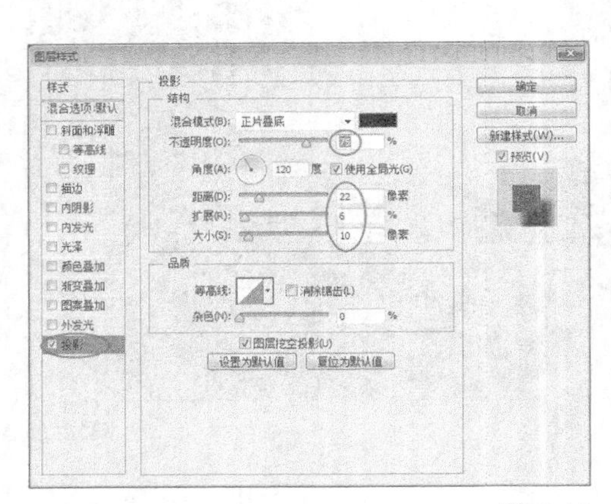

图12-19

图12-20

10 在右边蔬菜图层上方新建图层，然后涂抹边缘，柔滑边缘与背景的结合处，效果如图12-21所示。

11 设置前景色值为（R:62、G:91、B:1），然后使用【钢笔工具】绘制形状，如图12-22所示。

图12-21

图12-22

举一反三

在使用素材拼接背景时，最好使用橡皮工具或者画笔工具调整边缘融合度，尽可能地使效果自然。

12 设置前景色值为（R:112、G:152、B:26），然后使用【钢笔工具】绘制形状，如图12-23所示。

13 设置前景色值为（R:159、G:205、B:59），然后使用【钢笔工具】绘制形状，如图12-24所示。

图12-23

图12-24

14 设置前景色值为（R:62、G:91、B:1），然后使用【横排文字工具】输入文本，接着调整位置和大小，效果如图12-25所示。

15 设置前景色值为（R:30、G:57、B:6），然后使用【横排文字工具】输入文本，接着调整位置和大小，效果如图12-26所示。

图12-25

图12-26

16 设置前景色值为（R:110、G:15、B:17），然后使用【圆角矩形工具】绘制矩形，效果如图12-27所示。

17 设置前景色为红色，然后使用【圆角矩形工具】绘制矩形，效果如图12-28所示。

图12-27

图12-28

18 选中两个矩形图层，然后水平方向向下进行复制，接着调整间距和大小，如图12-29所示。

19 设置前景色值为（R:221、G:232、B:145），然后使用【横排文字工具】输入文本，接着调整位置和大小，效果如图12-30所示。

图12-29

图12-30

20 设置前景色值为（R:246、G:251、B:215），然后使用【椭圆工具】绘制椭圆，接着调整位置和大小，效果如图12-31所示。

21 复制椭圆图层，然后向内进行缩放，接着更改填充颜色为红色，如图12-32所示。

图12-31

图12-32

22 设置前景色值为（R:221、G:232、B:145），然后使用【横排文字工具】输入文本，接着将其拖曳到椭圆内调整角度和大小，效果如图12-33所示。

23 设置前景色为黑色，然后使用【矩形工具】绘制矩形，如图12-34所示。

图12-33

图12-34

24 设置前景色为白色，然后使用【横排文字工具】输入文本，接着将其拖曳到矩形上调整大小，最终效果如图12-35所示。

图12-35